21 世纪高等院校规划教材·工程图学系列

# 工程图学应用教程

主　编　林启迪

副主编　刘　炀

中国科学技术大学出版社

2008·合肥

## 内 容 简 介

本书是根据教育部高等工业学校《工程制图基础课程教学基本要求》的精神组织编写。可供非机械类少学时的电子、通讯、信息、资源与环境、管理等专业（50~70 学时）使用。

全书共 10 章，内容包括：点、直线、平面的投影；立体的投影；工程制图基本知识；组合体；轴测图；机件的常用表达方法；标准件和常用件；零件图；装配图和计算机绘图等，并参照最新国家标准列出了书后的附录。

本书可作为高等工科院校电子、计算机、机械、建筑等专业的制图教材使用，同时也可作为其他类型学校有关专业的师生参考选用。

**图书在版编目（CIP）数据**

工程图学应用教程/林启迪主编. —合肥：中国科学技术大学出版社，2008.8
(工程图学系列教材)
ISBN 978-7-312-02372-9

I. 工…　II.林…　III. 工程制图-高等学校-教材　IV. TB23

中国版本图书馆 CIP 数据核字（2008）第 089427 号

**中国科学技术大学出版社**出版发行

（安徽省合肥市金寨路 96 号，邮编：230026）
中国科学技术大学印刷厂印刷
全国新华书店经销

开本：787×1092/16　印张：17.125　字数：410 千
2008 年 8 月第 1 版　2008 年 8 月第 1 次印刷
印数：1—5000 册
ISBN 978-7-312-02372-9　定价：28.00 元

# 前　言

　　根据《高等工业学校画法几何及制图课程教学基本要求》的精神，吸收多所院校"工程图学"教材的精华，总结我们多年来"工程图学"课程的教学经验，为便于"工程图学"系列课程的教学，合肥工业大学工程图学教研室组织编写了"工程图学系列教材"，主要包括：《现代工程图学(上)》及《现代工程图学(下)》（机械类）、《工程制图基础》（非机械类）、《工程图学应用教程》（电子及应用理科类）、《工程制图解题分析》（各类）、《计算机绘图》（各类）、《画法几何与阴影透视》及《画法几何与阴影透视习题集》（建筑学类等）、《土木工程制图》及《土木工程制图习题集》（土建类等）。

　　本书是"工程图学系列教材"之《工程图学应用教程》。与《工程制图解题分析》和《计算机绘图》配套，作为非机械类"工程图学"课程的教材。是参照高等工业学校《工程制图基础课程教学基本要求》（电子、应用理科类专业适用，50~70 学时）编写的，供非机械类少学时的电子、通讯、信息、资源与环境、管理等专业使用。

　　编写过程中，力求做到以下几点：

　　1. 明确编写目的，确定编写体系：本课程在大学课程中属较难的一类，从引导学生空间思维出发，尽力做到一步一图，投影图配直观图，由浅入深，由详到略，图文并茂，循序渐进，突出重点，融化难点。为便于学习掌握各章末设有思考题，以明确重点和难点。

　　2. 紧扣课程任务，合理选排内容：在编写本书时，我们贯彻了精选内容，打好基础，加强实践，培养能力的原则。内容的选排考虑尽可能适应教学的要求，在保持理论性和系统性的同时，力求简明、实用。本书共分为 10 章，第 1 章"点、直线、平面的投影"和第 2 章"立体的投影"，是绘图和看图的理论基础，内容以图示为主，配合少量的图解知识。第 3 章"工程制图基本知识"和第 6 章"机件的常用表达方法"部分，力求精选图例，全部采用新标准，力求贯彻技术制图及机械制图国家标准最新标准。第 4 章"组合体"，以介绍形体分析法和线面分析法为主线，强化绘图与看图的练习，着重培养学生的空间构思能力。第 5 章"轴测图"，主要介绍正等测和斜二测的画法，教学中可安排与第 4 章内容相结合进行。第 7 章"标准件"、第 8 章"零件图"和第 9 章"装配图"为机械制图部分，图例均选自生产实际，凡涉及新修订的国家标准的内容，均尽量作了更新，这部分内容以培养学生的读图能力为重点。第 10 章"计算机绘图简介"，简要介绍了目前广泛应用的绘图软件 Auto CAD2006 的概况及常用的作图命令，这部分内容可以在今后的学习中作为很好的参考资料。

　　3. 为应国际交流，逐步推广双语教学的需要，在各章节中加入一些专业英语名词。

　　本书由林启迪主编、刘炀副主编。参加编写的有（按章节顺序）：林启迪（第 1 章、第 2 章、第 6 章、第 8 章），刘炀（绪论、第 3 章、第 4 章、第 5 章、附录），吕堃（第 7 章、第 9 章、第 10 章）。最后由主编审校定稿。

　　本书由李学京、程久平主审。在编写及出版过程中，合肥工业大学工程图学教研室、合肥工业大学教材科和中国科学技术大学出版社给予了大力支持，在此谨致谢忱。

　　限于我们水平有限，书中难免有缺点甚至错误，恳请读者批评指正。

编　者

2008 年 5 月

# 目　录

# 绪　　论

## 1．本课程的研究对象和任务

本课程是研究绘制工程图样的理论、方法和技术的一门技术基础课。图样是二维的，机器和工程结构是三维的，解决三维与二维转换，绘制和阅读图样是本课程研究的对象。

工程图样是工程技术界的语言。在工业生产中，从产品的设计到制造，都离不开工程图样。在使用各类工程设备以及做维护保养时，也必须通过阅读图样来了解产品的结构和性能，工程图样是极其重要的产品信息载体。

本课程的内容主要包括画法几何、工程制图、计算机绘图三个部分。画法几何研究用投影法图示和图解空间几何问题的基本原理，它是工程图学课程的理论基础。工程制图部分主要介绍制图的基本规则，贯彻有关制图的国家标准，培养绘制和阅读工程图样的能力。工程制图包括机械、土木等专业内容，其中的机械制图是一项重点，也是本书介绍的主要内容。计算机绘图是伴随计算机技术的飞速进步而诞生和发展起来的新技术领域，它代表了工程图学的发展方向，未来产品信息的数字化将引领工程图学进入一个全新的层次。作为工程图学基础课程，本书仅对这部分内容作简要介绍，让读者对计算机绘图有初步认识。

## 2．工程图学的学习任务

本课程是一门既有系统理论，又有较强实践性的技术基础课，学习任务的关键在于能力培养，具体有以下几项内容：

（1）学习正投影法的基本原理，正确运用正投影法进行图示及图解。培养空间构思和想象的初步能力，掌握平面图样（二维）与空间形体（三维）之间的相互转换方法。

（2）学习有关制图的国家标准，培养绘制和阅读机械图样的初步能力。

（3）对计算机绘图有初步了解，为进一步学习计算机图形技术打下基础。

（4）培养遵守《国家标准》，认真细致的学风及严谨尽责的工作态度。

## 3．本课程的学习方法

在明确了本课程的研究对象、内容和学习任务之后，学习中应该做到以下几点：

（1）学好投影理论，反复练习三维空间形体和二维平面图样之间的转化，把培养和提高空间构思及分析能力放在首要位置。

（2）实践性强是本课程的一个重要特点，因此学习中应重视实践环节的训练，通过作业及绘图训练，培养和提高绘图与看图的能力。在绘图实践中，学会查阅并严格遵守和运用相关国家标准。

（3）由于工程图样是重要的技术文件，任何细小的差错都可能导致生产中的重大损失，所以学习中一定要培养一丝不苟的严谨作风，作业要认真完成，绘制图样要做到投影正确，图线规范，尺寸齐全，字体工整，图面整洁。应该认识到，无论计算机绘图技术多么先进，机器仍要根据人的指令完成作图，因此坚实的手工作图能力仍然是工程制图的重要基础。

　　本课程只能为培养学生的绘图与看图能力打下初步基础，通过后继课程的学习，以及在今后长期的学习和工作实践中，还要不断拓展空间构思及创新能力，提高绘图与读图的水平。

# 第 1 章　点、直线、平面的投影

在工程图样中，为了在平面上表达空间物体的形状，广泛采用投影的方法。本章介绍投影法的基本概念和如何在平面上表示空间几何要素（点、直线和平面）的方法。

## 1.1　投影法的基本知识

在日常生活中，物体在光线的照射下，就会在地面或墙壁上产生一个物体的影子。人们根据这一自然物理现象，创造了用投影来表达物体形状的方法，即：光线通过物体向选定的面投射，并在该面上得到图形,这种现象就叫投影（projection）。这种确定空间几何元素和物体投影的方法，称为投影法（projection method）。

投影法通常分为中心投影法（perspective projection method）和平行投影法(parallel projection method)两种。

### 1.1.1　中心投影法

如图 1-1 所示，设一平面 $P$（投影面）与光源 $S$（投影中心）之间，有一个△$ABC$（被投影物）。经投影中心 $S$ 分别向△$ABC$ 顶点 $A$、$B$、$C$ 各引一直线 $SA$、$SB$、$SC$（称为投射线），并与投影面 $P$ 交于 $a$、$b$、$c$ 三点。则 $a$、$b$、$c$ 三点就是空间 $A$、$B$、$C$ 三点在 $P$ 平面上的投影，△$abc$ 就是空间△$ABC$ 在 $P$ 平面上的投影。

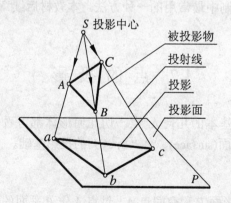

图 1-1　中心投影法

这种投射线汇交于一点的投影方法称为中心投影法。中心投影法的投影中心位于有限远处，该投影法得到的投影图形称为中心投影。

由于中心投影法得到的物体投影的大小与物体的位置有关，如果改变物体（△$ABC$）与投影中心（S）的距离，投影（△abc）的大小也随之改变，即不能反映空间物体的实际大小。因此，中心投影法通常不用于绘制机械图样，而用于建筑物的外观透视图等。

### 1.1.2　平行投影法

如图 1-2 所示，若将投影中心 S 沿一不平行于投影面的方向移到无穷远处，则所有投射线将趋于相互平行。这种投射线相互平行的投影方法，称为平行投影法。平行投影法的投影中心位于无穷远处，该投影法得到的投影图形称为平行投影。投射线的方向称为投影方向。

由于平行投影法中，平行移动空间物体，即改变物体与投影面的距离时，它的投影的形状和大小都不会改变。

平行投影法按照投射线与投影面倾角的不同又分为正投影法（Orthogonal method）和斜投影法（Oblique projection method）两种：当投影方向（即投射线的方向）垂直于投影面时称为正投影法，如图 1-2(a)所示；当投影方向倾斜于投影面时称为斜投影法，如图 1-2(b)所示。正投影法得到的投影称为正投影，斜投影法得到的投影称为斜投影。

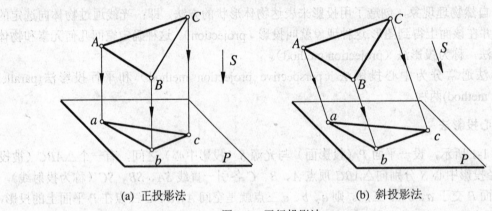

(a) 正投影法　　　　　　　　　　　　　　(b) 斜投影法

图 1-2　平行投影法

正投影法是机械图样绘制中最常用的一种方法。本教材后续章节中提及的投影，若无特殊说明，均指正投影。

# 1.2　点 的 投 影

点(point)是构成形体最基本的几何元素，一切几何形体都可看作是点的集合。点的投影(point projection)是线(line)、面(surface)、体（body）的投影基础。

### 1.2.1　点的单面投影

如图 1-3 所示，已知投影面 P 和空间点 A，过点 A 作 P 平面的垂线（投射线），得唯一投影 a。反之，若已知点的投影 a，就不能唯一确定 A 点的空间位置。也就是说，点的一个投影不能确定点的空间位置，即：单面投影不具有"可逆性"。因此，常将几何形体放置在相互垂直的两个或三个投影面之间，然后向这些投影面作投影，形成多面正投影。

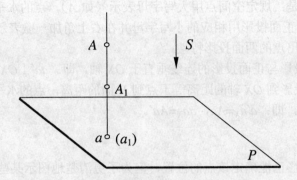

图 1-3　点的单面投影及其空间位置关系

## 1.2.2　点的两面投影

如图 1-4(a)所示，设置两个互相垂直的平面为投影面（projection plane），其中一个是正立投影面（vertical projection plane）用 $V$ 表示，另一个是水平投影面（horizontal projection plane）用 $H$ 表示，$V$ 面和 $H$ 面组成两投影面体系。两投影面的交线为投影轴（projection axis）用 $OX$ 表示。

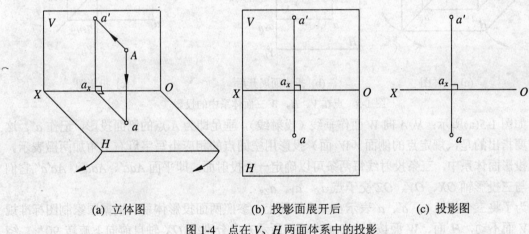

(a) 立体图　　　　　　　　(b) 投影面展开后　　　　　(c) 投影图

图 1-4　点在 $V$、$H$ 两面体系中的投影

在两面投影体系中，设一空间点 $A$，从 $A$ 点分别向 $H$ 面、$V$ 面作垂线（投射线），其垂足分别是点 $A$ 的水平投影 $a$ 和正面投影 $a'$。由于 $Aa' \perp V$、$Aa \perp H$，故投射面 $Aaa' \perp OX$ 轴并交于点 $a_X$，因此，$a'a_X \perp OX$、$aa_X \perp OX$。

如图 1-4(a)中 $A$ 点投影 $a$、$a'$ 分别在 $H$ 面、$V$ 面上，要把两个投影表示在一个平面上，按照国家制图标准规定：$V$ 面不动，将 $H$ 面绕 $OX$ 轴、按图 1-4(a)中所示箭头的方向，自前向下旋转 $90°$ 与 $V$ 面重合，如图 1-4(b)所示，称为点的两面投影图。由于投影面是无限的，故在投影图上通常不画出它的边框线，这样便得到如图 1-4(c)所示的点的两面投影图。

从图 1-4(a)和图 1-4(c)，根据立体几何知识，可以知道平面 $Aaa_Xa'$ 为一矩形，展开后 $aa'$ 形成一条投影连线并与 $OX$ 轴交于点 $a_X$，且 $aa' \perp OX$ 轴。同时，$a'a_X = Aa$，反映点 $A$ 到 $H$ 面的距离；$aa_X = Aa'$，反映点 $A$ 到 $V$ 面的距离。

这里需要说明的是：规定空间点用大写字母表示（如 $A$），点的水平投影用相应的小写字母表示（如 $a$），点的正面投影用相应的小写字母并在右上角加一撇表示（如 $a'$）。

从上面可以概括出点的两面投影特性：

（1）点的水平投影与正面投影的连线垂直于 $OX$ 轴，即：$aa' \perp OX$；

（2）点的正面投影到 $OX$ 轴的距离等于点到 $H$ 面的距离，点的水平投影到 $OX$ 轴的距离等于点到 $V$ 面的距离，即：$a'a_X = Aa$，$aa_X = Aa'$。

### 1.2.3　点的三面投影

虽然点的两面投影已能确定该点的位置，但为了更清楚地图示某些几何形体，在两投影面体系的基础上，再增加一个与 $V$ 面、$H$ 面都垂直的侧立投影面（profile projection plane），用 $W$ 表示，如图 1-5(a)所示。三个投影面之间两两相交产生三条交线，即三条投影轴 $OX$、$OY$、$OZ$，它们相互垂直并交于 $O$ 点，形成三投影面体系。

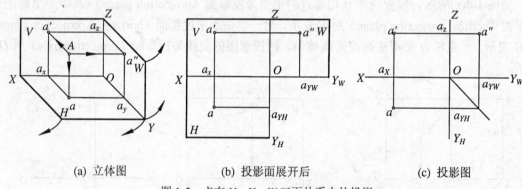

(a) 立体图　　　　　　　　(b) 投影面展开后　　　　　　　(c) 投影图

图 1-5　点在 $V$、$H$、$W$ 三面体系中的投影

如图 1-5(a)所示：从 $A$ 向 $W$ 面作垂线（投射线），垂足即为 $A$ 点的侧面投影，记作 $a''$。这里需要指出的是，规定点的侧面（$W$ 面）投影用空间点的相应小写字母右上角加两撇表示。在三投影面体系中，三条投射线每两条可以确定一个投影面，即平面 $Aaa'$、$Aaa''$、$Aa'a''$，它们分别与三投影轴 $OX$、$OY$、$OZ$ 交于点 $a_X$、$a_Y$、$a_Z$。

为了将三个投影 $a$、$a'$、$a''$ 表示在一个平面上，参照两面投影体系，根据国家制图标准规定：$V$ 面不动，$H$ 面、$W$ 面按图 1-5(a)中箭头所示方向分别绕 $OX$ 轴自前向下旋转 90°、绕 $OZ$ 轴自前向右旋转 90°。这样，$H$ 面、$W$ 面与 $V$ 面就重合成一个平面。这里投影轴 $OY$ 被分成 $Y_H$、$Y_W$ 两支，随 $H$ 面旋转的 $OY$ 轴用 $OY_H$ 表示，随 $W$ 面旋转的 $OY$ 轴用 $OY_W$ 表示，且 $OY$ 轴上的 $a_Y$ 点也相应地用 $a_{YH}$、$a_{YW}$ 表示，如图 1-5(b)。与两面投影体系一样，投影图上不画边框线，得到空间点 $A$ 在三投影面体系中的投影图，如图 1-5(c)。在投影图中，$OY$ 轴上的点 $a_Y$ 因展开而分成 $a_{YH}$、$a_{YW}$。为了方便作图，可以过 $O$ 点作一条 45°的辅助线，$aa_{YH}$、$a''a_{YW}$ 的延长线必与该辅助线相交于一点。

从图 1-5(a)和图 1-5(c)，同样，根据立体几何知识，可知：展开后 $a'a''$ 形成一条投影连线并与 $OZ$ 轴交于点 $a_Z$，且 $a'a'' \perp OZ$ 轴。同时，$a'a_X = a''a_{YW} = Aa$，反映点 $A$ 到 $H$ 面的距离；$a'a_Z = aa_{YH} = Aa''$，反映点 $A$ 到 $W$ 面的距离；$a''a_Z = aa_X = Aa'$，反映点 $A$ 到 $V$ 面的距离。

从上面可以概括出点的三面投影特性：

（1）点的投影连线垂直于相应的投影轴，即：$aa' \perp OX$，$a'a'' \perp OZ$；

（2）点的投影到相应投影轴的距离等于点到相应投影面的距离，即：$a'a_X = a''a_{YW} = Aa$，$a'a_Z = aa_{YH} = Aa''$，$a''a_Z = aa_X = Aa'$。

利用点在三投影面体系中的投影特性，只要知道空间一点的任意两个投影，就能求出该点的第三面投影（简称为二求三）。

### 1.2.4　点的三面投影与直角坐标的关系

如图 1-6(a)，若将三投影面当作三个坐标平面，三投影轴当作三坐标轴，三轴的交点 $O$ 作为坐标原点，则三投影面体系便是一个笛卡儿空间直角坐标系。因此，空间点 $A$ 到三个投影面的距离，也就是 $A$ 点的三个直角坐标 $X$、$Y$、$Z$。即，点的投影与坐标有如下关系：

点 $A$ 到 $W$ 面的距离 $Aa'' = a'a_Z = aa_{YH} = Oa_X = X_A$；

点 $A$ 到 $V$ 面的距离 $Aa' = a''a_Z = aa_X = Oa_y = Y_A$；

点 $A$ 到 $H$ 面的距离 $Aa = a'a_X = a''a_{YW} = Oa_Z = Z_A$。

由此可见，若已知 $A$ 点的投影（$a$、$a'$、$a''$），即可确定该点的坐标，也就是确定了该点的空间位置，反之亦然。从图 1-6(b)可知，点的每个投影包含点的两个坐标，点的任意两个投影包含了点的三个坐标，所以，根据点的任意两个投影，也可确定点的空间位置。

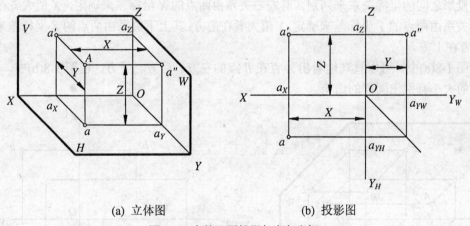

(a) 立体图　　　　　　　　(b) 投影图

图 1-6　点的三面投影与直角坐标

【例】　已知 $A$ 点的直角坐标为（15，10，20），求点 $A$ 的三面投影（图样中的尺寸单位为 mm 时，不需标注计量单位）。

〖解〗　步骤如下：

（1）作相互垂直的两条细直线为投影轴，并且过原点 $O$ 作一条 45° 辅助线平分 $\angle Y_H O Y_W$。依据 $X_A = Oa_X$，沿 $OX$ 轴取 $Oa_X = 15$mm，得到点 $a_X$，如图 1-7(a)；

（2）过点 $a_X$ 作 $OX$ 轴的垂线，在此垂线上，依据 $Z_A = a'a_X$，从 $a_X$ 向上取 $a'a_X = 20$mm，得到点 $A$ 的正面投影 $a'$；依据 $Y_A = aa_X$，从 $a_X$ 向下取 $a_X a = 10$mm，得到点 $A$ 的水平投影 $a$，如图 1-7(b)；

（3）现已知点 $A$ 的两面投影 $a'$、$a$，可求第三投影。即：过 $a$ 作直线垂直于 $OY_H$ 并与 45°

辅助线交于一点，过此点作垂直于 $OY_W$ 的直线，并与过 $a'$ 所作 $OZ$ 轴的垂线 $a'a_Z$ 的延长线交于 $a''$，$a''$ 即为点 $A$ 侧面投影，如图 1-7(c)。(也可不作辅助角平分线，而在 $a'a_Z$ 的延长线上直接量取 $a_Z a'' = aa_X$ 而确定 $a''$)。

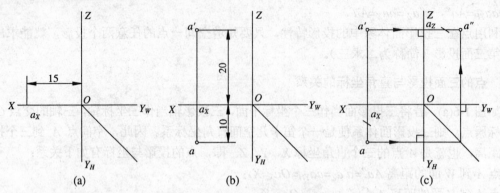

图 1-7　由点的坐标求其投影

### 1.2.5　两点的相对位置及重影点

#### 1. 两点的相对位置

空间两点的相对位置，是指它们之间的左右、前后、上下的位置关系，可以根据两点的各同面投影之间的坐标关系来判别。其左右关系由两点的 $X$ 坐标差来确定，$X$ 值大者在左方；其前后关系由两点的 $Y$ 坐标差来确定，$Y$ 值大者在前方；其上下关系由两点的 $Z$ 坐标差来确定，$Z$ 值大者在上方。

在图 1-8(a)中，可以直观地看出 $A$ 点在 $B$ 点的左方、后方、下方。在图 1-8(b)中，也可从坐标值的大小判别出同样的结论。

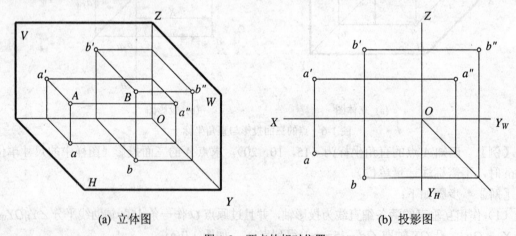

(a) 立体图　　　　　　　　　　　　　　　(b) 投影图

图 1-8　两点的相对位置

#### 2. 重影点(overlapping points)

若空间的两点位于某一个投影面的同一条投射线上，则它们在该投影面上的投影必重合，这两点称之为对该投影面的重影点。重影点存在着在投影重合的投影面上的投影有一个可见，而另一个不可见的问题。如图 1-9(a)，$A$、$B$ 两点的水平投影重合，沿水平投影方向从上往下看，先看见 A 点，B 点被 A 点遮住，则 B 点不可见。在投影图上若需判断可见性，应将不可见点的投影加圆括号以示区别，如图 1-9(b)。需要指出的是空间两点只能有一个投影面的投影重合，重影点的可见性判断方法如下：

（1）若两点的水平投影重合，称为对 H 面的重影点，且 Z 坐标值大者可见；

（2）若两点的正面投影重合，称为对 V 面的重影点，且 Y 坐标值大者可见；

（3）若两点的侧面投影重合，称为对 W 面的重影点，且 X 坐标值大者可见。

上述三原则，也可概括为：前遮后，上遮下，左遮右。

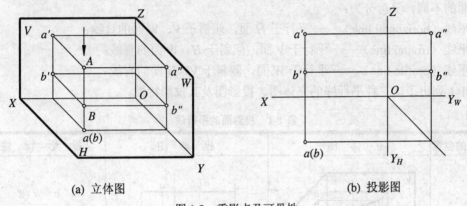

(a) 立体图　　　　　　　　　　　　　　　(b) 投影图

图 1-9　重影点及可见性

## 1.3　直线的投影

空间任意两点确定一条直线，因此，直线的投影(line projection)就是直线上两点的同面投影（同一投影面上的投影）的连线。需要注意的是直线的投影线（空间直线在某个投影面上的投影）规定用粗实线画。

如图 1-10 所示，直线的投影一般仍为直线（如图中直线 CE），但在特殊情况下，当直线垂直于投影面时，其投影积聚为一点（如图中直线 AB）。此外，点相对于直线具有从属性，如图中 D 点属于 CE，则同面投影中，d 属于 ce。

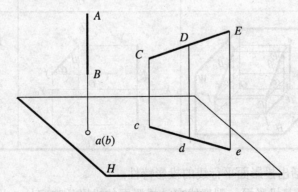

图 1-10　直线的投影

### 1.3.1　各种位置的直线

在三面投影体系中，直线相对于投影面的位置有三种：投影面的平行线、投影面的垂直线、一般位置直线。前两种又统称为特殊位置直线。

另外，根据国家标准规定：空间直线与投影面的夹角称为直线对投影面的倾角，且直线与 $H$、$V$、$W$ 三个投影面的夹角依次用 $\alpha$、$\beta$、$\gamma$ 表示。

1. 投影面的平行线(parallel line of projection plane)

平行于某一投影面而倾斜于另两投影面的直线，称为投影面的平行线。根据直线所平行的投影面的不同，又可分为：

水平线（horizontal line）——平行于 $H$ 面，倾斜于 $V$、$W$ 面的直线；

正平线（frontal line）——平行于 $V$ 面，倾斜于 $H$、$W$ 面的直线；

侧平线（profile line）——平行于 $W$ 面，倾斜于 $V$、$H$ 面的直线。

表 1-1 列出了这三种平行线的立体图、投影图及其投影特性。

表 1-1　投影面的平行线

| 直线的位置 | 立 体 图 | 投 影 图 | 投 影 特 性 |
|---|---|---|---|
| 水 平 线 | 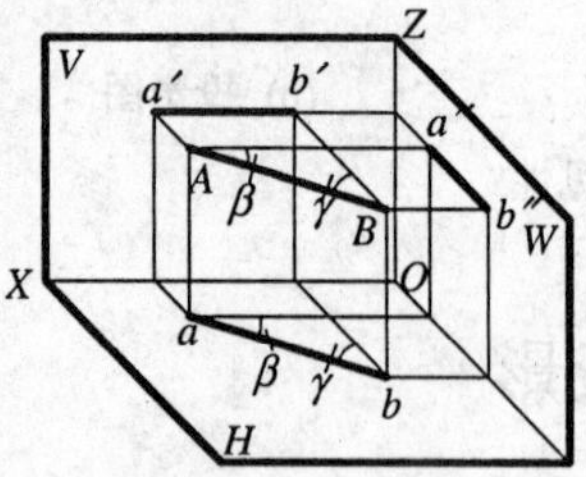 | 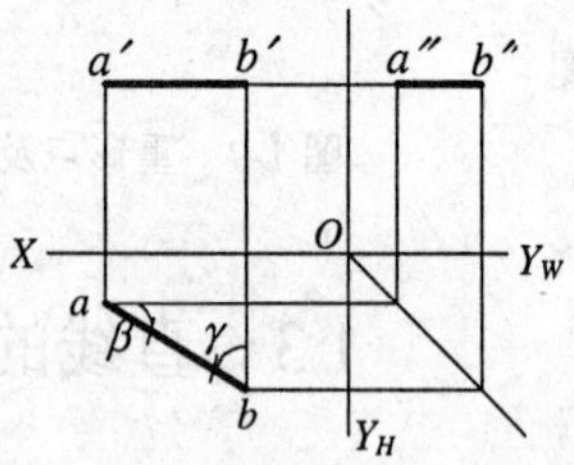 | 1. $a'b' \parallel OX$<br>2. $ab=AB$<br>　$a''b'' \parallel OY_W$<br>3. 反映 $\beta$、$\gamma$ 角大小 |
| 正 平 线 | 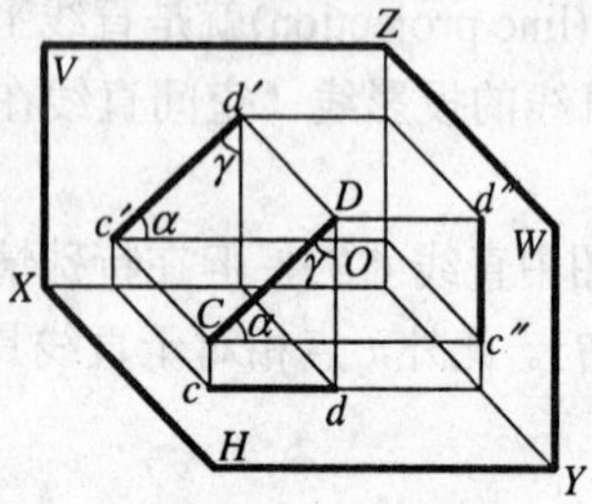 | 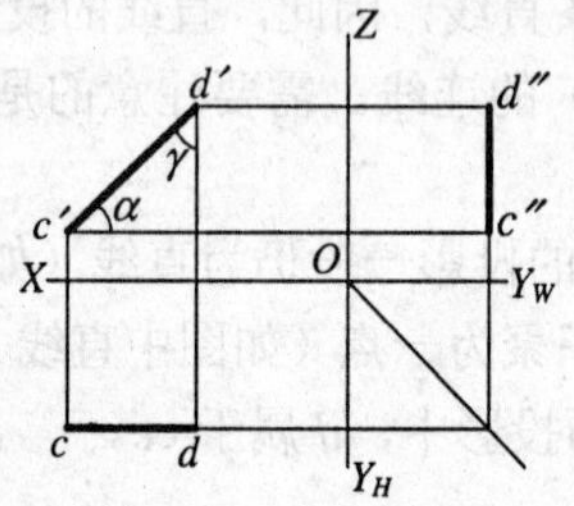 | 1. $cd \parallel OX$<br>　$c''d'' \parallel OZ$<br>2. $c'd'=CD$<br>3. 反映 $\alpha$、$\gamma$ 角大小 |
| 侧 平 线 | 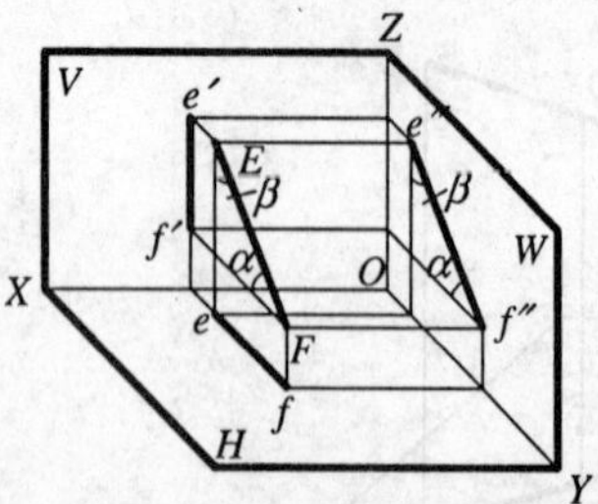 | 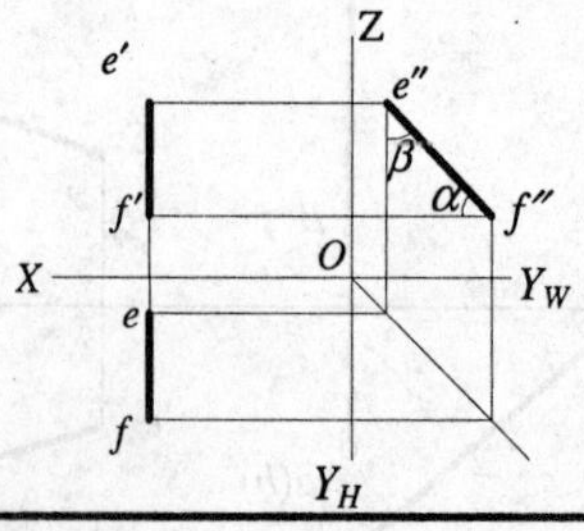 | 1. $e'f' \parallel OZ$<br>　$ef \parallel OY_H$<br>2. $c'f''=EF$<br>3. 反映 $\alpha$、$\beta$ 角大小 |

从表 1-1 可以概括出投影面平行线的投影特性：

（1）直线平行于某投影面，则直线在该投影面的投影反映实长，且该投影与投影轴的夹角，分别反映直线对另外两投影面的真实倾角。

（2）直线另两个投影面的投影平行于相应的投影轴，且不反映实长，比实长短。

2. 投影面的垂直线(vertical line of projection plane)

垂直于某一投影面（必与另外两个投影面平行）的直线，称为投影面的垂直线。根据直线所垂直的投影面的不同，又可分为：

铅垂线（vertical line）——垂直于 $H$ 面，平行于 $V$、$W$ 面的直线；

正垂线（horizontal-profile line）——垂直于 $V$ 面，平行于 $H$、$W$ 面的直线；

侧垂线（frontal-profile line）——垂直于 $W$ 面，平行于 $V$、$H$ 面的直线。

表 1-2 列出了这三种垂直线的立体图、投影图及其投影特性。

表 1-2　投影面的垂直线

| 直线的位置 | 立 体 图 | 投 影 图 | 投 影 特 性 |
|---|---|---|---|
| 铅垂线 | 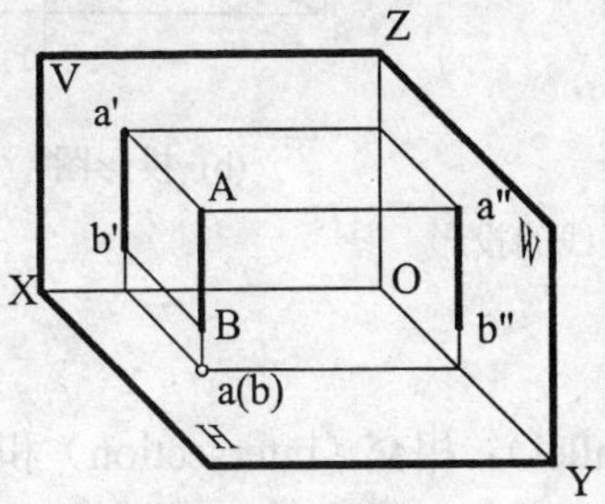 | 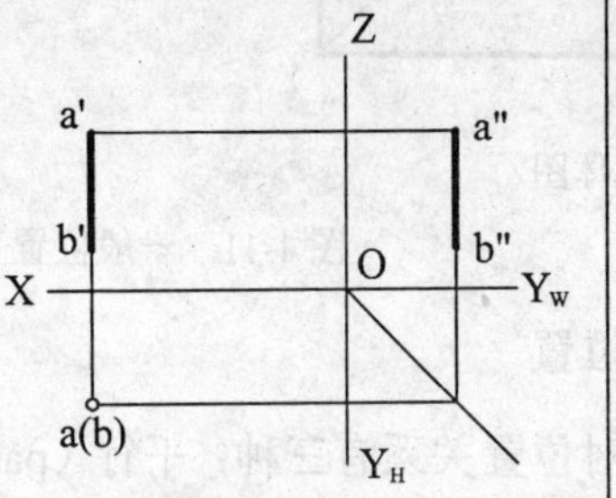 | 1. ab 聚集为一点<br>2. a′b′⊥OX<br>　a″b″⊥$Y_W$<br>3. a′b′=a″b″=AB |
| 正垂线 | 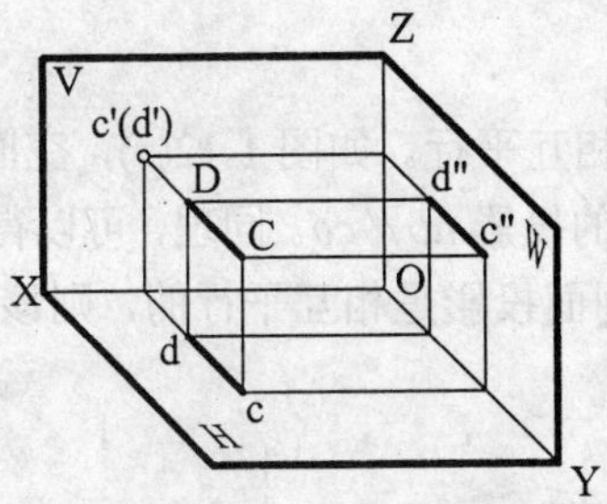 | 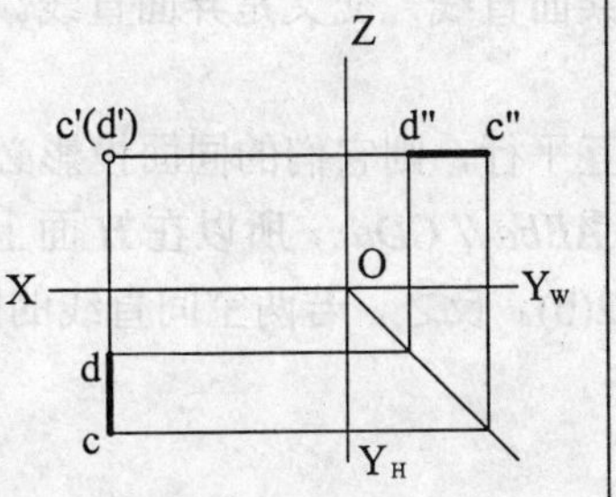 | 1. c′(d′)积聚为一点<br>2. cd⊥OX<br>　c″d″⊥OZ<br>3. cd=c″d″=CD |
| 侧垂线 | 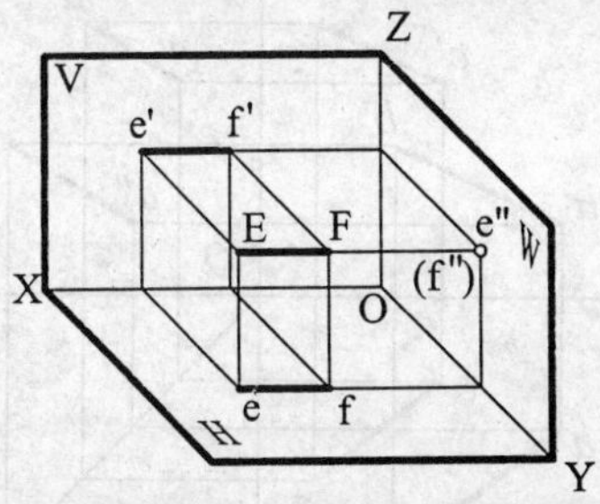 | 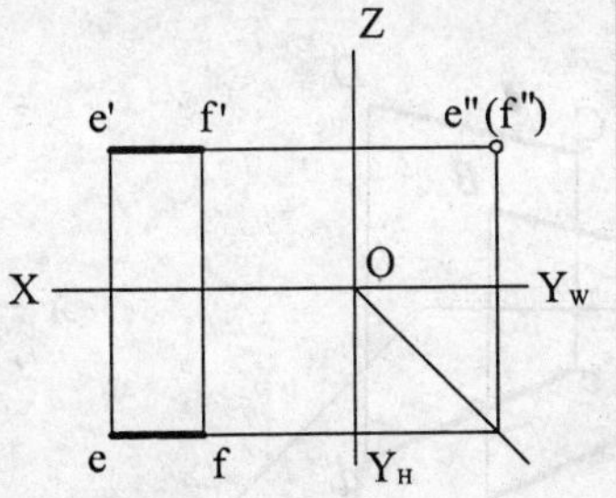 | 1. e″f″积聚为一点<br>2. ef⊥$OY_H$<br>　e′f′⊥OZ<br>3. ef=e′f′=EF |

从表 1-2 可以概括出投影面垂直线的投影特性：

（1）直线在它所垂直的投影面上的投影积聚为一点。

（2）直线另两个投影面的投影垂直于相应的投影轴，并反映实长。

3. 一般位置直线(general position line)

倾斜于各投影面的直线，称为一般位置直线。如图 1-11(a)所示，空间直线 $AB$ 对三个投影面都是倾斜关系，则直线的三面投影分别为 $ab=AB\cos\alpha$，$a'b'=AB\cos\beta$，$a''b''=AB\cos\gamma$，均小于实

长 *AB*。

图 1-11(b)为直线 *AB* 的三面投影图，其投影特性是：

（1）三面投影都倾斜于投影轴，且投影长度小于空间直线的实长。

（2）投影与投影轴的夹角，不反映空间直线对投影面的倾角。

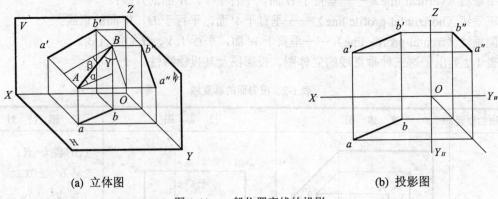

(a) 立体图　　　　　　　　　　　　　　　　　(b) 投影图

图 1-11　一般位置直线的投影

### 1.3.2　两直线的相对位置

空间两直线的相对位置关系有三种：平行（parallel）、相交（intersection）和交叉（cross）。其中平行和相交属于共面直线，交叉是异面直线。

#### 1. 平行两直线

若空间两直线相互平行，则它们的同面投影必相互平行。如图 1-12(a)，空间两直线 *AB* // *CD*，因为两投射平面 *ABba* // *CDdc*，所以在 *H* 面上的投影 *ab* // *cd*。同理，可以得到 *a'b'* // *c'd'*，*a"b"* // *c"d"*，如图 1-12(b)。反之，若两空间直线的同面投影是相互平行的，则该两直线在空间是平行关系。

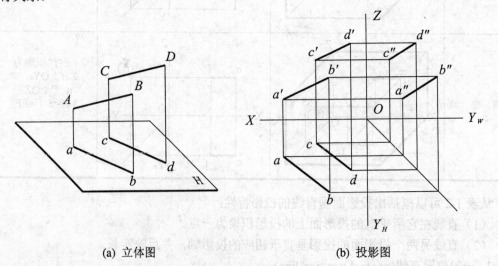

(a) 立体图　　　　　　　　　　　　　　　　　(b) 投影图

图 1-12　平行两直线

## 2. 相交两直线

若空间两直线相交，则它们的同面投影必相交，且其交点符合点的投影规律。如图 1-13(a)，空间两直线 AB、CD 相交于点 K，因交点 K 在两直线上，故其投影也应在两直线的同面投影线上。因此，空间相交两直线的同面投影一定相交，且交点的投影符合点的投影规律，如图 1-13(b)。反之，若空间两直线的同面投影相交，且交点的投影符合点的投影规律，则该两直线在空间必定是相交关系。

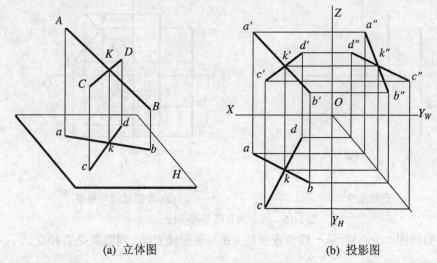

(a) 立体图　　　　　　　　　　　(b) 投影图

图 1-13　相交两直线

## 3. 交叉两直线

空间两直线既不平行又不相交的是交叉直线。

交叉两直线的同面投影可能相交，如图 1-14(a)，但投影交点是两直线对该投影面的一对重影点，图中 ab 与 cd 的交点，分别对应 AB 上的 I 点和 CD 上的 II 点，按重影点可见性的判别规定，对于不可见点的投影加括号表示。交叉两直线同面投影的交点不符合点的投影规律，如图 1-14(b)。

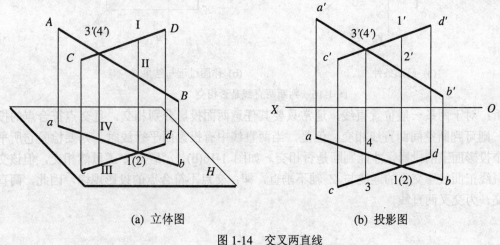

(a) 立体图　　　　　　　　　　　(b) 投影图

图 1-14　交叉两直线

【例】已知如图 1-15(a)所示两侧平线，判断其是否平行。

分析：两直线处于一般位置时，只要其任意两面投影相互平行，即可判断空间两直线相互平行。但是，当两直线同时平行于某一投影面时，则要检验两直线在所平行的投影面上的投影是否平行，才可判断空间两直线是否平行。如图 1-15(b)，虽然 $ab/\!/cd$、$a'b'/\!/c'd'$，但是，$a''b''$不平行于 $c''d''$，因此，空间直线 $AB$ 与 $CD$ 不平行，是交叉两直线。

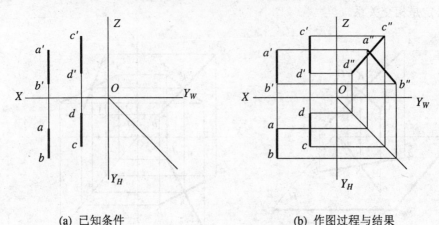

(a) 已知条件　　　　　　　　　　　(b) 作图过程与结果

图 1-15　判断两直线是否平行

【例】已知如图 1-16(a)所示一般位置直线 $AB$ 与侧平线 $CD$，判断其是否相交。

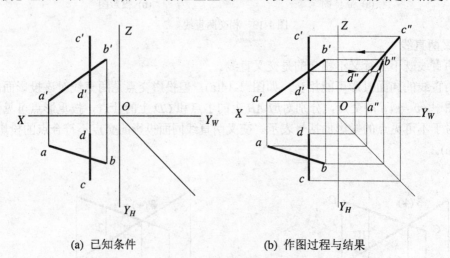

(a) 已知条件　　　　　　　　　　　(b) 作图过程与结果

图 1-16　判断两直线是否相交

分析：对于两条一般位置直线，通常只要其任意两面投影分别相交，且交点符合点的投影规律，则可判断空间两直线相交。但是，当两直线中有投影面平行线时，则要检验它所平行的那个投影面上的投影，才能判断是否相交。如图 1-16(b)，$a''b''$ 与 $c''d''$ 虽然相交，但该交点与两直线正面投影交点的连线与 Z 轴不垂直，即：交点不符合点的投影规律，因此，两直线不相交，为交叉两直线。

# 1.4　平面的投影

## 1.4.1　平面的表示法

在投影图上表示空间平面可以用下列几种方法来确定：

（1）不在同一直线的三点，如图 1-17(a)所示；

（2）一直线和该直线外一点，如图 1-17(b)所示；

（3）两条平行直线，如图 1-17(c)所示；

（4）两条相交直线，如图 1-17(d)所示；

（5）任意的平面图形（如三角形、四边形、圆等），如图 1-17(e)所示。

以上几种确定平面的方法是可以相互转化的，且以平面图形来表示最为常见。

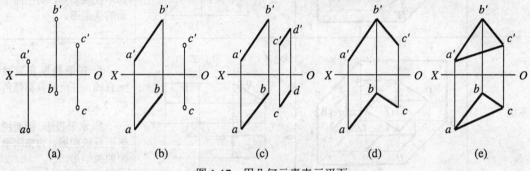

(a)　　　　　(b)　　　　　(c)　　　　　(d)　　　　　(e)

图 1-17　用几何元素表示平面

## 1.4.2　各种位置平面及其投影特性

在三面投影体系中，平面相对于投影面有三种不同的位置：

投影面垂直面——垂直于某一个投影面而与另外两个投影面倾斜的平面；

投影面平行面——平行于某一个投影面的平面；

一般位置平面——与三个投影面都倾斜的平面。

通常我们将前两种统称为特殊位置平面。

平面对 $H$、$V$、$W$ 三投影面的倾角，依次用 $\alpha$、$\beta$、$\gamma$ 表示。

平面的投影(planes projection)一般仍为平面，特殊情况下积聚为一直线。画平面图形的投影时，一般先画出组成平面图形各顶点的投影，然后将它们的同面投影相连即可。下面分别介绍各种位置平面的投影及其特性。

1. 投影面的垂直面(Vertical plane of projection plane)

在投影面的垂直面中，只垂直于 $V$ 面的平面，称为正垂面；只垂直于 $H$ 面的平面，称为铅垂面；只垂直于 $W$ 面的平面，称为侧垂面。

表 1-3 列出了三种垂直面的立体图、投影图及其投影特性。

由表 1-3 可以概括出投影面垂直面的投影特性：

（1）平面在它所垂直的投影面上的投影积聚为一条直线，该直线与投影轴的夹角反映该平面对另外两个投影面的真实倾角；

（2）另外两个投影面上的投影，均为小于空间平面图形的类似形。

2. 投影面的平行面(Parallel plane of projection plane)

在投影面的平行面中，平行于 $H$ 面的平面，称为水平面；平行于 $V$ 面的平面，称为正平面；平行于 $W$ 面的平面，称为侧平面。

表 1-3　投影面垂直面

| 平面的位置 | 立 体 图 | 投 影 图 | 投 影 特 性 |
|---|---|---|---|
| 铅垂面 | 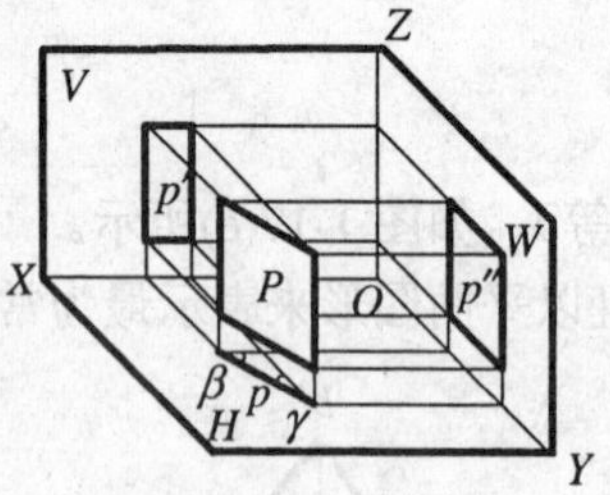 | 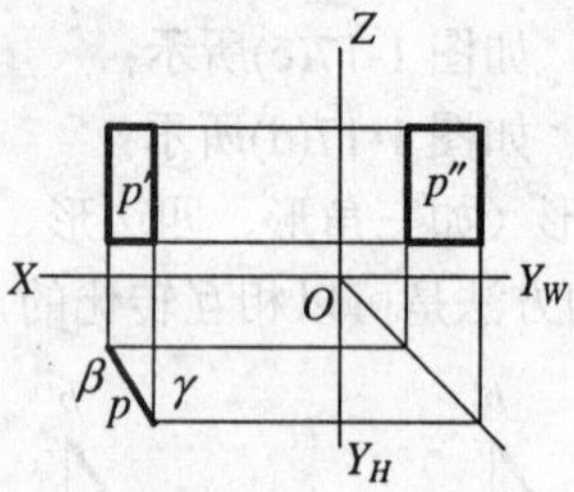 | 1. 水平投影积聚成一直线，并反映真实倾角 $\beta$、$\gamma$。<br>2. 正面投影、侧面投影不反映实形，为空间平面的类似形。 |
| 正垂面 | 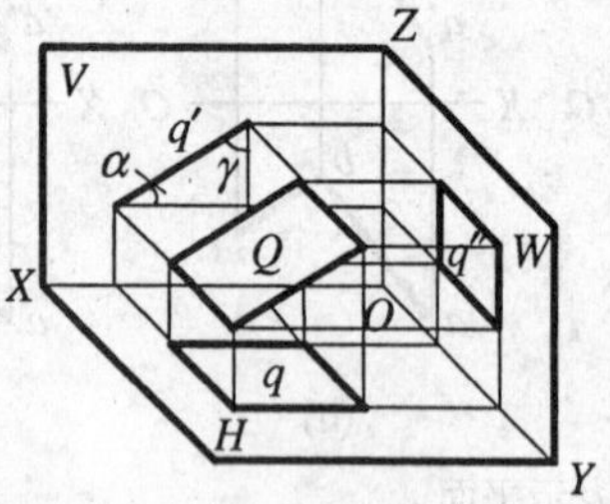 | 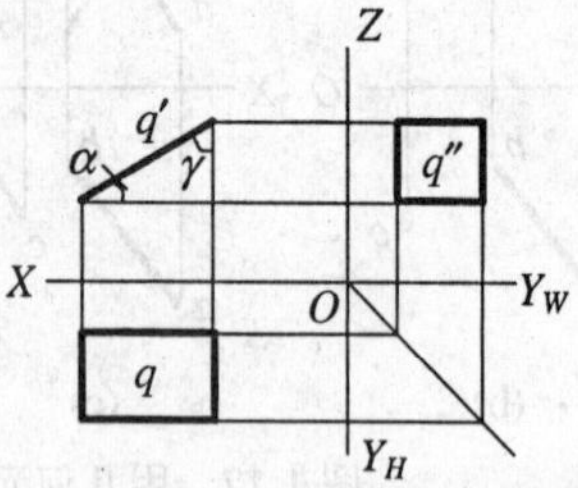 | 1. 正面投影积聚成一直线，并反映真实倾角 $\alpha$、$\gamma$。<br>2. 水平投影、侧面投影不反映实形，为空间平面的类似形。 |
| 侧垂面 | 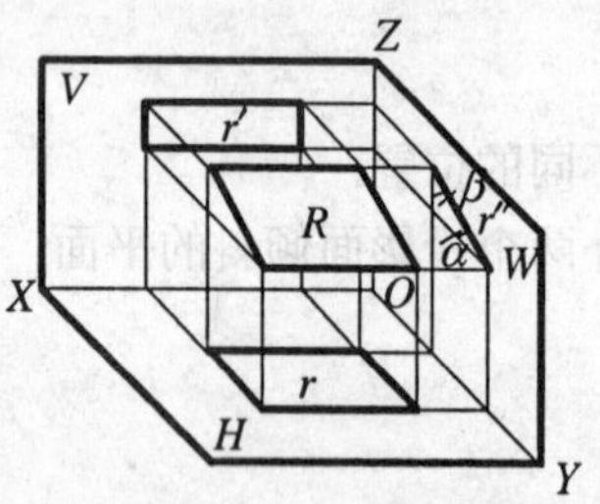 | 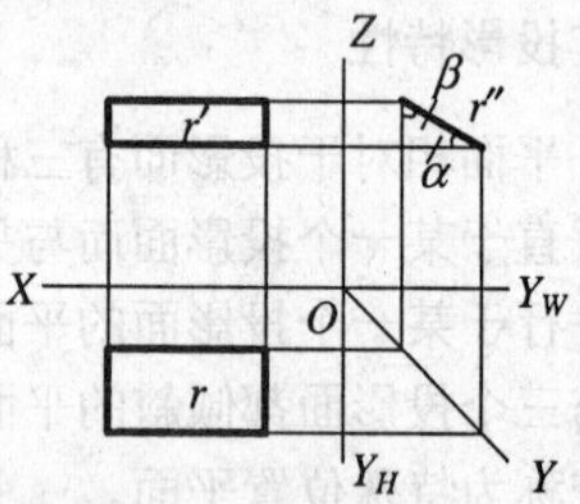 | 1. 侧面投影积聚成一直线，并反映真实倾角 $\alpha$、$\beta$。<br>2. 水平投影、正面投影不反映实形，为空间平面的类似形。 |

表 1-4 列出了三种平行面的立体图、投影图及其投影特性。

由表 1-4 可以概括出投影面平行面的投影特性：

（1）在所平行的投影面上的投影，反映实形；

（2）另两个投影面上的投影，均积聚为平行于相应投影轴的直线。

表 1-4 投影面平行面

| 平面的位置 | 立 体 图 | 投 影 图 | 投 影 特 性 |
|---|---|---|---|
| 水 平 面 | | | 1. 水平投影反映实形；<br>2. 正面投影、侧面投影均积聚为直线，且分别平行于 $OX$、$OY_W$ 轴 |
| 正 平 面 | | | 1. 正面投影反映实形；<br>2. 水平投影、侧面投影均积聚为直线，且分别平行于 $OX$、$OZ$ 轴 |
| 侧 平 面 | | | 1. 侧面投影反映实形；<br>2. 水平投影、正面投影均积聚为直线，且分别平行于 $OY_H$、$OZ$ 轴 |

## 3. 一般位置平面(general position plane)

一般位置平面与三个投影面都是倾斜关系，如图 1-18 所示。

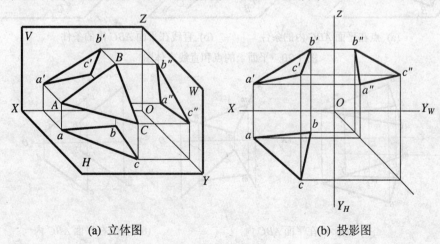

(a) 立体图          (b) 投影图

图 1-18 一般位置平面

一般位置平面的投影特性是：三面投影均是小于空间平面图形的类似形，不反映实形，也不反映空间平面对投影面的倾角真实大小。

4. 特殊位置平面的迹线(vestige line)表示法

当平面垂直于投影面，而在投影图上只需要表明其所在位置时，则可以用平面与该投影面的交线——迹线来表示。

用迹线表示垂直平面时，是用粗实线画出平面有积聚性的迹线，并注上相应的标记即可，如图 1-19 所示。平面 $P$ 与 $H$ 面的交线称为水平迹线，用 $P_H$ 标记；平面 $Q$ 与 $V$ 面的交线称为正面迹线，用 $Q_V$ 标记。

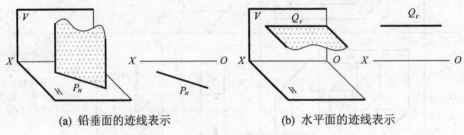

(a) 铅垂面的迹线表示　　　　　(b) 水平面的迹线表示

图 1-19　用迹线表示特殊位置平面

### 1.4.3　平面上的点和直线

点和直线在平面上的几何条件是：

（1）平面上的点，必定在该平面的某条直线上。由此可见，在平面内取点，必须先在平面内取直线，然后在此直线上取点。

（2）平面上的直线，必定通过平面上的两点；或者通过平面内一点，且平行于平面内任一条直线。

图 1-20 给出了上述几何条件的立体图，图 1-21 是其投影图。

(a) 点在平面 $ABC$ 内的条件　　　(b) 直线在平面 $ABC$ 内的条件

图 1-20　平面上的点和直线立体图

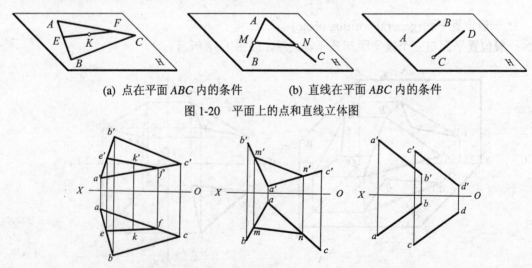

(a) 点在平面 $ABC$ 内　　　　　(b) 直线在平面 $ABC$ 内

图 1-21　一般位置平面内取点、线投影图

特殊位置平面由于其所垂直的投影面上的投影积聚成直线，因此，这类平面上的点和直线，在该平面所垂直的投影面上的投影，位于平面有积聚性的投影或迹线上，如图 1-22。

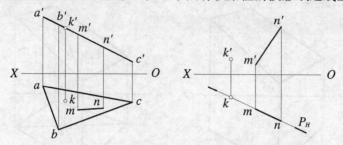

(a) 在三角形平面内取点线　　(b) 在迹线面内取点线

图 1-22　特殊位置平面内取点、线投影图

【例】如图 1-23(a)，已知平面△ABC 以及点 D 的两面投影，求：

（1）判断点 D 是否在平面上；

（2）在平面上作一条正平线 EF，使 EF 到 V 面距离为 20mm。

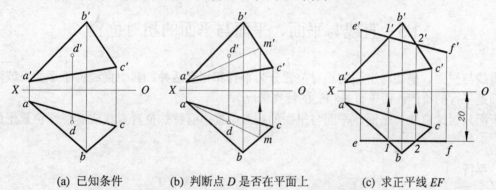

(a) 已知条件　　　　(b) 判断点 D 是否在平面上　　　(c) 求正平线 EF

图 1-23　判断点是否在平面上及平面上取线

〖解〗分析与作图

（1）D 点若在△ABC 平面内的某条直线上，则点 D 在平面上，否则就不在平面上。判断方法如图 1-23(b)所示：连接 ad 并延长交 bc 于点 m，在 b′c′上作出 m 对应的正面投影点 m′，连接 a′m′，则 AM 必在平面△ABC 上，但 d′不在 a′m′上，故点 D 不在平面上。

（2）因为 EF 是正平线，根据正平线的投影特性，EF 的水平投影应平行于 OX 轴，且到 OX 轴的距离为 EF 到 V 面的距离。因此，先从水平投影开始作图。如图 1-23(c)，作 ef 平行于 OX 轴，且到 OX 轴的距离为 20mm。ef 交 ab、bc 于点 1、2，分别在 a′b′、b′c′上作出其对应点 1′、2′，连接 1′、2′即得 e′f′。ef、e′f′即为直线 EF 的两面投影。

【例 1-5】　如图 1-24(a)，已知平面四边形 ABCD 的正面投影和 AB、BC 的水平投影，试完成该四边形的水平投影。

〖解〗分析与作图

四边形的四个顶点在同一平面内，已知 A、B、C 三点的投影。因此，本题实际上是已知平面 ABC 上一点 D 的正面投影 d′，求其水平投影 d。如图 1-24(b)，可以先连接 ac 和 a′c′，再连接 b′d′交 a′c′于 e′，在 ac 上作出 e′的对应点 e，连接 be 并在其延长线上作出 d′的对应点 d。

最后，连接 *ad* 和 *cd* 即完成四边形的水平投影。

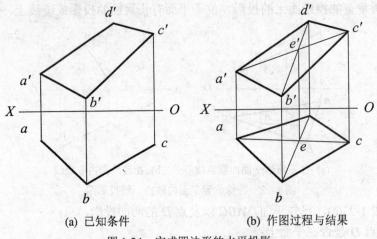

(a) 已知条件  (b) 作图过程与结果

图 1-24  完成四边形的水平投影

# 1.5  直线与平面、平面与平面的相对位置

直线与平面、平面与平面的相对位置分为平行和相交两种。其中直线位于平面上或两平面共面是平行的特例，而垂直是相交的特殊情况。

下面只讨论直线与平面、平面与平面的相对位置中有特殊位置直线或者特殊位置平面的情况。

### 1.5.1  平行

#### 1. 直线与特殊位置平面平行

直线与平面平行的几何条件是：空间直线平行于平面上的任意一条直线，则该直线与平面平行。这样，将直线与平面平行的问题，转化成直线与直线平行的问题。

如图 1-25，当平面为投影面的垂直面时，只要平面有积聚性的投影和直线的同面投影线平行，或直线为该投影面的垂线，则直线与平面也必定平行。

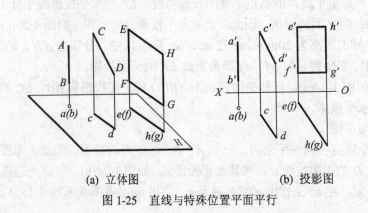

(a) 立体图  (b) 投影图

图 1-25  直线与特殊位置平面平行

2. 两特殊位置平面平行

两平面平行的几何条件是：一平面内的两相交直线分别平行于另一平面内的两相交直线，则这两个平面相互平行。

如图 1-26，当两平面同为某一投影面的垂直面时，只要它们所垂直的投影面上的投影平行，则两平面必定平行。

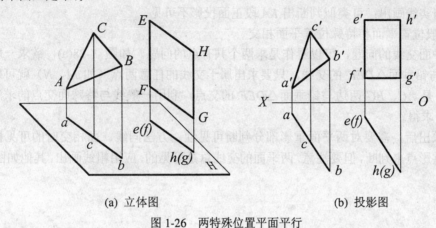

<table>
<tr><td>(a) 立体图</td><td>(b) 投影图</td></tr>
</table>

图 1-26　两特殊位置平面平行

### 1.5.2　相交

直线与平面、平面与平面在空间不平行必相交。其中直线与平面相交有一个交点，该点是直线与平面的共有点；两平面相交有一条交线，该交线是两平面的共有线。因为两点确定一直线，所以求交线时可以转化为求交线上的两点。

1. 直线和特殊位置平面相交

如图 1-27，由于平面△DEF 的水平投影有积聚性，因此，交点 K 的水平投影 k 必在 ab 上，这样直接确定直线 AB 和△DEF 的交点 K 的水平投影，然后根据 K 点在 AB 直线上，作出 K 点的正面投影 k′。

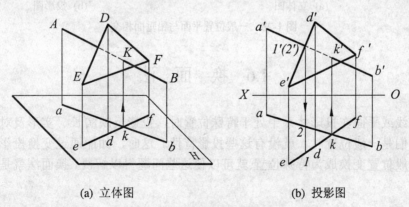

<table>
<tr><td>(a) 立体图</td><td>(b) 投影图</td></tr>
</table>

图 1-27　直线和铅垂面相交

直线与平面图形重影的部分有可见和不可见之分，判别可见性的方法通常利用交叉直线的重影点。由图可见，交点 K 把直线 AB 分成两部分，在投影图上直线未被平面遮住部分的投影为可见，画成粗实线；被平面遮住部分的投影为不可见，画成虚线；所以交点是可见与不可见的分界点。如图 1-27(b)，取交叉直线 *DE*、*AB* 对 *V* 面的重影点 Ⅰ、Ⅱ，由 1′、2′作出 1、2，由于 Ⅰ 点的 *Y* 坐标较大，故 1′可见，2′不可见，则 *k*′2′也为不可见，用虚线画出，*k*′为 *a*′*b*′的可见性分界点，*k*′*b*′段可见，用粗实线画出。也可以用"上遮下、前挡后"的直观法进行判别：由水平投影可以看出，直线 *AB* 的 *KB* 段，位于平面△*DEF* 的前面，因而 *KB* 段正面投影可见，用粗实线画出；可类似判断出 *KA* 段正面投影不可见。

　　2．一般位置平面和特殊位置平面相交

　　求两平面交线的问题，可以看作是求两个共有点的问题。如图 1-28(a)，欲求一般位置平面△*ABC* 与铅垂面△*DEF* 的交线，只要求出属于交线的任意两点（如 *M*、*N*）就可以了。显然，*M*、*N* 是 *AC*、*BC* 两边与铅垂面△*DEF* 的交点，利用一般线与特殊面交点的求法（如图1-27）即可求得。

　　交线求出后，需要对两平面重影部分判断可见性。方法同线、面相交时的可见性判别，通常运用重影点来判断，但要注意，两平面的交线总是可见的，应用粗线画出，其他如图 1-28(b)所示。

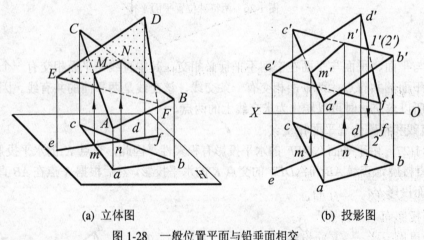

(a) 立体图　　　　　　　　　　　　　　(b) 投影图

图 1-28　一般位置平面与铅垂面相交

# 1.6　换　面　法

　　空间直线或平面在投影体系中处于特殊位置时，投影反映实长、实形及对投影面的倾角，但当它们是一般位置时，就没有这些投影特性。这时，如能通过变换投影面的方法，把它们由一般位置变换成为特殊位置，就可以使这些问题得以解决，换面法就是常用的一种方法。

### 1.6.1　基本概念

　　如图 1-29，在 *V/H* 两面体系中，*AB* 为一般位置直线，其投影 *ab*、*a*′*b*′均不反映实长与倾角。现用平行于 *AB* 且垂直于 *H* 面的 *V*₁ 面来替换 *V* 面，则使原 *V/H* 投影体系中的一般位置直线，变换为新 $V_1/H$ 投影体系中的 $V_1$ 面的平行线，在 $V_1$ 面上的投影便反映了 $AB$ 直线的实长及其与水平面的夹角。这种用 $V_1$ 面替换 $V$ 面的方法，称为换面法。

如图 1-29，有下列一些基本概念：

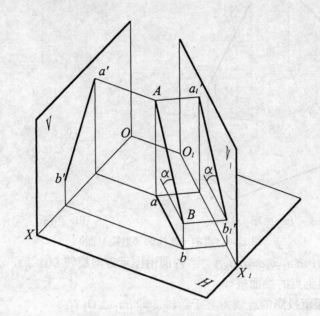

图 1-29　换面法的投影关系

1）原投影面体系——$V/H$ 体系；

2）原轴——$OX$ 轴；

3）新投影面体系——$V_1/H$ 体系；

4）新轴——$O_1X_1$ 轴；

5）被替换投影面——$V$ 面；

6）保留投影面——$H$ 面；

7）新投影面——$V_1$ 面；

8）被更换投影——$V$ 面投影 $a'b'$；

9）保留投影——$H$ 面投影 $ab$；

10）新投影——$V_1$ 面投影 $a_1'b_1'$。

显然，新投影面是不能任意选取的，必须满足下列两个条件：

（1）新投影面必须使空间几何元素处于有利于解题的位置。

（2）新投影面必须垂直于一个不变投影面，以构成新的投影面体系。

### 1.6.2　点的一次换面

点是最基本的几何元素，因此，点的一次换面是一切换面法的基础。由于换面法是在两投影面体系基础上进行的，一次只更换一个投影面，所以有两种换法：更换 $V$ 面或更换 $H$ 面。下面仅讨论更换 $V$ 面，更换 $H$ 面的情形类似于更换 $V$ 面。

如图 1-30(a)，在 $V/H$ 体系中，有一空间点 $A$，其水平投影为 $a$，正面投影为 $a'$。取一铅垂

面 $V_1$ 替换原正投影面 $V$，形成一个新的投影体系 $V_1/H$。过 $A$ 点作 $V_1$ 面垂线，得到 $A$ 点在 $V_1$ 面上的正投影 $a_1'$。则 $a'$ 是被替换投影，$a$ 是保留投影，$a_1'$ 是新投影。

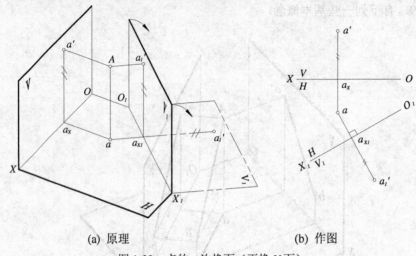

(a) 原理　　　　　　　　　　　　　　　　(b) 作图

图 1-30　点的一次换面（更换 $V$ 面）

从图 1-30(a)可知，$a'a_X=Aa=a_1'a_{X1}$。当 $V_1$ 面沿图示方向旋转 $90°$ 后，$a$ 与 $a_1'$ 的连线垂直于 $O_1X_1$。由此可以得到点的换面规律：

（1）新投影和保留投影的连线垂直于新轴，即 $aa_1' \perp O_1X_1$；

（2）新投影到新轴的距离等于被替换投影到原轴的距离，即 $a_1'a_{X1}=a'a_X$。

根据上述换面规律，点的一次换面过程如图 1-30(b)，作图步骤如下：

（1）根据解题需要，在适当位置画出新投影轴 $O_1X_1$；

（2）自保留投影 $a$ 作 $O_1X_1$ 的垂线（即新的投影连线），交 $O_1X_1$ 于 $a_{X1}$；

（3）在垂线延长线上量取 $a_1'a_{X1}=a'a_X$，即得到新投影 $a_1'$。

### 1.6.3　换面法的应用

换面法的一次换面可以把一般位置直线变换成新投影面的平行线，把投影面的垂直面变换成新投影面的平行面。下面讨论只需一次换面的应用实例：

1. 求一般位置直线的实长及其对投影面的倾角

如图 1-29，求直线 $AB$ 的实长及其对 $H$ 面的倾角 $\alpha$。由图可见，在 $V/H$ 投影体系中，$AB$ 为一般位置直线，其两面投影均不反映实长和倾角。根据投影面平行线的投影特性知，正平线的正面投影反映实长及其 $\alpha$ 角，且其水平投影平行于投影轴。因此，需用新的 $V_1$ 面替换 $V$ 面，使 $V_1 /\!/ AB$ 且垂直于 $H$ 面，构成新的两面体系 $V_1/H$，直线在 $V_1$ 上的投影就反映实长及其 $\alpha$ 角。图 1-31(b)是其投影图，作图步骤如下：

（1）在适当的位置作 $O_1X_1 /\!/ ab$；

（2）按照点的换面规律，在新投影面 $V_1$ 上分别作出 $A$、$B$ 两点的新投影 $a_1'$、$b_1'$；

（3）连接 $a_1'$、$b_1'$，则 $a_1'b_1'=AB$ 实长，并且 $a_1'b_1'$ 与 $O_1X_1$ 的夹角就是 $AB$ 对 $H$ 面的倾角 $\alpha$。

若在 $V/H$ 投影体系中，用新的 $H_1$ 面替换 $H$ 面，使 $H_1 /\!/ AB$ 且垂直于 $V$ 面，构成新的两面

体系 $V/H_1$，则可求出 $AB$ 的实长和 $\beta$ 角，如图 1-31(c)，作图步骤如下：

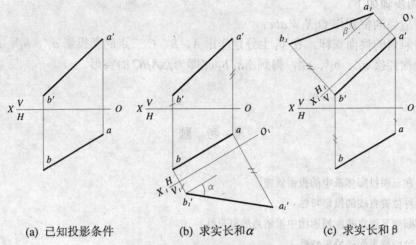

(a) 已知投影条件　　　　　(b) 求实长和 $\alpha$　　　　　(c) 求实长和 $\beta$

图 1-31　用换面法求直线的实长和倾角

（1）在适当的位置作 $O_1X_1 /\!/ a'b'$；

（2）按照点的换面规律，在新投影面 $H_1$ 上分别作出 $A$、$B$ 两点的新投影 $a_1$、$b_1$；

（3）连接 $a_1$、$b_1$，则 $a_1b_1 = AB$ 实长，并且 $a_1b_1$ 与 $O_1X_1$ 的夹角就是 $AB$ 对 $V$ 面的倾角 $\beta$。

这里需要说明的是：新投影面到直线 $AB$ 的距离远近与所得的结果无关，因此，在投影图上新轴距离保留投影的远近可以是任意的。如图 1-31(b)中 $O_1X_1$ 与 $ab$ 的距离、图 1-31(c)中 $O_1X_1$ 与 $a'b'$ 的距离是任意确定的，只需要选择合适位置方便作图即可。

**2. 求垂直面图形的实形**

如图 1-32(a)，平面 $\triangle ABC$ 为一铅垂面，其水平投影有积聚性，正面投影为 $\triangle ABC$ 的类似形，但不反映实形。为求 $\triangle ABC$ 的实形，需用新的 $V_1$ 面替换 $V$ 面，使 $V_1 /\!/ \triangle ABC$。因 $\triangle ABC$ 为铅垂面，则 $V_1$ 面必垂直于 $H$ 面，即 $V_1$ 面、$H$ 面构成新的两面投影体系 $V_1/H$。根据投影面

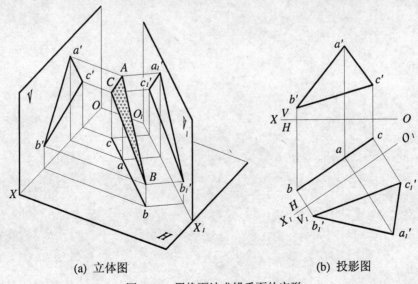

(a) 立体图　　　　　　　　　(b) 投影图

图 1-32　用换面法求铅垂面的实形

平行面的投影特性，△$ABC$ 在 $V_1$ 中的投影△$a_1'b_1'c_1'$反映实形，且 $abc /\!/ O_1X_1$。投影图如图 1-32(b)，作图步骤如下：

（1）在适当的位置作 $O_1X_1 /\!/ abc$；

（2）按照点的换面规律，在 $V_1$ 上分别作出 $A$、$B$、$C$ 三点的新投影 $a_1'$、$b_1'$、$c_1'$；

（3）顺次连接 $a_1'$、$b_1'$、$c_1'$，得到△$a_1'b_1'c_1'$即为△$ABC$ 的实形。

# 思 考 题

1. 试述点在三面投影体系中的投影规律。

2. 试述各种位置直线的投影特性。

3. 如何判断交叉两直线在投影图中重影点的可见性？

4. 试述各种位置平面的投影特性。

5. 直线与平面平行、两平面平行的几何条件是什么？

6. 如何判断线面相交、面面相交时的可见性？

7. 换面的实质是什么？换面法需要满足什么条件？

8. 如何求解一般位置直线的实长及倾角和垂直面的实形？

# 第 2 章 立 体

根据立体表面几何性质的不同，立体可分为平面立体（plane body）和曲面立体（curved surface body）两大类。表面都是由平面围成的立体，称为平面立体；表面由平面和曲面或者曲面围成的立体，称为曲面立体。本书从这里开始，在投影图中不再画投影轴，将按照点的投影规律，使各点的正面投影和水平投影的连线位于同一条铅直线上，正面投影和侧面投影位于同一条水平线上，任意两点的水平投影和侧面投影保持前后方向的宽度相等即可。

## 2.1 平 面 立 体

平面立体是由若干平面多边形围成，所以平面立体的投影，可以看作组成平面立体的所有多边形顶点和边的投影。并且规定投影可见的线画成粗实线，不可见的线画成虚线，粗实线和虚线重合时，画成粗实线。

平面立体中最常见的是棱柱和棱锥（包括棱锥台），下面主要讨论它们的投影以及在表面取点、线的原理和方法。

### 2.1.1 棱柱

棱柱（prisms）是由两个底面和若干个棱面所组成的，棱面与棱面的交线叫棱线，各棱线相互平行。按照棱线的数目分，有三棱柱、四棱柱、五棱柱……。按照棱线是否垂直底面分为直棱柱（棱线垂直于底面的）和斜棱柱。其中，底面是正多边形的称为正棱柱。

下面讨论的棱柱均为直棱柱：

1. 棱柱的投影

如图 2-1(a)所示，为一正六棱柱的立体图。它的顶面和底面都是正六边形，六个棱面都是矩形。图 2-1(b)为正六棱柱的投影图，图中省略了投影轴，作图时应特别注意严格保持所有几何元素在投影之间的对应关系，即 $V$ 面与 $H$ 面投影之间"长对正"，$V$ 面与 $W$ 面投影之间"高平齐"，$H$ 面与 $W$ 面投影之间"宽相等"。

在图 2-1(b)所示投影图中，六棱柱的顶面和底面均为水平面，根据水平面投影特性，其水平投影重合并反映实形，为正六边形，正面投影和侧面投影都积聚成直线段，并分别平行于相应的 $X$、$Y$ 投影轴。前后两个棱面为正平面，其正面投影重合并反映实形，水平投影和侧面投影积聚为直线段，且分别平行于 $X$、$Z$ 投影轴。其余四个棱面均为铅垂面，它们前后、左右分别对称，其水平投影积聚成直线段，并与正六边形边线重合，而正面投影和侧面投影分别为类似形（矩形），面积比实形小。六棱柱的六条棱线均为铅垂线，水平投影积聚成一点，正面投影和侧面投影互相平行且反映实长。

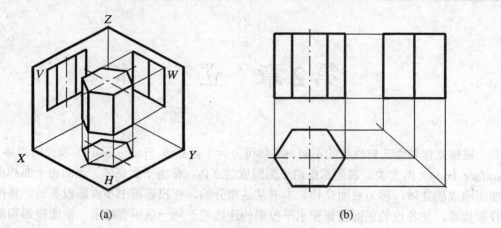

(a)　　　　　　　　　　　　　(b)

图 2-1　正六棱柱的投影

**2. 棱柱表面上的点**

平面立体表面上取点的方法，其原理和方法与在平面上取点相同。如果平面立体表面为特殊位置面，可利用积聚性求点的其他投影；如果平面立体表面是一般位置面，可利用表面上经过该点的直线来求点的投影。首先分析判断点在哪个棱面上，再根据棱面空间位置的投影特性来求出点的其他两投影。点的投影可见性依据点所在棱面投影的可见性来判断。点所在棱面的某投影面投影可见，则点的同面投影也可见，否则不可见。注意：棱面投影有积聚性时，点的该面投影视为可见。

如图 2-2 所示，已知正六棱柱三面投影及表面上 $M$、$N$ 两点的正面投影 $m'$、$(n')$，求点的另外两投影。

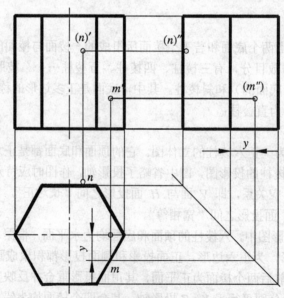

图 2-2　棱柱表面上的点

由于投影 $m'$ 可见，故 $M$ 点在右前方棱面上；投影 $(n')$ 不可见，故 $N$ 点位于正后方的棱面上，该棱面为一正平面，其水平及侧面投影均具有积聚性。所以自 $m'$ 作竖直投影连线，在右前方棱面有积聚性的水平投影上得点的水平投影 $m$，再由点的两投影 $m'$、$m$

求出侧投影 $m''$，由于 $M$ 点所在棱面的侧面投影不可见，故投影（$m''$）不可见。由（$n'$）分别作竖直和水平投影连线，在正后方棱面具有积聚性的水平投影和侧面投影上分别取对应的 $n$ 及 $n''$。

### 2.1.2 棱锥

棱锥（pyramids）是由一个锥底面和若干个相交于一点的棱面组成的。棱面的交线称为棱线，棱线均交于一点，称为锥顶（Apex）。按照棱线的数目分为三棱锥、四棱锥、五棱锥……。其中，底面是正多边形的称为正棱锥(right pyramid)。

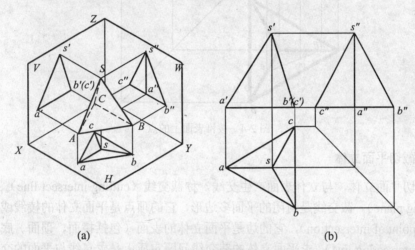

(a)                         (b)

图 2-3  正三棱锥的投影

#### 1．棱锥的投影

如图 2-3(a)为正三棱锥的立体图，图 2-3(b)为相应的三面投影图。正三棱锥底面△ABC 是水平面，其水平投影反映实形但不可见，正面及侧面投影均积聚为直线且分别平行于 X、Y 轴。右侧棱面△SBC 为一正垂面，正面投影 $s'b'$（$c'$）积聚为直线，水平投影 sbc 及侧面投影 $s''b''c''$ 分别为比空间实形小的类似形，且水平投影可见，侧面投影不可见。前、后侧棱面均为一般位置面，它们的三面投影是比空间实形小的类似形。它们的正面投影重合，前侧棱面投影 $s'a'b'$ 可见，后侧棱面 $s'a'c'$ 不可见。作图时先画出底面△ABC 的各个投影，再作锥顶 S 的各个投影，然后连接各点的同面投影即可。如图 2-3(b)。

#### 2．棱锥表面上取点

如图 2-4 所示，已知正三棱锥三面投影及表面上 $M$ 点的正面投影 $m'$，求该点的其余两投影。

因投影 $m'$ 可见，故可知 $M$ 点位于前棱面△SAB 上，而△SAB 为一般位置面，其上取点应作一条过 $M$ 点且在面上的辅助线。作图时过 $M$ 作属于△SAB 棱面的任意辅助线 $DE$，在正面投影中，$d'e'$ 过 $m'$，分别交 $s'a'$ 于 $d'$，交 $s'b'$ 于 $e'$。因 D、E 分别在棱线 SA、SB 上，在水平投影中作出 de；在侧面投影中作出 $d''e''$。最后分别在 de 及 $d''e''$ 上取出 $M$ 点相应的水平投影 m 及侧面投影 $m''$。显然 m 及 $m''$ 均可见。需要说明，这里辅助线 $DE$ 是任意作的，比如过锥顶 s' 或平行于底边 $a'b'$ 的辅助线，只要过 $m'$ 且在△SAB 上即可。

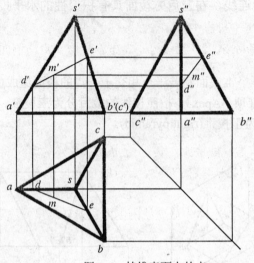

图 2-4　棱锥表面上的点

### 2.1.3　平面截切平面立体

平面截切平面立体，与立体表面产生交线，称截交线（cutting intersect line），平面称为截平面（cutting plane）。截交线是封闭的平面多边形，它的顶点是平面立体的棱线或底边与截平面的交点（point of intersection），它的边是平面立体的表面（包括棱面、顶面、底面）与截平面的交线（intersecting line）。求平面立体的截交线问题实质上是求直线与平面的交点和两平面的交线问题。

#### 1. 平面截切棱柱

如图 2-5(a)所示，已知正四棱柱被正垂面 P（用迹线 $P_V$ 表示）截切，补全棱柱截切后的水平及侧面投影。

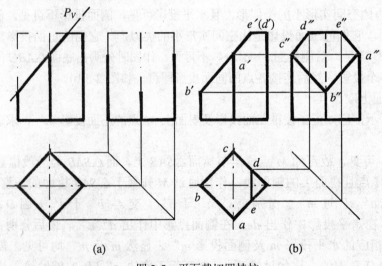

(a)　　　　　　　　　　(b)

图 2-5　平面截切四棱柱

截平面 $P$（为正垂面）与四棱柱的四个侧面和上底面都相交，交线分别为 $AB$、$BC$、$CD$、$AE$ 和正垂线 $ED$。截交线形状为平面五边形，其正面投影积聚为直线。由于四棱柱的侧棱面都是铅垂面，所以在截交线水平投影中除 $de$ 边外，其余四边皆与棱面有积聚性的投影重合。为求截交线的侧面投影，可分别求出各棱（边）线和 $P$ 平面交点的侧面投影，然后顺序连接，即得出交线的侧面投影。

需要说明：连线时要注意可见性，可见的用粗实线连接，不可见的用虚线连接。

作图过程如下（见图 2-5(b)）：

（1）由截平面 $P_V$ 与上底正面投影的交点 $e'$（$d'$），对应作出截交线一条边线 $ED$ 的水平投影 $ed$ 及侧面投影 $e''\,d''$，截交线的水平投影为 $abcde$。

（2）由前、左、后三条侧棱线与截平面 $P_V$ 交点的正面投影 $a'$、$b'$、($c'$)，作出侧面投影 $a''$、$b''$、$c''$。

（3）顺序连接 $a''\,b''\,c''\,d''\,e''$ 即为截交线的侧面投影。这里要注意用虚线补全右侧棱线侧面投影的不可见部分。

**2. 平面截切棱锥**

如图 2-6(a)，已知三棱锥 $S\text{-}ABC$ 被正垂面 $P$（用迹线 $P_V$ 表示）截切，补全截切后的水平及侧面投影。

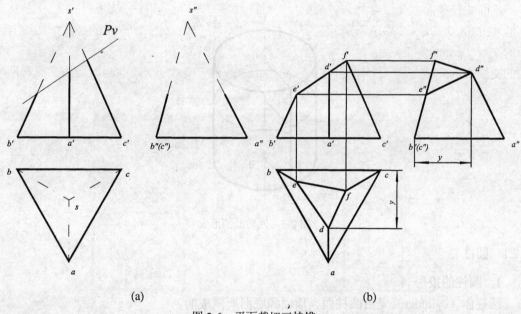

(a)                                    (b)

图 2-6  平面截切三棱锥

截平面 $P$（为正垂面）与三棱锥的三个侧面均相交，交线分别为 $DE$、$EF$、$FD$，所以截交线是三角形，其正面投影积聚为直线（在 $P_V$ 上）。三角形的顶点分别是三棱锥三条棱线与截平面 $P$ 的交点 $D$、$E$、$F$，运用点属于直线的特性，求出截交线顶点的水平投影和侧面投影，然后依次连接交点的同面投影 $def$ 及 $d''\,e''\,f''$ 即可。注意在顺次连接同面投影点时要判断投影的可见性。

作图过程如下（见图 2-5(b)）：

（1）由三条棱线的正面投影与迹线 $P_V$ 的交点 $d'$、$e'$、$f'$，分别向水平投影面及侧投影面作投影连线，对应求出水平投影 $d$、$e$、$f$ 及侧面投影 $d''$、$e''$、$f''$。

（2）依次连接 $def$ 及 $d''e''f''$。注意该截交线的水平及侧面投影均是可见的，所以应用粗实线连接。

# 2.2　回　转　体

曲面立体中有一类叫回转体，它是由回转面(surface of revolution)或者回转面与平面围成的立体。回转体的投影主要是把组成回转体的回转面或平面与回转面的轮廓表示出来。回转面是由一条动线（直线或曲线）绕与它共面的一条定直线回转运动一周所形成的曲面。其中定直线称为回转面的轴线(axis line)，动线称为回转面的母线(generatrix)，母线在回转面任一位置称为素线(element line)，母线上任意一点的回转轨迹圆称作纬圆(circle of latitude)。如图 2-7 所示，母线 $AB$ 平行于轴线 $OO_1$，$AB$ 绕 $OO_1$ 回转一周形成圆柱面。

工程上常见的回转体有圆柱、圆锥、圆球、圆环等。下面主要介绍常见回转体的投影作图以及表面取点的问题。

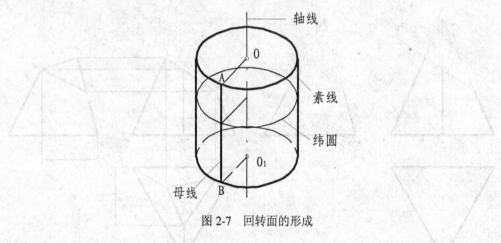

图 2-7　回转面的形成

## 2.2.1　圆柱

**1. 圆柱的投影**

圆柱体（cylinder）是由圆柱面、顶面和底面所围成的。

如图 2-8(a)所示，圆柱的轴线为铅垂线，圆柱面上所有的素线都是铅垂线，所以圆柱面的水平投影积聚为圆，圆柱面上所有点和线的水平投影都积聚在这个圆上。圆柱的顶面、底面均为水平面，所以水平投影反映实形为圆，正面及侧面投影均积聚为直线。

圆柱的正面投影为矩形，矩形上、下两边分别为圆柱顶面、底面具有积聚性的投影，左、右两边分别为圆柱面上最左、最右素线的正面投影，这两条素线又称为正面投影的转向轮廓线，它们把圆柱面分为前、后两半，前半部可见，后半部不可见，前、后半部正面投影重合，它们的侧面投影与轴线重合。同理，圆柱的侧面投影也为矩形，矩形两侧轮廓线分别为圆柱面上最前、最后素线的侧面投影，它们是侧面投影的转向轮廓线，也是侧面投影的可见性分界线，把圆柱面分成可见的左半部与不可见的右半部，左、右半部侧面投影重合。它们的正面投影与轴线重合。图 2-8(b)为圆柱三面投影图。圆柱的轴线用点画线画出。

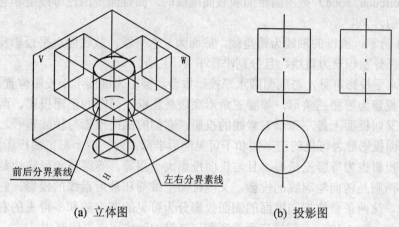

前后分界素线　　　　　　　左右分界素线

(a) 立体图　　　　　　　　　　(b) 投影图

图 2-8　圆柱的投影

**2. 圆柱表面上的点**

如图 2-9 所示，已知圆柱面上 A、B 两点的正面投影（a´）、b´，求两点的水平投影及侧面投影。

图中可看出两点在圆柱面上，由于圆柱的轴线是铅垂线，所以圆柱面的水平投影积聚为圆，故两点的水平投影 a、b 必在圆周上。由 a、a´ 及 b、b´ 可分别求出 a″、b″。

作图过程如下：由于（a´）不可见，b´ 可见，故 A 点位于左、后圆柱面，B 点位于右、前圆柱面。分别自（a´）、b´ 向水平投影作投影连线，与圆的交点即为 a、b，注意 a 在后半圆，b 在前半圆。作侧面投影 a″、（b″）时，注意由水平投影量取相对坐标 $Y_a$、$Y_b$，并且因（a´）、b´ 分别在左半、右半圆柱面，所以 a″ 可见，（b″）不可见。

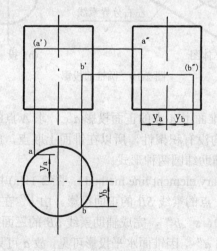

图 2-9　圆柱表面取点

### 2.2.2　圆锥

**1．圆锥的投影**

圆锥体（circular cone）是由圆锥面和底面围成的。圆锥面是由直母线绕和它相交的轴线旋转一周形成的。

如图 2-10 所示，圆锥的轴线为铅垂线，底面为一水平圆，故底面水平投影反映实形圆，正面及侧面投影分别积聚为直线，且分别平行于 *X*，*Y* 轴。

圆锥面的水平投影可见，与底面圆水平投影重合，圆心为锥顶水平投影位置。

圆锥正面投影为等腰三角形。等腰三角形底边是圆锥底面圆的正面投影，两腰是转向轮廓线的投影，又叫锥面上最左和最右素线的投影，它们的侧面投影与轴线重合。这两条素线把圆锥面的正面投影分为可见的前半部和不可见的后半部，前、后半部正面投影重合。

圆锥侧面投影也为等腰三角形，且与正面投影大小相等。等腰三角形底边是圆锥底面圆的侧面投影，两腰是转向轮廓线的投影，又叫锥面上最前和最后素线的投影，它们的正面投影与轴线重合。这两条素线把圆锥面的侧面投影分为可见的左半部和不可见的右半部，左、右半部投影重合。图 2-10(b)为圆锥三面投影图。圆锥的轴线用点画线画出。

注意圆锥面的三个投影都不具有积聚性。

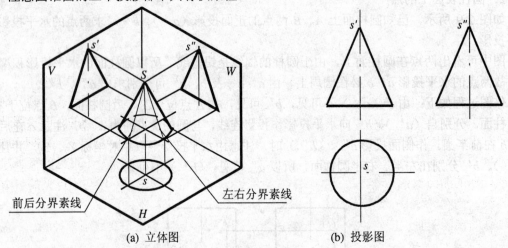

（a）立体图　　　　　　　　　（b）投影图

图 2-10　圆锥的投影

**2．圆锥表面上的点**

如图 2-11 所示，已知圆锥面上 *A* 点的正面投影 *a′*，求 *A* 点的水平及侧面投影。

由于圆锥面的三个投影均没有积聚性，所以在锥面上取点，应在锥面上作辅助线，通常采用的辅助线有辅助素线和辅助纬圆两种形式。

（1）辅助素线法（auxiliary element line method）：图 2-11(a)中，在正面投影连接 *s′ a′*，交底边于 *b′*，*s′b′* 为过 *A* 点的素线 *SB* 的正面投影。由 *b′* 在水平投影中作出位于前半圆的 *b*，再作出 *b″*，分别连 *sb*，*s″b″*，完成辅助素线 *SB* 的三面投影。因 *A* 在 *SB* 上，可在 *sb* 上作出 *a*，在 *s″b″* 上作出 *a″*，因锥面水平投影可见，故 *a* 可见；又因 *A* 点位于右半锥面，故（*a″*）不可见。

（2）辅助纬圆法（auxiliary circle method）：图 2-11(b)中，在锥面上作过 *A* 点的辅助纬圆，

该圆为一水平圆。其正面投影过 $a'$ 且垂直与圆锥轴线，它与圆锥轮廓素线相交得一线段，该线段即为纬圆的正面投影，其长度等于纬圆直径实长；水平投影中以 $s$ 为中心作纬圆实形，然后自 $a'$ 作竖直投影连线，在前半纬圆上得 $a$，再由 $a'$、$a$ 作出（$a''$）。

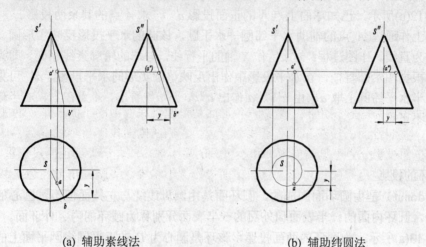

(a) 辅助素线法          (b) 辅助纬圆法

图 2-11　圆锥表面取点

### 2.2.3　圆球

**1. 圆球的投影**

圆球体（sphere）是由圆球面围成的，球面是由圆母线绕自身直径旋转一周而成。

如图 2-12(a)所示，球的三面投影为大小相等的圆，其直径等于球的直径，三个圆分别是球面上与 $V$、$H$、$W$ 面平行的最大圆的投影，是投影的转向轮廓素线。例如球的正面投影是球面上平行于正面的轮廓素线的投影，它是前、后半球的分界线，前半球可见，后半球不可见。同理，球的水平投影是球面上水平轮廓素线的投影，它是可见的上半球及不可见的下半球的分界线；球的侧面投影是球面上侧平轮廓素线的投影，它是可见的左半球与不可见的右半球的分界线。显然，球的三个投影都不具有积聚性。

画球的投影图时，应先画各投影圆的中心线（用点画线），再用粗实线画等径圆。

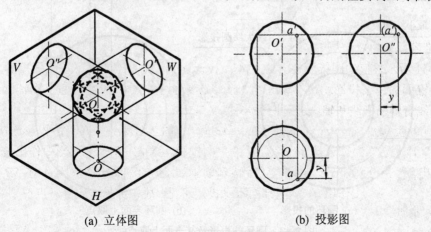

(a) 立体图          (b) 投影图

图 2-12　球的投影及球面上取点

**2. 球面上的取点**

球面的三个投影均不具有积聚性，球面上也不可能作出直线，故球面取点应该通过平行于投影面的辅助圆来作图求解。

如图 2-12(b)所示，已知球面上点 $A$ 的正面投影 $a'$，求 $A$ 点的其余两投影。

在球面上作通过 $A$ 点的辅助水平纬圆—水平圆，该圆的水平投影反映实形圆，正面及侧面投影积聚为直线。作图过程：过 $a'$ 作 $X$ 轴的平行线，与球的轮廓素线相交，即为辅助圆的正面投影。根据图示圆直径，在水平投影中作出反映该圆实形的水平投影，$a'$ 可见，在前半球，故在前半水平纬圆上取 $a$。由 $a'$、$a$ 作出 $a''$，从 $a'$ 看出，$A$ 点在上、右半球，故 $a$ 可见，$(a'')$ 不可见。

### 2.2.4 圆环

**1. 圆环的投影**

圆环（donut）是由圆环面围成的，圆环面是由圆母线绕与它共面但不过圆心的轴线旋转一周形成的，圆环内面的一半表面和外面的一半表面分别称为圆环的内、外环面。

如图 2-13(a)所示，为圆环的两面投影，该环是圆心为 $O$ 的正平圆绕圆平面上的铅垂轴回转形成的。在回转过程中，圆母线上离轴线最远、最近点分别旋转成最大和最小纬圆，它们的水平投影就是环面水平投影的转向轮廓线，也是可见的上半环和不可见的下半环的分界线。而圆心 $O$ 回转形成的水平圆，在水平投影中用点画线表示。

正面投影中左、右两个圆，是环面上的两个正平素线圆的投影，而上、下两条轮廓线则是圆母线上最高、最低点回转形成水平圆的积聚性投影。圆母线离轴线较远的半圆回转形成外环面，离轴线较近的半圆回转形成内环面。正面投影中，前、后外环面投影重合，前半外环面是可见的，后半外环面不可见；前、后内环面投影重合，均不可见，内环面的转向轮廓线画成虚线。

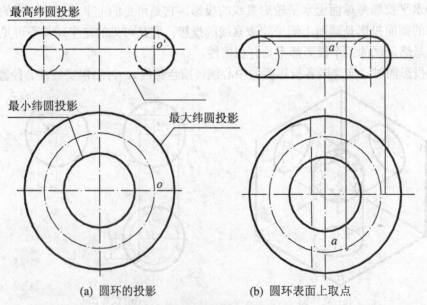

(a) 圆环的投影　　　　(b) 圆环表面上取点

图 2-13　圆环的投影及其表面上取点

### 2. 圆环面上的点

圆环面三面投影均没有积聚性，环面上也不可能作直线，故环面上取点应通过包含点的辅助纬圆来作图。

如图 2-13(b)所示，已知环面上点 $A$ 的正面投影 $a'$ ，求水平投影 $a$ 。

因正面投影 $a'$ 可见，由此可判定 $A$ 点位于上半外环面。过 $a'$ 作 $X$ 轴的平行线，与外环轮廓线相交，得到过 $A$ 点的水平纬圆的正面积聚性投影。该投影线长即为水平纬圆的直径，在水平投影中作反映实形的纬圆投影，自 $a'$ 向水平投影面作投影连线与前半辅助纬圆水平投影相交得 $a$。因点 $A$ 在上半环，故水平投影 $a$ 可见。

## 2.3　平面与回转体表面相交

回转体被平面截切，平面与回转体表面相交，交线称为截交线。截交线具有封闭性，通常是曲线或曲线与直线组成的封闭的平面图形，它的形状取决于回转体的种类和截平面的位置；此外截交线还具有共有性，它是截平面与回转体表面的共有线，截交线上的所有点都是截平面与回转体表面的共有点。因此，求截交线的过程其实是求一系列共有点的过程，通常先作出特殊点，包括能确定截交线形状和范围的极限位置点，如最高、最低、最左、最右、最前、最后点，以及轮廓素线上的可见性分界点；然后根据需要作若干一般点，依次连成光滑的曲线，并注明可见性。

本节讨论的截交线投影作图方法，截平面只限于常用的特殊位置平面。

### 2.3.1　平面与圆柱相交

平面与圆柱面相交，由于平面相对圆柱的位置不同，截交线有三种情况，见表 2-1。

表 2-1　圆柱面的截交线

| 截平面位置 | 平行于轴线 | 垂直于轴线 | 倾斜于轴线 |
|---|---|---|---|
| 截交线形状 | 两条直素线 | 圆 | 椭圆 |
| 立体图 | 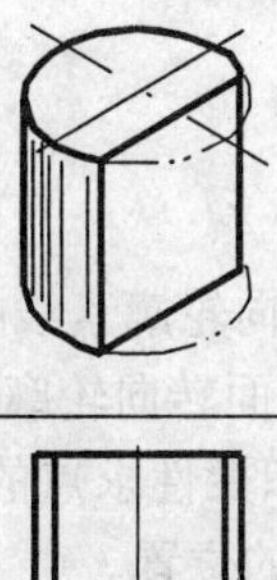 | 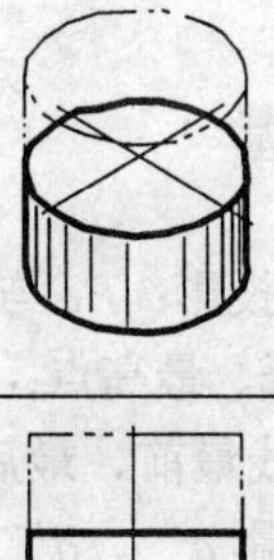 | 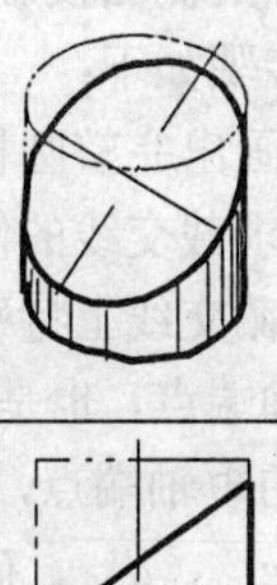 |
| 投影图 | 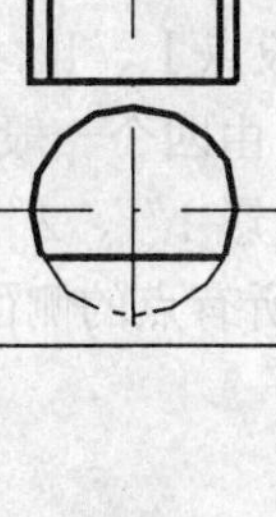 | 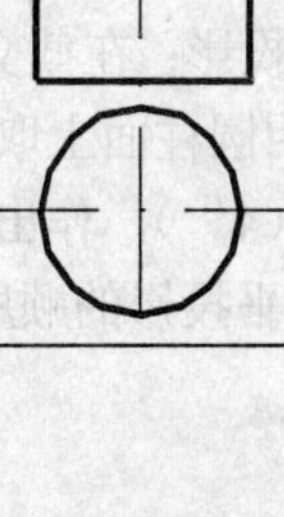 | 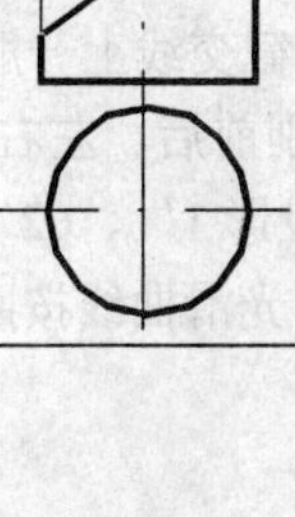 |

（1）截平面与圆柱轴线平行时，截平面与圆柱面的交线为平行于圆柱轴线的两条平行线，截平面与圆柱顶面、底面的交线为垂直与轴线的两条平行线，截交线为矩形。由于截平面为正平面，所以截交线的正面投影反映实形；水平投影和侧面投影分别积聚成直线。

（2）截平面与圆柱轴线垂直时，截交线为圆，其水平投影与圆柱面的水平投影重合，正面投影和侧面投影分别积聚为直线。

（3）截平面与圆柱轴线倾斜时，截交线为椭圆，其正面投影积聚为直线，水平投影为圆（与圆柱面的水平投影重合），侧面投影为椭圆。

如图 2-14，已知圆柱被正垂面（用 $P_V$ 表示）截切后的正面投影和水平投影，求它的侧面投影。

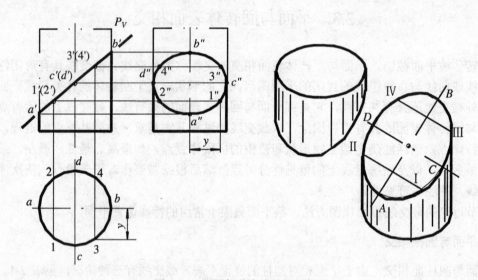

图 2-14　求圆柱截交线的侧面投影

正垂面 $P$ 倾斜与圆柱轴线，其截交线空间实形是一个椭圆。截交线正面投影与正垂面 $P$ 的正面投影重合，积聚为直线；截交线的水平投影与圆柱面有积聚性的水平投影重合，积聚为圆；截交线侧面投影一般为椭圆，可利用圆柱表面取点的方法，作出截交线中的特殊点和若干一般点的侧面投影，再依次把这些点连成光滑的曲线。

作图步骤如下：

（1）画出完整圆柱的侧面投影。

（2）求截交线的侧面投影。

1）求截交线上特殊点的侧面投影：$P_V$ 与圆柱正面转向轮廓素线的交点 $A$、$B$，是截交线椭圆的长轴端点，也是截交线最低、最高点；$P_V$ 与圆柱侧面转向轮廓素线的交点 $C$、$D$，是截交线椭圆的短轴端点，也是截交线最前、最后点。利用积聚性求点的方法，在正面投影由 $a'$、$b'$、$c'$、$d'$，确定侧面投影 $a''$、$b''$、$c''$、$d''$ 的位置。

2）求截交线上一般点的侧面投影：在截交线上取一般点 Ⅰ、Ⅱ、Ⅲ、Ⅳ，为了作图方便，四个点分别前后、左右对称。运用圆柱面上取点的方法，由四个一般点的水平投影 1、2、3、4 及正面投影 $1'$、$(2')$、$3'$、$(4')$，作出相应侧面投影 $1''$、$2''$、$3''$、$4''$。

3）用光滑曲线按照截交线水平投影的顺序，把上述所有点的侧面投影连接起来，即为所求截交线的侧面投影。注意截交线侧面投影的可见性，可见的用粗实线连接，不可见的用虚线连接。

（3）整理轮廓线侧面投影，判别可见性。圆柱侧面投影轮廓线应画到 $c''$、$d''$ 为止，其上部分应擦去或用双点画线绘出。

注意，当 $P_V$ 与圆柱轴线夹角为 45° 时，截交线椭圆长、短轴的侧面投影长度相等，截交线投影为圆。

如图 2-15，已知带切口圆柱筒的正面投影和水平投影，求其侧面投影。

切口是由两个侧平面和一个水平面截切而成的，两个侧平截面相对圆柱轴线左右对称，它们与圆柱面的交线为直素线，侧面投影对应重合。水平截面与圆柱面的交线为一段圆弧，该圆弧与圆柱面具有积聚性的水平投影重合。

由于三个截平面的正面投影都具有积聚性，所以截交线的正面投影是已知的，为三段直线段。又因为圆柱面和两个侧平截面的水平投影也具有积聚性，故截交线的水平投影也是已知的，为两直线段和两圆弧段围成，分前后相同的两部分。作图时要根据截交线的正面及水平投影求出相应的侧面投影。

作图步骤如下：

（1）作位于左边的侧平截面与外圆柱面的交线的侧面投影，根据前后交线水平投影中 $aa_0$ 及 $dd_0$ 的 $y$ 坐标，在侧面投影中量取相同的 $y$ 坐标，确定 $a'' a_0''$ 及 $d'' d_0''$ 的位置。右边的侧平截面与外圆柱面的截交线与左边对称，侧面投影重合。

（2）同理，作位于左边的侧平截面与内圆柱面的交线的侧面投影 $b'' b_0''$ 及 $c'' c_0''$，这两段素线在圆柱筒内壁，侧面投影不可见，应画成虚线。

（3）作出水平截面与圆柱筒相交后的侧面投影，注意其中 $a_0'' b_0''$ 及 $c_0'' d_0''$ 是不可见的，应用虚线画出。

注意圆柱筒内、外柱面的侧面转向轮廓素线上面部分被切，侧面投影应无线。

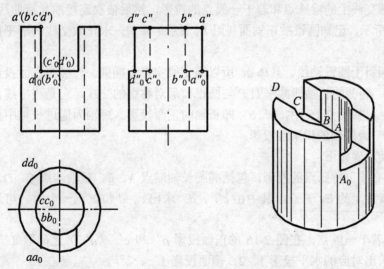

图 2-15　带切口的圆柱筒投影

### 2.3.2　平面与圆锥相交

平面截切圆锥，当截平面相对圆锥轴线处于不同位置时，截交线的形状可有五种情况：直线、圆、椭圆、抛物线、双曲线，见表 2-2。

表 2-2　圆锥面的截交

| 截平面位置 | 过锥顶 | 垂直于圆锥轴线 $\theta = 90°$ | 与圆锥所有素线相交 $\theta > \alpha$ | 平行于一条素线 $\theta = \alpha$ | 平行于两条素线 $\theta < \alpha$ |
|---|---|---|---|---|---|
| 截交线形状 | 两条素线 | 圆 | 椭圆 | 抛物线 | 双曲线 |
| 立体图 | 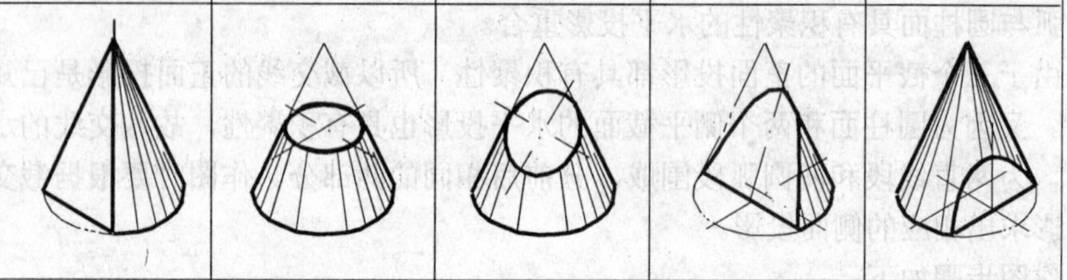 | | | | |
| 投影图 | 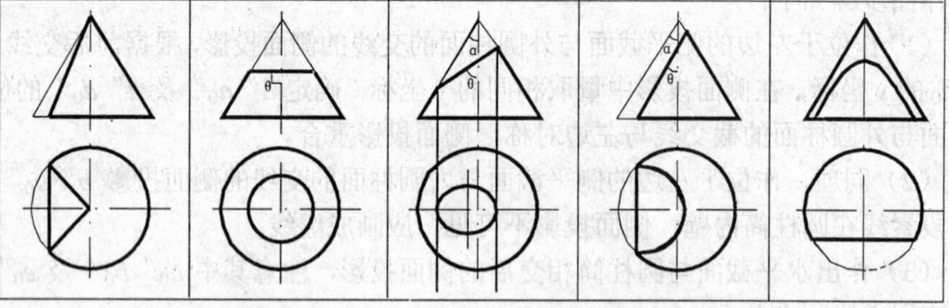 | | | | |

求圆锥截交线与求圆柱截交线的方法类似，当截交线为非圆曲线时，利用圆锥面上取点的方法，求出截交线上的特殊点和若干一般点的投影，然后依次连接成光滑曲线。

如图 2-16 所示，已知圆锥被正垂面（用 $P_V$ 表示）截切，求作截交线的水平投影及侧面投影。

因截平面倾斜于圆锥轴线，且 $\theta > \phi$，所以截交线实形为椭圆。该椭圆正面投影积聚为直线段，与 $P_V$ 重合。椭圆的长轴即截平面 P 与圆锥前后对称面的交线，它是正平线，其端点在最左、最右素线上，如图 2-16 中，$a'b'$ 即长轴的正面投影。短轴为通过长轴中点的正垂线，图 2-16 中 $c'd'$ 为短轴的积聚性投影。

作图方法及步骤如下：

（1）求截交线上特殊点的投影，包括椭圆长轴端点 A、B，短轴端点 C、D，以及圆锥面上最前、最后素线上的 E、F 点。其中由 $c'$、$d'$ 求出 c、d 和 $c''$、$d''$ 时，可运用辅助纬圆法完成。

（2）选作若干一般点，在图 2-16 的正面投影 $a'$ 和 $c'$（$d'$）之间取 $1'$（$2'$）点，用辅助纬圆法求出对应的水平投影 1、2，侧面投影 $1''$、$2''$。

（3）依次光滑连接各点的同面投影，完成截交线的水平投影和侧面投影。最后判别可见性，本例中截交线的水平投影及侧面投影均可见，用粗实线绘制。

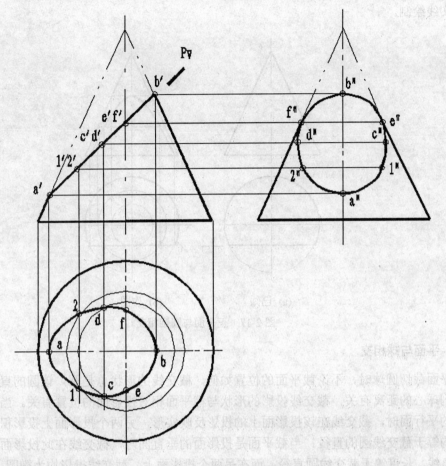

图 2-16 正垂面与圆锥相交

如图 2-17(a)所示，圆锥被正平面 P（用 $P_H$ 表示）截切，求作截交线的正面投影。

因截平面平行于圆锥轴线，故截交线为双曲线一支，其水平投影积聚在截面水平投影积聚线 $P_H$ 上，正面投影反映实形。

作图方法及步骤如下（见图 2-17(b)）：

（1）求截交线上特殊点投影，截交线最左、最右点 A、B，也是截交线最低点，位于圆锥底圆上，由 a、b 对应作出 $a'$、$b'$，最高点 C 的水平投影 c 在 ab 的中点处，利用辅助纬圆法求出 $c'$。

（2）选作若干一般点，在正面投影中最高、最低点之间适当位置处选取 1、2 点，用辅助纬圆法（或辅助素线法）作出正面投影 $1'$、$2'$。

（3）依次光滑连接 $a'$ $1'$ $c'$ $2'$ $b'$，即为截交线的正面投影。该正面投影是可见的，用粗实线绘制。

用粗实线绘制。

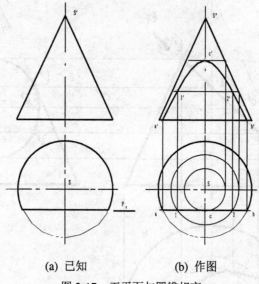

(a) 已知　　　　　　　(b) 作图

图 2-17　正平面与圆锥相交

### 2.3.3　平面与球相交

平面截切圆球时，不论截平面的位置如何，截交线的形状总是圆，该圆的直径大小与截平面到球心的距离有关，截交线投影的形状与截平面相对投影面的位置有关。当截平面是投影面的平行面时，截交线在该投影面上的投影反映实形，另两个投影面上投影积聚为直线，长度均等于截交线圆的直径；当截平面是投影面的垂直面时，截交线在此投影面上的投影积聚为直线，长度等于截交线圆直径，而在另两个投影面上，截交线投影均为椭圆。

如图 2-18 所示为圆球分别被水平面、正平面、侧平面截切后的投影图。

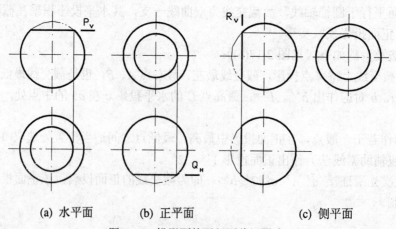

(a) 水平面　　　　　(b) 正平面　　　　　(c) 侧平面

图 2-18　投影面的平行面截切圆球

如图 2-19(a)所示，已知开槽半球的正面投影，求它的水平投影及侧面投影。

半球被两个对称的侧平面和一个水平面截切，截交线的正面投影积聚为三段直线段，如

图 2-19(a)所示。两个侧平面截切半球，其截交线的侧面投影反映实形，为重合的圆弧段，水平投影分别积聚为两条直线段，投影都是可见的，用粗实线绘制。一个水平面截切半球，截交线的水平投影为两段反映实形的圆弧，侧面投影积聚为直线段，投影均是可见的，用粗实线绘制。两侧平截面与水平截面的交线为正垂线，其水平投影与两侧平截面的水平投影积聚线重合，侧面投影反映实长，但不可见，应用虚线绘制。作图过程如图 2-19(b)，注意侧面投影中，水平截面以上的半球轮廓线半圆不存在了。

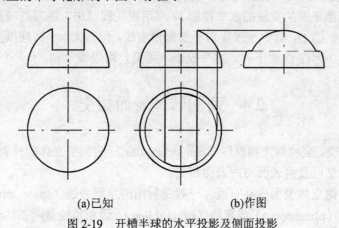

(a)已知                                          (b)作图

图 2-19　开槽半球的水平投影及侧面投影

### 2.3.4　平面和组合回转体相交

组合回转体通常是指由两个或两个以上具有公共轴线的基本回转体组合成的立体。求截平面与组合回转体的截交线投影时，应先分析组合回转体由哪些基本回转体组成及其连接关系，然后分别求出截平面与各基本回转体表面的交线，再依次连接，即为所求组合回转体的截交线投影。

如图 2-20 所示为一顶尖的头部，已知正面投影和侧面投影，求其水平投影。

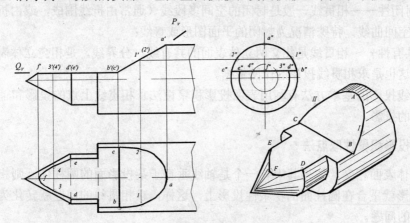

图 2-20　补全顶尖的水平投影

顶尖头部是由圆锥和两个直径不等的圆柱构成的，被正垂面 P 及水平面 Q 切割而成。截交线的正面投影及侧面投影已知，分别积聚为直线和圆弧。P 平面与大圆柱的截交线为椭圆的一段，Q 平面与大、小圆柱的交线分别为两条直素线，与圆锥面交线为双曲线一支。

作图步骤如下（见图 2-20）：

（1）作 $P$ 平面与大圆柱的截交线，根据平面斜截圆柱的截交线求法，截交线为椭圆弧，其最高点 $A$、最低点 $B$、$C$ 两点、Ⅰ、Ⅱ两点为一般位置点。

（2）作 $Q$ 平面与大、小圆柱面的交线，它们分别为两条直素线。

（3）作 $Q$ 平面与圆锥截交线，为双曲线一支，$D$、$E$ 为最右点，也是与小圆柱截交线的分界点，$F$ 为最左点（顶点），Ⅲ、Ⅳ为一般位置点。

（4）$P$、$Q$ 两截平面的交线的水平投影 $bc$ 应用粗实线画出，由双曲线及两对素线组合成的截面图形同属截平面 $Q$，其水平投影内不要画粗实线，但是大、小圆柱以及圆锥之间的分界线的水平投影有线，因在 $Q$ 面下方，水平投影不可见，用虚线绘制。

## 2.4　两回转体表面相交

两立体表面相交，交线称为相贯线（intersection line）。它包括立体的外表面与外表面相交、外表面与内表面相交以及内表面与内表面相交。

相贯线是相交两立体表面的共有线，一般是封闭的空间曲线（space curve），特殊情况下也可能是平面曲线（plane curve）或直线（straight line）。因相贯线是两立体表面共有线，所以求相贯线的实质是求两立体表面共有点的投影。先求特殊点，即反映相贯线投影范围和走向的关键点，如转向轮廓线上的点，可见性分界点，相贯线上的最高、最低、最前、最后、最左、最右等极限位置点。然后适当选作若干一般位置点。最后将这些点的同面投影依次连接成光滑曲线。连线时应判别可见性，当一段相贯线同时位于两立体的可见表面时，这段相贯线才可见，用粗实线绘制，否则就是不可见的，用虚线绘制。

相贯线具有以下性质：

（1）表面性——相贯线位于相交立体的表面上；

（2）封闭性——相贯线一般是封闭的空间多段线（通常由折线围成，或由折线与曲线共同围成）或空间曲线，特殊情况为封闭的平面图形或直线；

（3）共有性——相贯线是相交两立体表面的共有线、分界线，是相交立体表面所有共有点的集合。这也是求相贯线投影的作图依据。

求相贯线投影的基本方法有利用表面投影积聚性法求相贯线上点的投影和辅助平面法求相贯线上点的投影。

### 2.4.1　表面投影积聚性取点法

两回转体表面相交，如果其中有一个是轴线垂直于某投影面的圆柱体，则相贯线在该投影面上的投影就重合在圆柱面的积聚性投影上，这样，求相贯线的问题就转化为曲面立体的表面上取点的问题。

如图 2-21，求两正交圆柱的相贯线投影。

两圆柱正交，是指两圆柱的轴线垂直相交，此时相贯线为前后、左右均对称的封闭空间曲线。小圆柱的轴线是铅垂线，其水平投影积聚为圆，相贯线的水平投影重合在这个圆上；大圆柱的轴线是侧垂线，其侧面投影积聚为圆，则相贯线的侧面投影重合在该圆处于小圆柱轮廓线范围内的一段圆弧。于是只要求相贯线的正面投影，可用圆柱表面取点的方法作图。

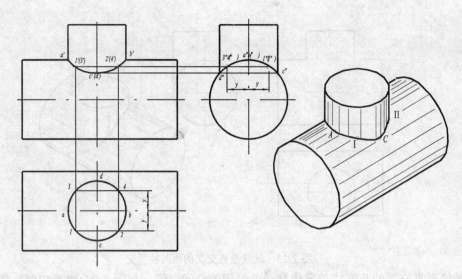

图 2-21　作正交两圆柱的相贯线投影

作图步骤如下（见图 2-21）：

（1）求相贯线上特殊点的投影，相贯线上最左、最右点 $A$、$B$（也是最高点），最前、最后点 $C$、$D$（也是最低点），根据它们的水平投影及侧面投影，求出正面投影。

（2）求相贯线上一般点的投影，在特殊点之间的适当位置，取一般点 Ⅰ、Ⅱ、Ⅲ、Ⅳ，先在水平投影中取 1、2、3、4，再按点的投影规律在侧面投影中确定 $1''$、$2''$、$3''$、$4''$，最后根据水平及侧面投影求出正面投影 $1'$、$2'$、$3'$、$4'$。

（3）在正面投影中，依次光滑连接各相贯点的投影，即为相贯线的正面投影。相贯线的正面投影前后对称重合，前半部可见，后半部不可见。

（4）整理两圆柱体轮廓线的投影，一个圆柱体贯穿在另一圆柱体内部的轮廓线已不存在，不能画线。

如图 2-22(a)表示圆柱体与圆柱孔相交，图 2-22(b)表示两圆柱孔垂直相交的情形，它们的相贯线具有相同形状，相同的作图方法，与图 2-21 的求法一样。

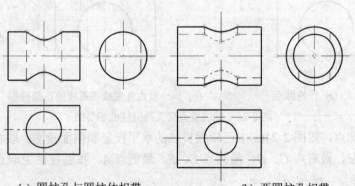

(a)　圆柱孔与圆柱体相贯　　　　　(b)　两圆柱孔相贯

图 2-22　两圆柱相贯的其他情况

图 2-23 是轴线垂直交叉的两圆柱相交，求它们的相贯线投影。

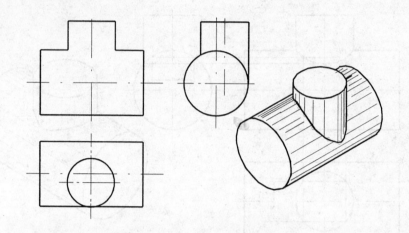

图 2-23 轴线垂直交叉的两圆柱相交

轴线垂直交叉的两圆柱相贯线是一条封闭的空间曲线。与图 2-21 情形相似，相贯线的水平投影和侧面投影分别重合在相应圆柱面的积聚性投影圆上。不同的是轴线垂直交叉两圆柱的相贯线前后不对称，其正面投影的可见部分与不可见部分不重合，但求作方法与正交的情况基本相同，依然是利用圆柱表面取点法。

作图步骤如下（见图 2-24）：

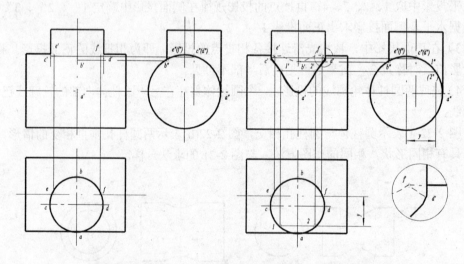

(a) 作特殊点　　　　　(b) 作一般点并完成相贯线的正面投影

图 2-24 轴线垂直交叉两圆柱的相贯线

（1）求特殊点，如图 2-24(a)中已知相贯线的水平投影和侧面投影，取相贯线上最前、最后点 $A$、$B$，最左、最右点 $C$、$D$，最高点 $E$、$F$，最低点 $A$，按圆柱面上取点的对应关系确定正面投影 $a'$、$b'$、$c'$、$d'$、$e'$、$f'$。

（2）求若干一般点，在特殊点之间适当选作一般点，如图 2-24(b)，在点 $A$ 和 $C$、$D$ 之间

定正面投影 $1'$、$2'$。

（3）依次光滑连接各点的正面投影，并判别可见性。当一段相贯线同时位于两立体的可见表面时，该段相贯线方可见，因此相贯线的正面投影中 $C$、$D$ 两点为可见性的分界点，$C$、Ⅰ、$A$、Ⅱ、$D$ 点在前半小圆柱，曲线 $c'$ $1'$ $a'$ $2'$ $d'$ 为可见，画成粗实线，$D$、$F$、$B$、$E$、$C$ 点在后半小圆柱，曲线 $d'$ $f'$ $b'$ $e'$ $c'$ 为不可见，画成虚线。注意正面投影中两圆柱轮廓线交点是重影点，不在相贯线上，图 2-24(b) 右下方为相应的局部放大图。

（4）整理两圆柱体轮廓线的投影，小圆柱左右转向轮廓素线向下到 $C$、$D$ 两点终止，为可见的，应画成粗实线，大圆柱最上转向轮廓素线左、右两端分别到 $E$、$F$ 两点终止，其中处于小圆柱范围内的部分为不可见，应画成虚线。

### 2.4.2　辅助平面法

辅助平面截切两相交的回转体时，辅助平面与两回转体表面都产生截交线，两截交线的交点既属于辅助平面，又属于两回转体表面，因此是三个面的共有点，即为相贯线上的点，这种通过共有点求相贯线的方法又称为三面共点法。为了方便作图，通常选用投影面的平行面作为辅助平面，这样产生的截交线通常是圆或直线等形状简单图形，便于作图。

如图 2-25(a) 所示，圆柱与圆锥轴线正交，求相贯线的正面投影及水平投影。

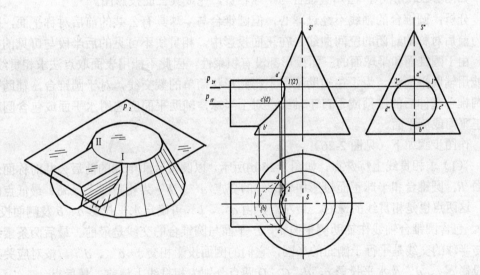

(a) 辅助平面法原理　　　　　(b) 圆柱与圆锥的相贯线

图 2-25　辅助平面法求圆柱与圆锥的相贯线

分析：相贯线是圆柱与圆锥表面的共有点集合，相贯线为一条前后对称的封闭的空间曲线。以水平面 $P_2$ 为辅助平面截切两立体，$P_2$ 平面与圆柱面的截交线是两条平行的直素线，$P_2$ 平面与圆锥面的截交线为一水平纬圆，两条直素线与水平纬圆在 $P_2$ 平面内交于 Ⅰ、Ⅱ 两点，Ⅰ、Ⅱ 同属圆柱和圆锥表面，因此是相贯线上的点。适当选用几个这样的辅助平面，就能作出相贯线上的一系列点。本例中圆柱轴线为侧垂线，所以相贯线的侧面投影重合在圆柱面积聚性的侧面投影上。两回转体有一个公共的前后对称平面，因此相贯线前后对称，在正面投

聚性的侧面投影上。两回转体有一个公共的前后对称平面，因此相贯线前后对称，在正面投影中，相贯线可见的前半部和不可见的后半部投影重合。如同求截交线的方法一样，取点作图时，仍应先取相贯线上的一些特殊点，确定相贯线投影的范围走向，再适当选作一般位置相贯点，顺序连接各点，即得相贯线的投影。

作图步骤如下（见图 2-25(b)）：

（1）求相贯线上特殊点，相贯线最高、最低点 A、B 分别位于圆柱的最高、最低两条素线上，正面投影中圆柱和圆锥转向轮廓线的交点即为 $a'$、$b'$，按投影关系直接确定水平投影 a、b。在正面投影中，过圆柱的轴线作辅助水平面 $P_1$，可求得最前点 C 和最后点 D，正面投影中 $c'$（$d'$）重合，水平投影中 c、d 位于圆柱轮廓线上，是相贯线水平投影的可见和不可见分界点。

（2）求相贯线上一般点，在 A 与 C、D 点之间，选作辅助水平面 $P_2$，求出一般点 I、II。先确定侧面投影 $1''$、$2''$，再确定水平投影 1、2，最后确定正面投影 $1'$、$2'$。

（3）依次光滑连接各点的同面投影，并判别可见性。在水平投影中处于下半圆柱面的 cbd 段相贯线是不可见的，应用虚线画出。

（4）整理两回转体轮廓线的投影，在水平投影中，圆柱的前后轮廓素线分别画至 c、d 两点，且为粗实线，圆锥底面投影圆处在圆柱范围内的圆弧段应画成虚线。

如图 2-26(a)所示，已知圆锥台与半球相贯，完成其三面投影图。

分析：圆锥台的轴线不经过球心，但圆锥台与半球具有公共的前后对称平面，因此相贯线为前后对称的封闭的空间曲线，在正面投影中，相贯线不可见的后半段与可见的前半段重合。由于圆锥面和半球面的三面投影都没有积聚性，因此不能用表面取点法求相贯线的投影，只能用辅助平面法。为了在辅助平面上得到形状简单的截交线，对于圆锥台，辅助平面应通过圆锥台延伸后的锥顶或垂直于轴线；对于半球，辅助平面应选用水平面或包含圆锥台轴线的正平面或侧平面。

作图步骤如下（见图 2-26）：

（1）求相贯线上特殊点，如图 2-26(b)所示，以圆锥台和半球的前后公共对称面作辅助正平面 R，圆锥台和半球正面投影中轮廓线的交点 $a'$、$b'$ 为相贯线上最高、最低点的相应投影，这两点也是相贯线的最右、最左点，由 $a'$、$b'$ 可确定水平投影 a、b 及侧面投影 $a''$、$b''$。包含圆锥台轴线作辅助侧平面 P，P 平面与圆锥台的交线是最前、最后两条素线，P 平面与半球的交线是平行于侧面的半圆，它们的侧面投影相交于 $c''$、$d''$，按对应关系确定正面投影 $c'$、$d'$ 及水平投影 c、d，C、D 两点分别为相贯线上最前、最后点。

（2）求相贯线上一般位置点，如图 2-26(c)所示，在 B 点和 C、D 点之间的适当位置，作一辅助水平面 Q，Q 平面与圆锥台、半球表面的交线都是水平圆，它们的水平投影相交于 1、2 两点，由 1、2 可以确定正面投影 $1'$、$2'$ 以及侧面投影 $1''$、$2''$。I、II 两点为相贯线上一般点。同理可求出相贯线上另外一些一般点的投影。

（3）依次用光滑曲线连接各点的同面投影，即完成相贯线的三面投影。连线时注意判别可见性，在正面投影中，相贯线前、后半段的投影重合；在水平投影中，圆锥台和半球表面均是可见的，所以相贯线投影也是可见的；相贯线侧面投影以 $c''$、$d''$ 为可见性分界点，$c''$ $1''$ $b''$ $2''$ $d''$ 曲线段可见，$d''$ $a''$ $c''$ 曲线段不可见，用虚线画出。

（4）整理圆锥台和半球轮廓线的投影，在侧面投影中，圆锥台的两条轮廓素线应分别画到 *c″*、*d″* 两点为止，圆锥台投影轮廓线之间的一段半球轮廓线是不可见的，应用虚线画出，作图结果见图 2-26(d)。

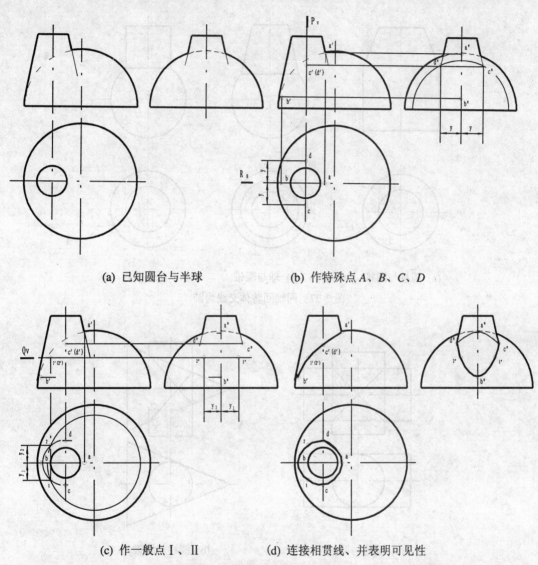

(a) 已知圆台与半球  (b) 作特殊点 A、B、C、D

(c) 作一般点 Ⅰ、Ⅱ  (d) 连接相贯线、并表明可见性

图 2-26  作圆台与半球的相贯线

### 2.4.3  相贯线的特殊情况

两回转体的相贯线，一般情况下是封闭的空间曲线，但在特殊情况下，相贯线可能是平面曲线或者直线，以下是常见的两种情况：

（1）两个同轴的回转体相交，相贯线是垂直于轴线的圆。如图 2-27 所示，当轴线为铅垂线时，相贯线为水平圆，它的水平投影反映实形，正面投影积聚为垂直于轴线的线段。

（2）两个回转体表面同时外切于一个球面时，它们的相贯线为平面曲线。如图 2-28(a)

为两圆柱垂直相交且同时外切于同一个球面（两等径圆柱正交），其相贯线为两个等大的椭圆；图 2-28(b)为圆柱与圆锥正交且公切于一个球面，其相贯线也是两个等大的椭圆。这两种情况中相贯线均位于正垂面上，其正面投影积聚为两条直线段。

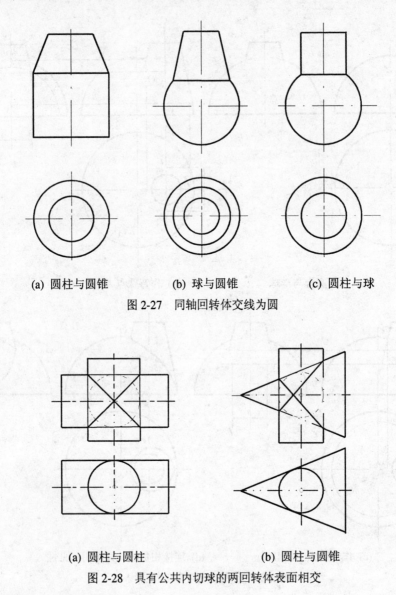

(a) 圆柱与圆锥　　　　(b) 球与圆锥　　　　(c) 圆柱与球

图 2-27　同轴回转体交线为圆

(a) 圆柱与圆柱　　　　(b) 圆柱与圆锥

图 2-28　具有公共内切球的两回转体表面相交

# 思 考 题

1. 试述立体的分类及其定义。

2. 如何判别立体表面上的点、线投影的可见性？

3. 截交线是怎么形成的？为什么平面立体的截交线是平面上的多边形？回转体的截交线通常是什么

形状？

4. 试述平面与圆柱、圆锥、圆球的交线都有哪些情况。

5. 试述截交线作图的方法和步骤。

6. 回转体的截交线上的特殊点和一般点是指怎样的点？应在什么地方作一些一般点？

7. 相贯线是怎么形成的？它有何性质？

8. 试分析两圆柱正交相贯时，当小圆柱的直径变大时，相贯线的形状及投影有何变化？

9. 求两回转体相贯线的常用方法是什么？

10. 试述相贯线作图的方法和步骤。

11. 两回转体内外表面的相贯线有什么异同之处？

12. 两回转体相贯线的特殊情况通常有哪些？相贯线的形状分别是什么？

# 第 3 章 工程制图的基本知识

本章重点介绍国家标准《技术制图与机械制图》中的图纸幅面及格式、比例、字体、尺寸标注，绘图工具及仪器的使用，几何图形的作法，平面图形的尺寸分析；绘图方法等。

## 3.1 工程制图的一般规定

工程图样是现代工业生产中最基本的技术文件，是进行技术交流的语言，为了便于生产和交流，对工程图样的画法、尺寸注法等内容必须符合统一的规定，要有统一的画法和标注。这些统一的规定就是国家标准《技术制图及机械制图》，国家标准简称"国标"，用代号"GB"表示。本节将简要介绍《技术制图》（GB/T14689～14691—1993）《机械制图》（GB4457.4—2002 和 GB4458.4—2003）中有关图纸幅面及格式、比例、字体、图线和尺寸注法的有关内容。

### 3.1.1 图纸幅面（GB/T14689—1993）

表 3-1 基本幅面及图框尺寸

| 幅面代号 | A0 | A1 | A2 | A3 | A4 |
|---|---|---|---|---|---|
| $B \times L$ | 841×1189 | 594×841 | 420×594 | 297×420 | 210×297 |
| $a$ | 25 | | | | |
| $c$ | 10 | | | 5 | |
| $e$ | 20 | | 10 | | |

绘制图样时，应优先采用表 3-1 中规定的幅面尺寸。图纸四周应画出图框，需要装订的图

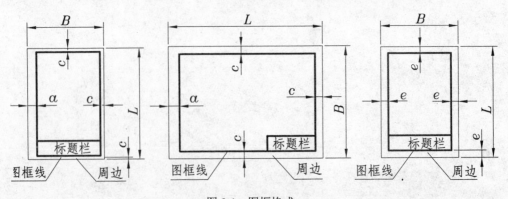

图 3-1 图框格式

样，其图框的周边尺寸分别用 $a$ 和 $c$ 表示，如图 3-1(a)、(b)所示；不需要装订的图样，其周边尺寸用 $e$ 表示，如图 3-1(c)所示，图框线用粗实线绘制。

图纸上用来说明图样内容的标题栏（Title bar），其位置应按图 3-1 所示方式放置，标题栏的方向应与看图的方向一致。学校制图作业所用的标题栏建议采用图 3-2 所示的格式。

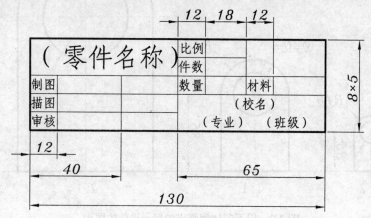

图 3-2　制图作业标题栏

### 3.1.2　比例（**GB/T**14690—1993）

图样中机件要素的线性尺寸与实际机件相应要素的线性尺寸之比称为比例(scale)。

国标（GB/T14690－93）规定绘制图样时一般应采用表 3-2 中规定的比例。

表 3-2　常用的比例

| 原值比例 | $1:1$ |
|---|---|
| 缩小比例 | $(1:1.5)$　$1:2$　$(1:2.5)$　$(1:3)$　　$(1:4)$　$1:5$　　$(1:6)$　$1:1\times10^n$ $(1:1.5\times10^n)$<br>$1:2\times10^n$ $(1:2.5\times10^n)$　$(1:3\times10^n)$　$(1:4\times10^n)$ $1:5\times10^n$　$(1:6\times10^n)$ |
| 放大比例 | $2:1$ $(2.5:1)$ $(4:1)$ $5:1$ $1\times10^n:1$　$2\times10^n:1$ $(2.5\times10^n:1)$　$(4\times10^n:1)$ $5\times10^n:1$ |

\* 不带括号的为优先选用的比例。

图样上各个视图应采用相同的比例，并在标题栏的比例一栏中填写。若某个视图需要采用不同的比例时，必须另行标注。

应尽量选用 $1:1$ 画图，以便能从图样上得到实物大小的真实概念。当机件不宜用 $1:1$ 画图时，也可选缩小或放大的比例绘制。

不论是采用缩小还是放大的比例，在标注尺寸时都必须标注机件的实际尺寸。图 3-3 表示同一物体采用不同比例所画的图形。绘制同一机件的各个视图应采用相同的比例，并在标题栏中填写，例如 $1:1$ 或 $1:2$ 等。当某个视图须采用不同的比例时必须另行标注。

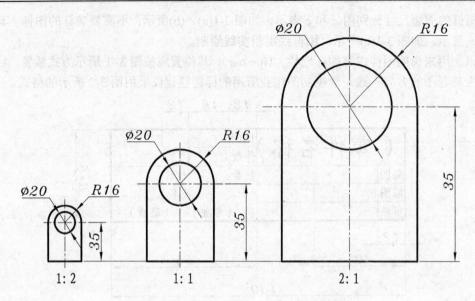

图 3-3 用不同比例画出的同一机件的图形

### 3.1.3 字体（GB/T14691—1993）

图样中除了表示机件形状的图形外，还必须用文字和数字来表示机件的大小、技术要求和其他内容。

**1. 一般规定**

图样中书写的字体(font)必须做到：字体端正，笔划清楚，排列整齐，间隔均匀。

国家标准 GB/T14691－93《技术制图字体》具体规定了图中汉字、字母、数字的书写形式。

字体的号数，即字体的高度 h（单位 mm）系列为：20，14，10，7，5，3.5，2.5，1.8。汉字的高度应不小于 3.5mm，其宽度一般为 $h/\sqrt{2}$ 。汉字规定用长仿宋体书写,并采用国家正式公布的简化汉字。

数字和字母分 $A$、$B$ 型，$A$ 型字体笔画宽度为 $h/14$，$B$ 型字体笔画宽度为 $h/10$。数字和字母可写成斜体或直体，常用斜体。斜体字的字头向右倾斜，与水平线成 75°。

**2. 字体示例**

汉字示例如图 3-4，大小写字母及数字示例如图 3-5。

# 横平竖直 注意起落 结构均匀 填满方格

## 工程制图 姓名 班级 比例 材料 数量 图名 其余 技术要求

图 3-4 长仿宋体示例

大、小写字母（直体、斜体）示例如下：

图 3-5　大小写字母及数字示例

### 3.1.4　图线（GB/T17450—1998，GB/T4457.4—2002）

图样中所采用的各种图线（line）的名称、型式、线宽及主要用途见表 3-3 和图 3-6。

表 3-3　图线的型式、宽度和主要用途

| 图线名称 | 图线型式 | 图线宽度 | 一般应用 |
|---|---|---|---|
| 粗实线 A | | $d$ | 可见的轮廓线 |
| 细实线 B | | 约 $d/2$ | 尺寸线，尺寸界线，剖面线等 |
| 波浪线 C | | 约 $d/2$ | 断裂处的边界线，视图和剖视的分界线 |
| 虚线 F | | 约 $d/2$ | 不可见的轮廓线 |
| 细点画线 G | | 约 $d/2$ | 轴线，对称中心线 |
| 双点画线 J | | 约 $d/2$ | 假想投影轮廓线，中断线 |
| 双折线 D | | 约 $d/2$ | 断裂处的边界线 |

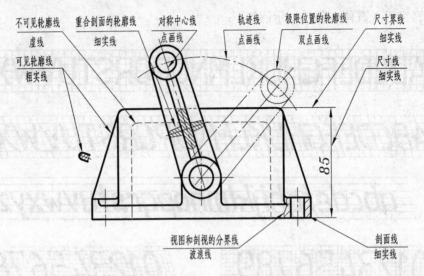

图 3-6　图线应用示例

图线的宽度分为粗细两种，根据图样的大小和复杂程度，粗线宽度 $d$ 在 0.5～2 之间选用,细线宽度为 $d/2$，图线宽度的推荐系列为：0.13，0.18，0.25，0.35，0.5，0.7，1，1.4，2mm。

在同一张图纸上，同一型式图线的宽度应基本一致。虚线、点画线或双点画线各自线段长度和间隔距离应大致相同。

图样中虚线和点画线的画法还应注意以下几点（图 3-7）：

（1）虚线处于粗实线延长线上时，粗实线应画到分界点，虚线应留有空隙。

（2）虚线、点画线、双点画线和其他图线相交或自身相交时，都应在线段处相交，而不应在空隙处或以点相交。

（3）点画线首末两端应是长划，而不是点，并应超出图形 3～5mm。点画线的点是一段很短的线段，而不应画成小圆点。

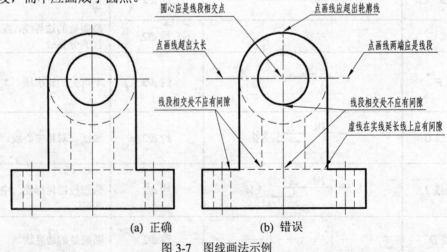

(a) 正确　　　　　　　　(b) 错误

图 3-7　图线画法示例

### 3.1.5 尺寸注法（GB/T17451—1998，GB/T4458.4—2002）

**1. 基本规定**

（1）机件的真实大小均以图样上所注的尺寸数值为依据，与图形的大小及绘图的准确性无关。

（2）图样中（包括技术要求和其他说明）的尺寸，以毫米为单位时，不需标注计量单位的名称或代号。若采用其他单位时，则必须注明相应的名称或代号。

（3）图样中所标注的尺寸，为该图样所示机件的最后完工尺寸，否则应另加说明。

（4）机件的每一尺寸，一般只标注一次，并应标注在反映该结构最清晰的图形上。

**2. 尺寸组成**

图样中的尺寸应由尺寸数字、尺寸界线、尺寸线及其表示尺寸线终端的箭头或斜线组成。如图 3-8 所示。

（1）尺寸数字 表示尺寸的大小。线性尺寸数字的注写方向如表 3-4 所示。

（2）尺寸界线 表示尺寸的范围。用细实线绘制，并应由图形的轮廓线、轴线或中心线处引出，也可用轮廓线、轴线或中心线作尺寸界线。尺寸界线一般应与尺寸线垂直，并超出尺寸线末端约 2～3mm。

（3）尺寸线 表示尺寸度量的方向。用细实线绘制，其终端应画箭头（或斜线），箭头和斜线的形式如图 3-8 所示。尺寸线不能用其他图线代替。标注线性尺寸时，尺寸线应与所标注的线段平行。当有几条互相平行的尺寸线，大尺寸应注在小尺寸的外侧，以免尺寸线与尺寸界线相交。

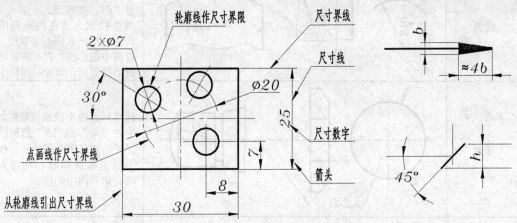

图 3-8 尺寸的组成及终端的两种形式

**3. 尺寸标注示例**

表 3-4 为常见尺寸标注示例

### 表 3-4　尺寸标注示例

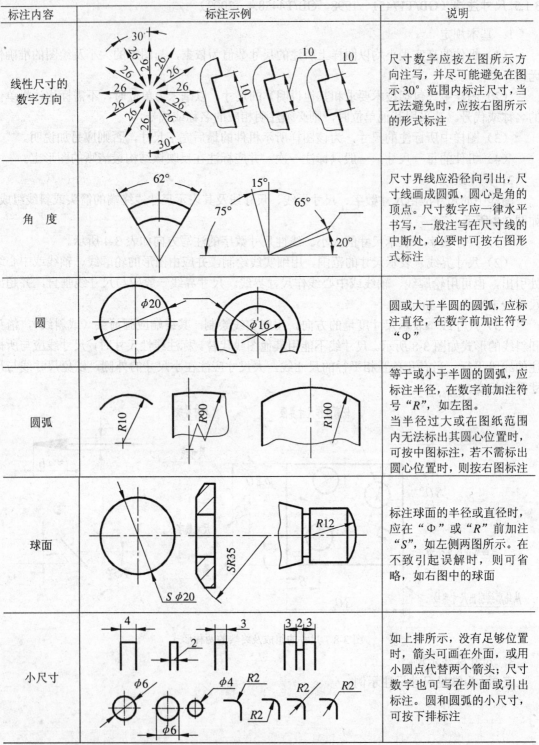

| 标注内容 | 标注示例 | 说明 |
| --- | --- | --- |
| 线性尺寸的数字方向 | | 尺寸数字应按左图所示方向注写，并尽可能避免在图示 30° 范围内标注尺寸，当无法避免时，应按右图所示的形式标注 |
| 角　度 | | 尺寸界线应沿径向引出，尺寸线画成圆弧，圆心是角的顶点。尺寸数字应一律水平书写，一般注写在尺寸线的中断处，必要时可按右图形式标注 |
| 圆 | | 圆或大于半圆的圆弧，应标注直径，在数字前加注符号"Φ" |
| 圆弧 | | 等于或小于半圆的圆弧，应标注半径，在数字前加注符号"R"，如左图。当半径过大或在图纸范围内无法标出其圆心位置时，可按中图标注，若不需标出圆心位置时，则按右图标注 |
| 球面 | | 标注球面的半径或直径时，应在"Φ"或"R"前加注"S"，如左侧两图所示。在不致引起误解时，则可省略，如右图中的球面 |
| 小尺寸 | | 如上排所示，没有足够位置时，箭头可画在外面，或用小圆点代替两个箭头；尺寸数字也可写在外面或引出标注。圆和圆弧的小尺寸，可按下排标注 |

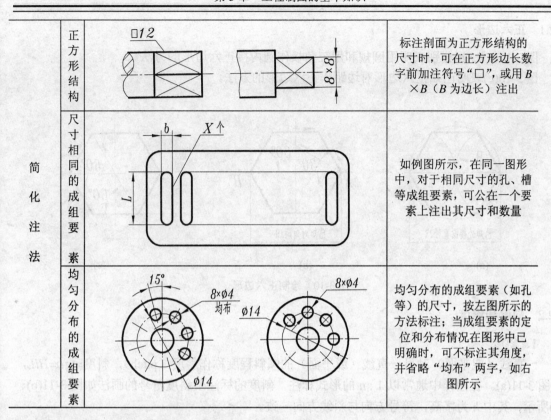

| | | | |
|---|---|---|---|
| 简化注法 | 正方形结构 | □12　8×8 | 标注剖面为正方形结构的尺寸时，可在正方形边长数字前加注符号"□"，或用 B×B（B 为边长）注出 |
| | 尺寸相同的成组要素 | b　X↑　L | 如例图所示，在同一图形中，对于相同尺寸的孔、槽等成组要素，可公在一个要素上注出其尺寸和数量 |
| | 均匀分布的成组要素 | 15°　8×∅4 均布　∅14　8×∅4　∅14 | 均匀分布的成组要素（如孔等）的尺寸，按左图所示的方法标注；当成组要素的定位和分布情况在图形中已明确时，可不标注其角度，并省略"均布"两字，如右图所示 |

图 3-9 为尺寸标注正误示例。

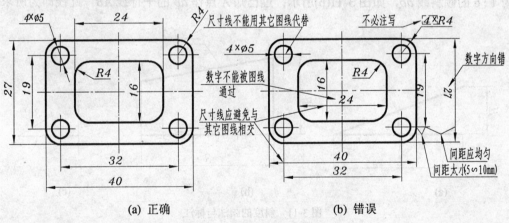

(a) 正确　　　　　　(b) 错误

图 3-9　尺寸标注正误对照

## 3.2　几 何 作 图

图样上的图形往往需要按一定的作图方法才能正确画出。熟练地掌握和运用几何作图方法是提高绘图速度、保证图面质量的基本技能之一。本节主要介绍常用的正六边形、斜度、锥度和圆弧连接的几何作图方法。

### 3.2.1　正六边形

图3-10(a)、(b)分别表明用圆规和用三角板作圆内接正六边形的方法。

图3-10(c)表明已知正六边形对边距作正六边形的方法。

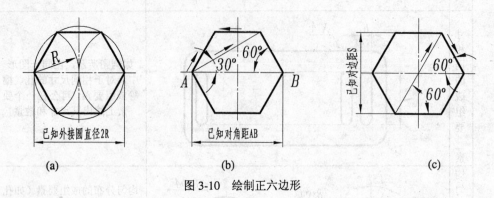

图 3-10　绘制正六边形

### 3.2.2　斜度和锥度

**1. 斜度**

一直线（或平面）对另一直线（或平面）的倾斜程度称作斜度（pitch），斜度=$\tan\alpha=H/L$，如图3-11(a)。在图样中通常以$1:n$的形式标注，斜度的标注及斜度符号的画法如图3-11(b)、(c)所示，其中$h$为字高，符号方向与斜线方向一致。

已知斜度为$1:6$、大端高度$H$和底边长$S$，作图方法为：根据斜度方向，任意作一条斜度为$1:6$的倾斜线$ab$，如图3-11(b)所示；过已知$A$点作$ab$的平行线$AB$，此线即为所求。

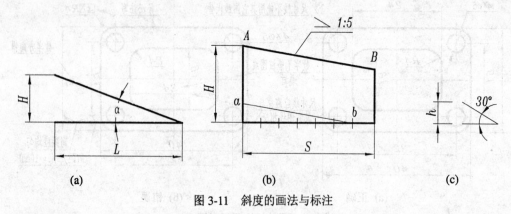

图 3-11　斜度的画法与标注

**2. 锥度**

锥度（pyramidal）是指圆锥的底圆直径与圆锥的高度之比。锥度=$2\tan\alpha=D/L$，如图3-12(a)所示。在图样中通常以$1:n$的形式标注，锥度的标注及锥度符号的画法如图3-12(b)、c 所示，$h$为字高，符号方向与锥度方向一致。

已知锥度为$1:6$，锥体长度为$S$，大端直径$D$，作图方法为：根据锥度方向，任意作锥度线为$1:6$的倾斜线，如图3-12(b) 所示；过大端直径端点$A$、$B$作锥度线的平行线，即为所求。

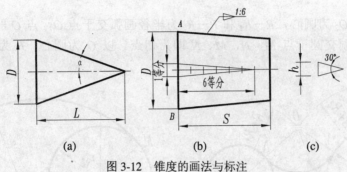

图 3-12　锥度的画法与标注

### 3.2.3　圆弧连接

圆弧连接是指用半径已知的圆弧光滑连接已知直线或圆弧，其作图要点是确定连接弧的圆心位置及切点。

**1. 连接两直线**

已知两直线 $AB$、$AC$，连接圆弧半径为 $R$，求连接圆弧的圆心及切点。作图方法为：

分别作 $AB$、$AC$ 的平行线 $L_1$、$L_2$，相距均为 $R$，$L_1$ 与、$L_2$ 交点 $O$ 即为连接圆弧的圆心，过 $O$ 点分别作 $AB$、$AC$ 垂线，垂足 $M$、$N$ 是直线与圆弧的切点。以 $O$ 为圆心，$R$ 为半径作弧 $MN$ 即可，如图 3-13(a)所示。

当 $AB$ 与 $AC$ 成直角时，可以用简便方法完成作图。即以顶点 $A$ 为圆心，$R$ 为半径作弧，交 $AB$、$AC$ 于 $M$、$N$ 即为切点，分别经 $M$、$N$ 为圆心，$R$ 为半径作圆弧交于 $O$ 点即为连接弧圆心，如图 3-13(b)所示。

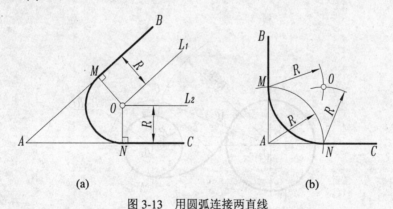

图 3-13　用圆弧连接两直线

**2. 连接两圆弧**

用 $R$ 圆弧连接两圆弧 $R_1$、$R_2$ 的方式有三种：

（1）**外切**　用半径为 $R$ 的圆弧同时外切两圆弧（半径分别为 $R_1$、$R_2$）的作图方法是（图3-14）：

分别以 $O_1$、$O_2$ 为圆心，$R+R_1$ 和 $R+R_2$ 为半径画弧交于点 $O$，点 $O$ 即为连接弧圆心；连 $OO_1$、$OO_2$ 分别交圆于点 $M$、$N$，$M$、$N$ 即为切点。以 $O$ 为圆心，$R$ 为半径作圆弧 $MN$ 即可。

（2）**内切**　用半径为 $R$ 的圆弧同时内切两圆弧（半径分别为 $R_1$、$R_2$）的作图方法是（图

3—15）：

　　分别以 $O_1$、$O_2$ 为圆心，$R-R_1$ 和 $R-R_2$ 为半径画弧交于点 $O$，点 $O$ 即为连接弧圆心；连 $OO_1$、$OO_2$ 分别交圆于点 $M$、$N$，$M$、$N$ 即为切点。以 $O$ 为圆心，$R$ 为半径作圆弧 $MN$ 即可。

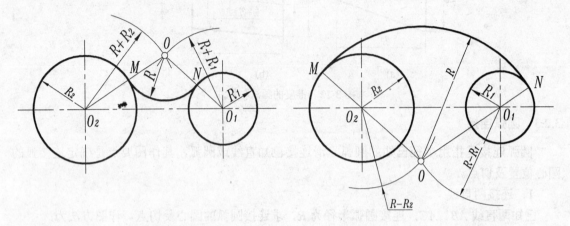

图 3-14　用圆弧连接两已知圆弧（外切）　　图 3-15　用圆弧连接两已知圆弧（内切）

　　**（3）内外切**　用半径为 $R$ 的圆弧同时内、外切两圆弧（半径分别为 $R_1$、$R_2$）的作图方法是（图 3-16）：

　　分别以 $O_1$、$O_2$ 为圆心，$R+R_1$ 和 $R-R_2$ 为半径画弧交于点 $O$，点 $O$ 即为连接弧圆心；连 $OO_1$、$OO_2$ 分别交圆于点 $M$、$N$，$M$、$N$ 即为切点。以 $O$ 为圆心，$R$ 为半径作圆弧 $MN$ 即可。

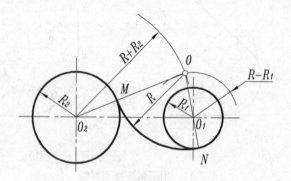

图 3-16　用圆弧连接两已知圆弧（内、外切）

### 3.2.4　椭圆的画法

　　图 3-17 为四心圆法，这是机械制图上用得较多的一种近似画法。

　　作图步骤如下：（见图 1-17）

　　(1) 以 $AB=$ 长轴，$CD=$ 短轴，连接 $AC$，以 $O$ 为圆心，$OA$ 为半径画圆弧交短轴 $CD$ 于点 $E$。

（2）以点 *C* 为圆心，*CE* 为半径画圆弧交 *AC* 于点 *F*。

（3）作 *AF* 的垂直平分线，分别交长、短轴上点 1 和 2，并求出它们的对称点 3 和 4。

（4）分别以点 1、2、3、4 为圆心，以 1(a)、2(c)、3*B*、4*D* 为半径画弧，并相切于点 *M*、*N*、*N₁*、*M₁*，即得近似椭圆。

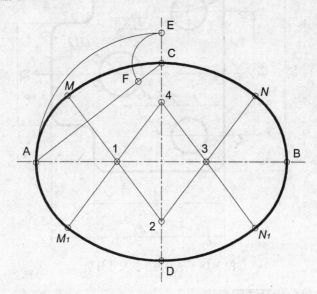

图 3-17　四心扁圆法画椭圆

# 3.3　平面图形的尺寸分析及画图步骤

### 3.3.1　平面图形的尺寸分析

在绘制平面图形前，首先要对图形进行尺寸分析；根据尺寸所起的作用，可以把尺寸分为定形尺寸和定位尺寸两类。

1. 定形尺寸

以确定图形中各组成部分形状和大小的尺寸，如图 3-18 中 44、30、40、23、$R_3$、$\phi8$、$\phi10$ 均是定形尺寸。

2. 定位尺寸

以确定图形中各组成部分的相对位置的尺寸，如图 3-18 中 28、24、8 均是定位尺寸。

定位尺寸应以尺寸基准作为标注尺寸的起点，对平面图形而言，应有上下、左右两个坐标方向的尺寸基准，基准通常以图形的对称线、圆的中心线以及其他线段作为尺寸基准。图 3-18 所示图形，上下方向的尺寸基准为对称中心线，左右方向的尺寸基准为左侧端线。

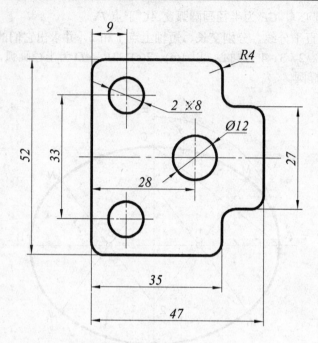

图 3-18　平面图形的尺寸分析

### 3.3.2　平面图形的线段分析及画图步骤

**1. 平面图形的线段分析**

平面图形中线段分为三类：

（1）**已知线段**　图形中定形尺寸和定位尺寸齐全，根据所注尺寸就能直接画出的线段，如图 3-19 中的 R10 和 R6 圆弧。

（2）**中间线段**　缺少一个定形尺寸，必须在相邻线段画出后，根据与其连接的关系而作出的线段，如图 3-19 中的 R52 圆弧，需根据其一端与已知弧 R6 相切的关系来作图。

（3）**连接线段**　只有定形尺寸，必须在两端相邻线段画出后，根据相切关系而作出的线段，如图 3-19 中的 R30 圆弧，需根据与 R52 和 R10 相切来确定圆心作图。

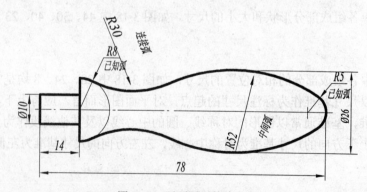

图 3-19　平面图形的线段分析

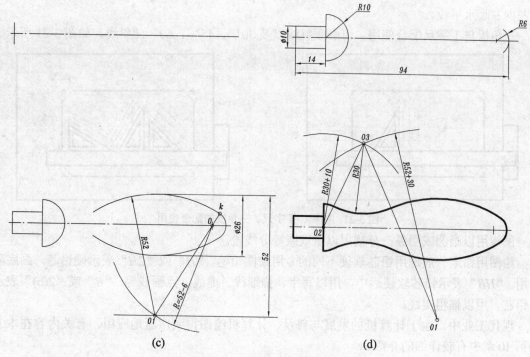

图 3-20　平面图形的画图步骤

**2．平面图形的画图步骤**

在画图前，先进行线段分析。区分已知线段、中间线段和连接线段，下面是图 3-19 的作图步骤：

（1）**画基准线**　如图 3-20(a)中水平中心线和左侧端线

（2）**画已知线段**　如图 3-20(b)中左侧 $\phi10\times14$ 矩形、$R10$ 和 $R6$ 圆弧

（3）**画中间线段**　如图 3-20(c)中 $R52$ 圆弧，根据其与 $R6$ 圆弧内切、与 $\phi26$ 尺寸界线相切的关系确定圆心 $O1$。$K$ 是两圆弧的切点。

（4）**画连接线段**　如图 3-20(d)中 $R30$ 圆弧，根据其与 $R52$ 圆弧和 $R10$ 圆弧外切的关系确定圆心 $O3$。两圆心的连线为切点，如图 3-20(d)所示。

（5）用细实线（可用 $H$ 铅笔）作出全图，然后用 2B 铅笔加粗轮廓，用 $HB$ 铅笔画中心线，标注尺寸，完成全图。

# 3.4　绘图工具及仪器简介

正确地使用绘图工具，既能保证图样的质量，又能提高绘图效率。常用的绘图工具有图板(plate)、丁字尺(T square)、三角板(set square)、铅笔(pencil)、圆规(dividers)、分规(fraction)、曲线板（curve plank）等。

绘图板是用来铺放和固定图纸的，绘图时用胶带纸把图纸固定在图板上。

丁字尺用来画水平线，由尺头和尺身组成，绘图时，尺头紧靠绘图板的左侧边上下移动，

自左向右画水平线。

三角板与丁字尺配合使用，可画垂直线以及 30°、45°、60° 的斜线。如图 3-21 所示。

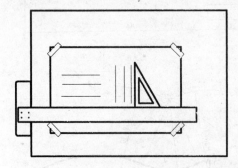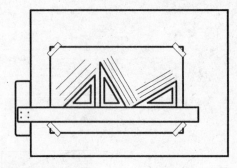

图 3-21 图板、丁字尺、三角板的配合使用

圆规用以画圆或圆弧；分规用以量取或等分线段。

绘图用铅笔一般选用铅芯软硬不同的专用绘图铅笔。"H" 或 "2H" 表示硬铅芯，画底稿时用。"HB" 表示铅芯软硬适中，用以写字、描细线、虚线、点画线等。"B" 或 "2(b)" 表示软铅芯，用以描粗实线。

现代工业中，由于计算机的发展与普及，计算机绘图得到广泛地应用，有关内容在本书的第 10 章中有较详细的介绍。

# 思 考 题

1．图纸幅面的代号有哪几种？各不同幅面代号的图纸的边长之间有何规律？

2．图线的宽度分几种？哪些图线是粗线？哪些图线是细线？各种图线的主要用途是什么？在图样上绘画图线时，通常应遵守和注意哪几点？

3．一个完整的尺寸，一般应包含哪四个组成部分，它们分别有哪些基本规定？

4．什么是斜度？什么是锥度？怎样作出已知的斜度和锥度？

5．在图样上的圆弧连接处，为何必须准确作出连接圆弧的圆心的切点？在各种不同场合下，如何分别用平面几何的作图方法准确地作出连接圆弧的圆心的切点？

6．怎样用两块三角板的试凑方法，过已知点作已知圆的切线？以及作两个已知圆的外公切线？

7．标注平面图形的尺寸应达到哪三个要求？这三个要求主要体现哪些具体内容？

8．什么是平面图形的尺寸基准、定形尺寸和定位尺寸？通常按哪几个步骤标注平面图形的尺寸？

9．在平面图形的圆弧连接处的线段可分为哪三类？它们是根据什么区分的？在作图时应按什么顺序画这三类线段？

# 第 4 章  组  合  体

任何机器零件，一般均可看作由若干简单立体（即基本体），如棱柱、棱锥、圆柱、圆锥、圆球和圆环等，经过叠加、切割等方式组合而形成的组合体(combination body)。

本章将在学习制图基本知识和正投影理论的基础上，进一步学习组合体的组合形式、组合体三视图(three view)画法和读图，以及组合体尺寸标注。

## 4.1  组合体的三视图

### 4.1.1  三视图的形成及其投影规律

#### 1. 三视图的形成

GB4458.1-2002《机械制图  图样画法》规定，机件向投影面投影所得的图形称为视图。机件在三面投影体系中的投影，称为机件的三视图。其中，由前向后投影所得的视图称为主视图(frontal view)，也就是正面投影，通常反映机件的主要形状特征；由上向下投影所得的视图称为俯视图(top view)，也就是水平投影；由左向右投影所得的视图称为左视图(left view)，也就是侧面投影，如图 4-1。

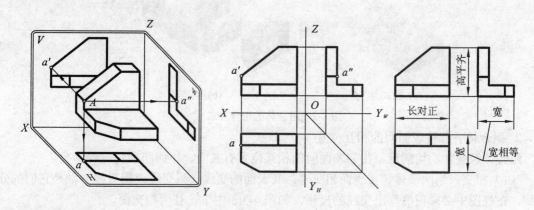

(a) 三面体系   (b) 三面投影   (c) 三视图

图 4-1   三面投影体系与三视图

#### 2. 三视图的投影规律

通常，把物体沿 $X$ 轴方向的距离称为物体的长度；沿 $Y$ 轴方向的距离称为物体的宽度；沿 $Z$ 轴方向的距离称为物体的高度。

从图 4-1 三视图的形成可以看出：主视图反映机件的长和高；俯视图反映机件的长和宽；

左视图反映机件的高和宽。

由此，得出三视图的投影规律：

（1）长对正——主视图和俯视图应长对正；

（2）高平齐——主视图和侧视图的高平齐；

（3）宽相等——俯视图和侧视图的宽相等。

上述投影规律，也就是三面投影的投影规律，不仅适用于机件整体的投影，也适用于机件局部结构的投影。值得注意的是，俯视图、左视图除了反映宽相等以外，还有前、后位置符合对应关系：俯视图的下方和左视图的右方，表示机件的前方；俯视图的上方和左视图的左方，表示机件的后方。

### 4.1.2　组合体的组合方式及其分析方法

1. 组合体的组合方式

组合体的组合方式，一般可分为叠加和切割两种基本方式，如图 4-2。

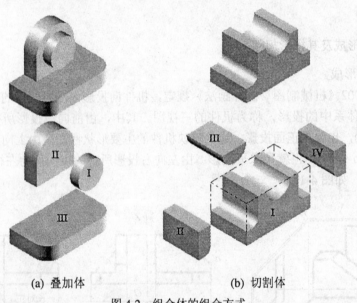

(a) 叠加体　　　　　　　　　　(b) 切割体

图 4-2　组合体的组合方式

2. 组合体各邻接表面间的相互位置

组合体经叠加、切割后，相邻表面间的相互位置有共面、相切和相交三种情况。

（1）相交：当两形体邻接表面相交时，其表面的交线（截交线或相贯线）则是它们的分界线，在视图中必须正确画出交线的投影，如图 4-3(a)中Ⅰ、Ⅱ两相交面。

（2）相切：当两形体邻接表面相切时，由于相切是光滑过渡，因此切线的投影在三视图上均不画出，如图 4-3(b)中Ⅲ、Ⅳ两相切面。

（3）共面：当两形体邻接表面共面时，在共面处，两形体的邻接表面不应有分界线，如图 4-3(c)中Ⅴ、Ⅵ两平齐面。

3. 形体分析法与线面分析法

在画组合体三视图、读组合体三视图或标注尺寸时，首先要对组合体或已给视图进行分析，分析的方法主要是形体分析法，必要时，可辅之以线面分析法。

假想地把组合体分解成若干个基本体，并分析它们的组合方式及其相对位置，以利于从整体上想象出组合体的空间结构，这种分析方法称为形体分析法。

对比较复杂的组合体，通常在运用形体分析法的基础上，对不易表达或读懂的局部，还要结合线、面的投影分析，如分析物体表面形状、物体上面与面的相互位置、物体表面的交线等，来帮助表达或读懂这些局部的形状，这种方法称为线面分析法。

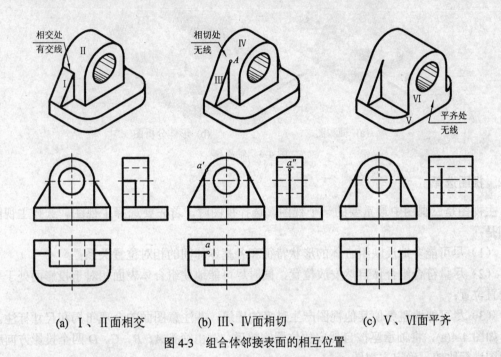

(a) Ⅰ、Ⅱ面相交　　　　　(b) Ⅲ、Ⅳ面相切　　　　　(c) Ⅴ、Ⅵ面平齐

图 4-3　组合体邻接表面的相互位置

## 4.2　组合体三视图的画法

现以图 4-4(a)所示轴承座为例，说明画组合体三视图的方法和步骤。

### 4.2.1　形体分析与线面分析

对图 4-4(a)所示轴承座进行形体分析，假想地将轴承座分解为Ⅰ底板、Ⅱ支承板、Ⅲ肋板、Ⅳ大圆筒、Ⅴ凸台五个基本形体，如图 4-4(b)。

底板Ⅰ是具有两个小圆角和两个小圆孔的长方体；支承板Ⅱ为棱柱，其左右棱面与大圆筒Ⅳ的外表相切；肋板Ⅲ的左右两侧面均为五边形，与大圆筒Ⅳ的外表面相交；凸台Ⅴ是一个小圆筒，与大圆筒Ⅳ正交相贯。

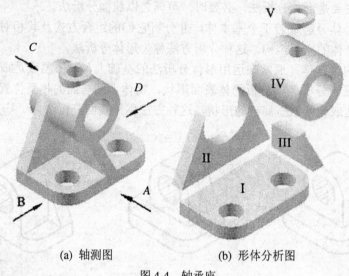

(a) 轴测图　　　　　　(b) 形体分析图

图 4-4　轴承座

## 4.2.2　视图选择

主视图是三视图中最重要的一个视图,选择视图时,首先要选择主视图。选择主视图的原则是:

(1)尽可能多地反映组合体的形状特征和各基本体间的相对位置关系;

(2)尽量符合组合体自然安放位置,同时尽可能地使组合体表面相对于投影面处于平行或垂直位置;

(3)尽可能地避免使其他视图产生过多的虚线,并注意图面的合理布局和尺寸标注。

如图 4-4(a),将轴承座按自然安放位置安放后,对由箭头 A、B、C、D 四个投影方向所得的视图进行比较,确定主视图。

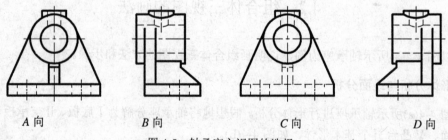

A 向　　　　　　B 向　　　　　　C 向　　　　　　D 向

图 4-5　轴承座主视图的选择

如图 4-5,若以 C 向作主视图,虚线较多,显然没有 A 向清楚;B 向与 D 向视图虽然虚实线的情况相同,但若以 B 向作主视图,则左视图必为 C 向视图,左视图虚线较多。由此可见,主视图只能从 A 向和 D 向视图中选择。A 向能较多地反映轴承座各部分的轮廓特征,而 D 向则能清楚地反映轴承座各组成形体间的相对位置关系。但考虑到图面布局和尺寸标注,选 A 向视图作主视图较好。

主视图确定之后,俯视图、左视图的投影方向随之确定。

### 4.2.3 画图

【例】画轴承座的三视图。

根据上述分析，选择 A 向作主视图，画其三视图，作图步骤如图 4-6 所示。

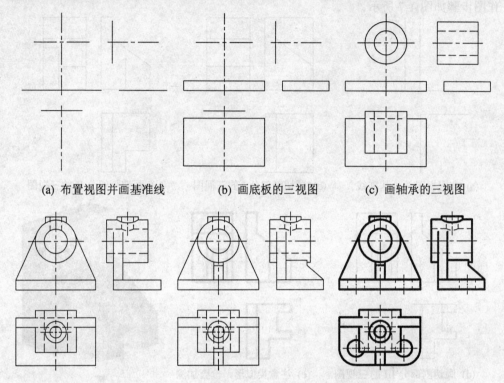

(a) 布置视图并画基准线　　(b) 画底板的三视图　　(c) 画轴承的三视图

(d) 画支承板及凸台的三视图　(e) 画肋板的三视图　(f) 画底板圆角和圆柱孔，检查加深

图 4-6　轴承座的画图步骤

（1）选比例，定图幅

画图时，应尽量采用 1:1 的比例，这样有利于直接估算出组合体的大小，便于画图。

（2）布置图面，画基准线

布置视图位置之前，先固定图纸，然后根据各视图的大小和位置，画出基准线。基准线画出后，每个视图在图纸上的具体位置就确定了，如图 4-6(a)。

（3）画三视图底稿

根据形体分析的结果，遵循组合体的投影规律，逐个画出基本形体的三视图，如图 4-6(b)～e。画底稿时，一般用 H 型铅笔以细线画出，画的时候应遵守轻、淡、准的原则，以便于修改及擦除多余线条。

画组合体底稿的顺序：

1）一般先实（实形体）后虚（挖去的形体）；先大（大形体）后小（小形体）；先画轮廓，后画细节。

2）画组合体每个形体时，应三个视图同时画，并从反映形体特征的视图画起，再按投影规律画出其他两个视图。

（4）检查、描深，完成作图

底稿画完后，按基本形体逐个仔细检查，纠正错误，补充遗漏。检查无误后，擦除多余的作图线，用标准图线描深图形，完成组合体的三视图。

【例】 画导向块的三视图。

作图步骤如图 4-7 所示。

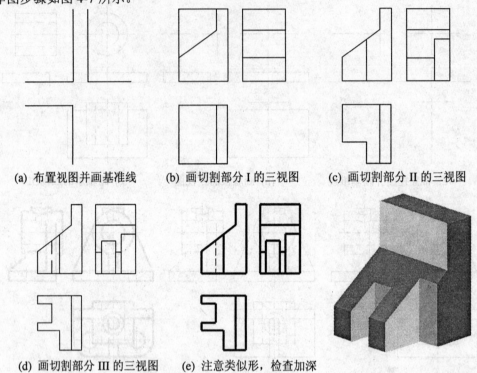

| (a) 布置视图并画基准线 | (b) 画切割部分 I 的三视图 | (c) 画切割部分 II 的三视图 |

(d) 画切割部分 III 的三视图      (e) 注意类似形，检查加深

图 4-7 导向块的画图步骤

### 4.2.3 相贯线的简化画法

在机械制图中，当有些相贯线不需要精确表达时，允许采用简化画法，例如两圆柱正交时，如图 4-8 所示，相贯线可以用大圆柱半径所作的圆弧来代替，以简化作图。

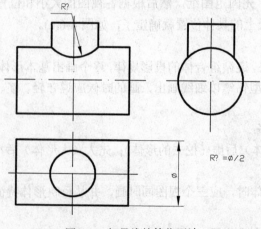

图 4-8 相贯线的简化画法

# 4.3　组合体的尺寸标注

视图只能表达组合体的形状，各基本体的真实大小及其相对位置，则要通过尺寸标注来确定。

标注组合体尺寸的基本要求是：正确、清晰、完整。正确就是要按照国家标准有关尺寸标注的规定进行标注；清晰就是尺寸布置要清晰、得当，便于看图；完整就是尺寸不能遗漏，也不能重复。

## 4.3.1　基本形体的尺寸标注

组合体是由若干基本体组成的，因此，掌握基本形体尺寸标注的方法，将为正确、清晰、完整地标注组合体的尺寸打下基础。

**1. 平面立体的尺寸标注**

平面立体的尺寸标注，主要考虑其长、宽、高三个方向的尺寸，如图 4-9。

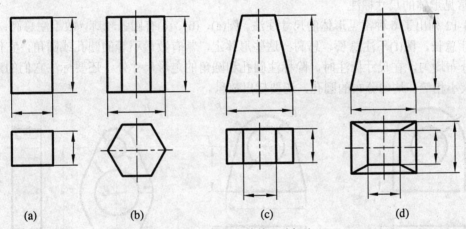

(a)　　　　　　(b)　　　　　　(c)　　　　　　(d)

图 4-9　平面立体的尺寸标注

**2. 回转体的尺寸标注**

回转体的尺寸标注，通常只需要标注其直径和高度，并在直径数字前加注 $\Phi$，若是球面则应在直径数字前加注 $S\Phi$，如图 4-10。

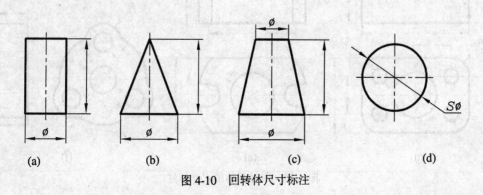

(a)　　　　　　(b)　　　　　　(c)　　　　　　(d)

图 4-10　回转体尺寸标注

### 3. 基本体截交、相贯后的尺寸标注

物体相贯或被切割后，产生相贯线或截交线，但交线上不能注尺寸。对相贯体应标注相贯的各基本体的有关尺寸及它们之间相对位置尺寸；对切割体则应标注切割平面位置尺寸，如图 4-11。

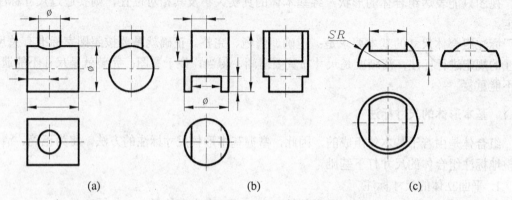

| (a) | (b) | (c) |

图 4-11　截交、相贯后的尺寸标注

### 4. 常见形体的尺寸标注

图 4-12 列出了 6 种常见形体的尺寸注法。图(a)、(b)、(c)有圆弧轮廓，故不注总高；同理，图(e)不注总长，图(f)不注总长、总高。这些形体上，常有数量不等的圆孔或圆角，它们大小相等、分布均匀，在尺寸标注时，除标注圆孔和圆角的定形尺寸外，还要标注它们的定位尺寸，对大小相等、均匀分布的圆孔，还要标出数量。

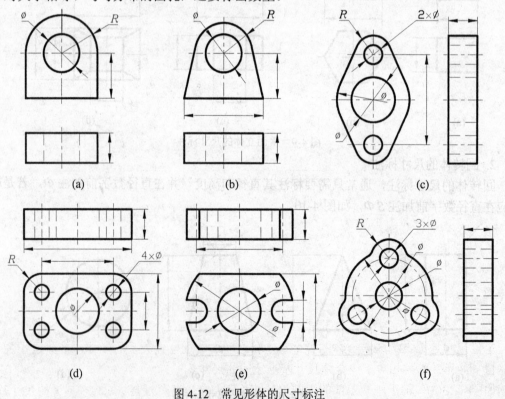

| (a) | (b) | (c) |
| (d) | (e) | (f) |

图 4-12　常见形体的尺寸标注

### 4.3.2 组合体的尺寸标注

仍以轴承座为例，说明组合体尺寸标注的方法和步骤：

**1. 形体分析**

如前面分析，轴承座由五部分组成。

**2. 选定尺寸基准（dimension tatum），标注定位尺寸（location dimension）**

尺寸基准是标注定位尺寸的起点。机件的长、宽、高三个方向尺寸基准的选择，通常是选用机件的底面、端面、对称面以及主要回转体的轴线等。

如图 4-13(a)，轴承座长度方向的尺寸基准是中间的对称面，宽度方向的尺寸基准是底板和支承板的后表面，高度方向的尺寸基准是底板的下底面。

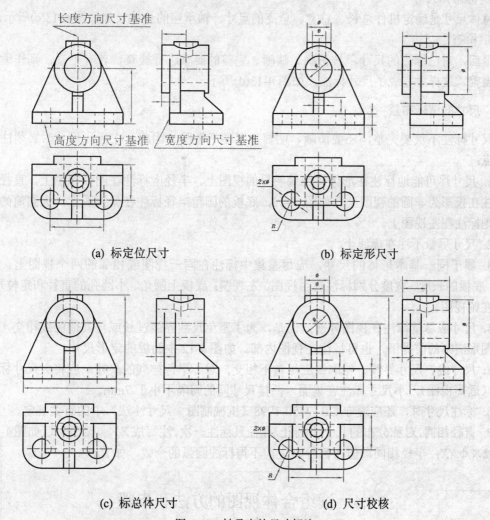

(a) 标定位尺寸      (b) 标定形尺寸

(c) 标总体尺寸      (d) 尺寸校核

图 4-13 轴承座的尺寸标注

定位尺寸是确定构成组合体的各个基本体之间的相互位置关系的尺寸，多数是指各个基本体自身的尺寸基准相对于组合体尺寸基准之间的尺寸。

如图 4-13(a)，轴承座最上部的大圆筒，其长度方向和高度方向（均为径向）的尺寸基准，是其自身的回转轴线，宽度方向（轴向）的尺寸基准，是它的后端面。因此，大圆筒沿长度方向的定位尺寸为 0（省略不标），宽度方向的定位尺寸和高度方向的定位尺寸不为 0，其标注如图 4-13(a)。

对于底板，其自身长度方向的基准是其左右对称面，宽度方向的基准是其后表面，高度方向的基准是其下底面。这三个基准与轴承座的三个方向基准重合，均可省略标注。

其他几个基本体的定位尺寸，请读者自行分析，特别要注意省略不注的定位尺寸。

3. 标定形尺寸

定形尺寸是确定各基本体的形状及大小的尺寸。根据形体分析的结果，对组成组合体的所有基本体，逐个标注其定形尺寸，如图 4-13(b)。

4. 标总体尺寸

总体尺寸是确定机件总长、总宽、总高的尺寸。轴承座的总体尺寸如图 4-13(c)所示。

5. 检查

最后，对已标注的尺寸，按正确、清晰、完整的要求进行检查，若有不妥，则作适当修改或调整，这样才完成了尺寸标注，如图 4-13(d)所示。

### 4.3.3 尺寸的清晰布置

尺寸标注不仅要完整，还要清晰、明显，以便于看图。因此，在标注尺寸时必须注意以下几点：

1. 尺寸尽可能地标注在形体特征最明显的视图上。半径应标注在圆弧视图上，直径应尽量标注在投影为非圆的视图上。如图 4-12，底板的圆角半径标注在俯视图上，大圆筒的外圆直径则标注在左视图上。

2. 尺寸尽量不注在虚线上。

3. 属于同一基本形体的尺寸，应尽量集中标注在同一视图或相邻的两个视图上。如图 4-12，底板的长度、宽度分别标注在主视图、左视图；底板上圆角、小圆孔的直径和定位尺寸，标注在俯视图。

4. 尺寸应尽量标注在视图外部，但是，为了避免尺寸界线过长或与其他图线相交，在不影响图形清晰的前提下，也可标注在视图内部。如图 4-12 中肋板的定形尺寸。

5. 尺寸线、尺寸界线、轮廓线应尽量不相交，对于平行排列的尺寸，应将大尺寸标注在外面（远离视图），小尺寸标注在里面，两排尺寸间的间隔不小于 7mm。

6. 标注尺寸时，还应遵守 GB17450-1998《机械制图 尺寸注法》中的有关规定。

7. 直径相同，对称分布的几个小圆孔，孔径只标注一次，注写成 $X \times \Phi XX$ 形式，如图 4-13(d) 中的 $2 \times \phi XX$；半径相同，但在符号 $R$ 之前不得标注圆弧的个数，如 $RXX$。

## 4.4　读组合体视图的方法和步骤

画图是将空间的形体按正投影方法表达在平面的图纸上；读图则是由视图根据点、线、面、体的正投影特性以及多面正投影的投影规律想象空间形体的形状和结构。读图与画图相辅相成，不仅在生产中有很重要的作用，而且，可提高空间想像力和构思能力。

#### 4.4.1 读组合体视图的基本要点

**1. 明确视图中图线及线框的含义**

视图中的每一条图线（曲线和直线）可能表示：

1）平面或曲面的积聚投影；2）表面与表面交线的投影；3）曲面转向轮廓线的投影。如图 4-14(a)。

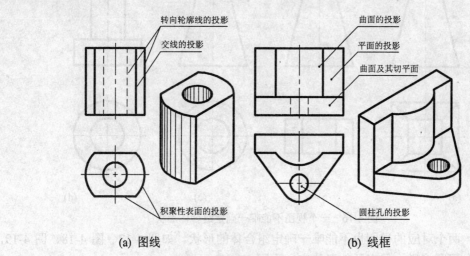

(a) 图线         (b) 线框

图 4-14　视图中图线、线框的含义

视图中每一个封闭线框可能表示：

1）平面图形的投影；2）曲面的投影。如图 4-14(b)。

应当注意的是，不同视图中，表示同一平面的线框为类似形，如图 4-15。

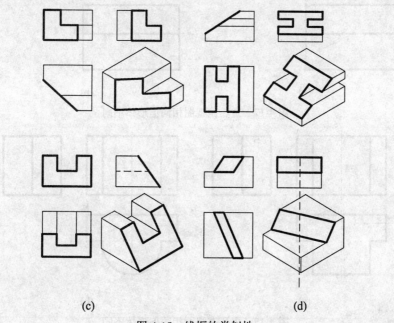

(c)           (d)

图 4-15　线框的类似性

### 2. 几个视图联系起来看

一般情况下，一个视图不能唯一确定组合体的形状，几个视图对应起来才能确定其形状。如图 4-16，(a)、(b)、(c)的主视图一样，(c)、(d)的俯视图一样，但它们却分别表示四个不同的形体。

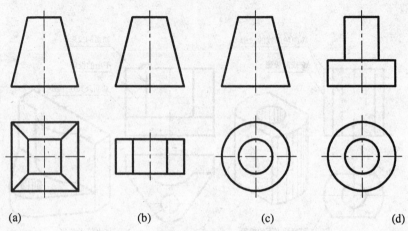

图 4-16　一个视图不能唯一确定组合体形状

有时候，两个对应的视图也不能唯一确定组合体的形状。如图 4-17、图 4-18、图 4-19，虽然均有两个视图一样，但表示的形体完全不同。

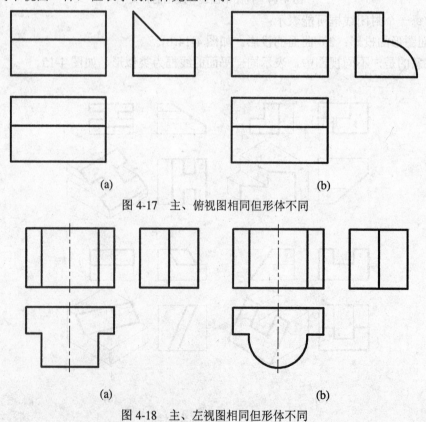

图 4-17　主、俯视图相同但形体不同

图 4-18　主、左视图相同但形体不同

由此可见，在读图过程中，一般都要将各个视图联系起来阅读、分析、构思，才能想象出这组视图所表示的物体的正确形状。

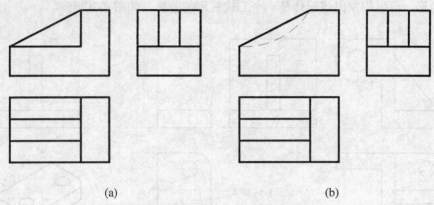

(a)                                    (b)

图 4-19  俯、左视图相同但形体不同

在读图过程中，注意找出特征视图，再配合其他视图，就能很快看清组合体的形状。所谓特征视图，就是对形体形状起主要作用的视图。如图 4-17 中的左视图，图 4-18 中的俯视图，图 4-19 中的主视图，都是对确定形体形状起主要作用的特征视图。事实上，读图或看图时，特征视图是必不可少的。

要达到能迅速、正确地看懂视图所表达的空间形体，必须在熟悉基本形体及常见形体的投影特征的基础上，多看图，多构思，注意培养、提高空间想像力和综合构思空间形体的能力。

### 4.4.2  读图的方法和步骤

#### 1. 形体分析法

读图的基本方法和画图一样，主要也是运用形体分析法。一般是从反映物体形状特征的视图着手，对照其他视图，初步分析该物体是由哪些基本体通过什么组合方式形成的。然后按投影特性逐个找出各基本体在其他视图中的投影，确定各基本体的形状及各基本体之间的相对位置，最后综合想象物体的总体形状。

【例 4-3】  图 4-20(a)为一组合体的三视图，读图并想象出组合体的空间结构。

〖解〗读图步骤如下：

（1）分析视图，按图线框将特征视图分解成几个部分。首先从特征视图主视图着手，对组合体进行形体分析，将该图按线框或形体分解成几个部分，每一个封闭的线框或形体为一部分。如图 4-20(a)，组合体的主视图可分解成四部分，其中 1' 为一矩形，2' 为一矩形，3' 为内有一圆的长半圆形，4' 为三角形。

（2）找对应投影，想象出各基本形体的形状。按投影规律，找出各线框所代表的基本形体在其他视图上的投影，然后，把三个视图联系起来看，想象出各基本形体的形状。

形体 I 的左视图为矩形，俯视图为有两圆角和两圆孔的矩形，结合其主视图的形状，可以得出形体 I 为一长方体底板，且带有两圆角并挖去两圆孔，如图 4-20(b)；形体 II 的俯视图和左视图均为矩形，所以形体 II 是一长方体立板，如图 4-20(c)；形体 III 的俯视图和左视图均为矩形，结合该形体在俯视图和左视图中的虚线，可以想象出该形体为前后两部分相同的挖去圆孔的长半圆形耳板，如图 4-20(d)；形体Ⅳ的俯视图和左视图均为矩形，结合该形体在主视图为三角形，可以想象出该形体是一个三棱柱形的肋板，如图 4-20(d)。

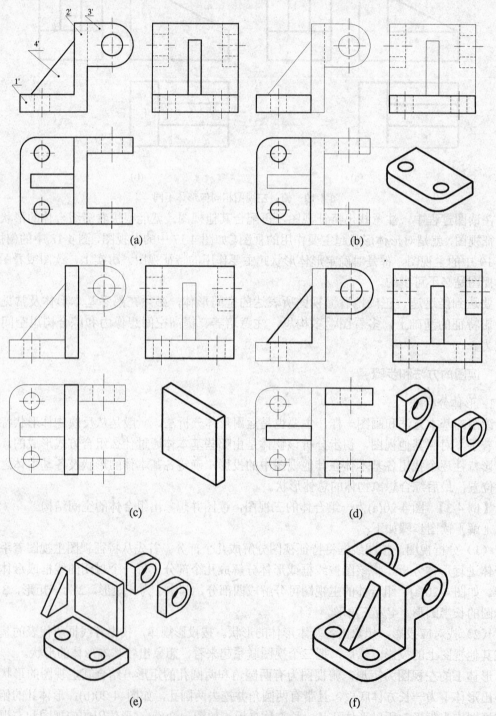

图 4-20　组合体的读图方法

（3）综合起来想整体。根据以上分析，想象出该组合体四部分的形体，如图 4-20(e)，最后将它们综合起来，就能想象出该组合体的完整形状，如图 4-20(f)。

从例 4-3 可以看出，该组合体的组合方式以叠加为主，读这类组合体视图的方法，一般是以形体分析为主，辅之以线面分析法。

2. 线面分析法

对于以切割为主要组合形式形成的组合体，其读图方法步骤往往是先用形体分析法概括一下框架结构，然后重点用线面分析法分析挖切的情况。

【例 4-4】　图 4-21(a)是压块的三视图，试分析压块的形状。

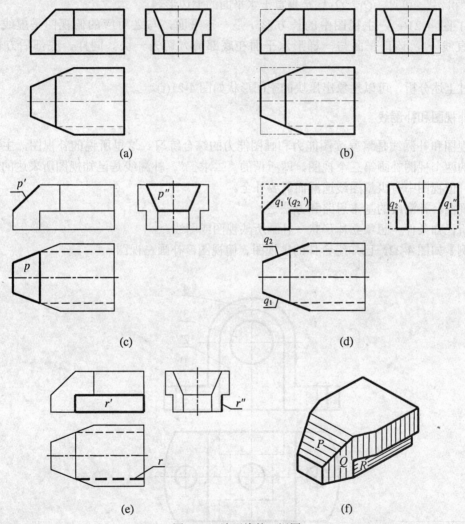

图 4-21　读压块的三视图

〖解〗读图步骤如下：

（1）形体分析

1) 先分析整体形状。由于压块三个视图的轮廓基本上均为长方形，所以压块的总体形状基本上是个长方体，如图 4-21(b)。

2) 再分析细节形状。主视图左上方缺个角，说明在长方体的左上方被一正垂面切去一个三棱柱；俯视图在左端前后各缺一个角，说明长方体的左端被两个铅垂面切去两个三棱柱；左视图的下方缺两个小长方形，说明长方体下部前后被水平面和正平面切去两个小长方体。这样，对压块的形状有了大致的了解，但详细情况还要进行线面分析。

（2）线面分析

1) 图 4-21(c)主视图上的斜线 $p'$，在俯视图、左视图上找出与之对应的 $p$、$p''$，可见，$P$ 面是一垂直于正面的梯形平面。

2) 图 4-21(d)俯视图上的斜线 $q_1$、$q_2$，在主视图、左视图上找出与之对应的 $q_1'$ 和 $q_2'$（重合）、$q_1''$ 和 $q_2''$，可见，$Q_1$、$Q_2$ 均是垂直于水平面的七边形。

3) 图 4-21(e)，主视图中的长方形 $r'$ 是一正平面，与之对应的俯视图是虚线 $r$、左视图是直线 $r''$，该正平面与一梯形水平面在底部前方切去一块。同样，底部后方也被切去一块。

经过上述分析，可以想象出压块的空间形状如图 4-21(f)。

### 4.4.3　补视图和补漏线

补视图和补漏线是培养读图能力和画图能力的综合练习。这里所说的补视图，主要是指由已知的两个视图补画第三个视图，即所谓的"二求三"。补漏线是已知视图所表达的形体基本确定，但视图中有少量图线遗漏而需要补全。

补视图、补漏线的基本思路和方法是：

分析已知条件→想象立体形状→补画所缺视图或图线。

【例】如图 4-22，已知组合体的主视图、俯视图，补画左视图。

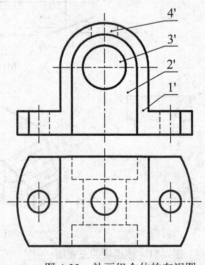

图 4-22　补画组合体的左视图

〚解〛

（1）分析视图，划分线框

根据已知的两视图，在主视图可以划分出四个部分的线框，如图 4-22。作图步骤如图 4-23、

24 所示。

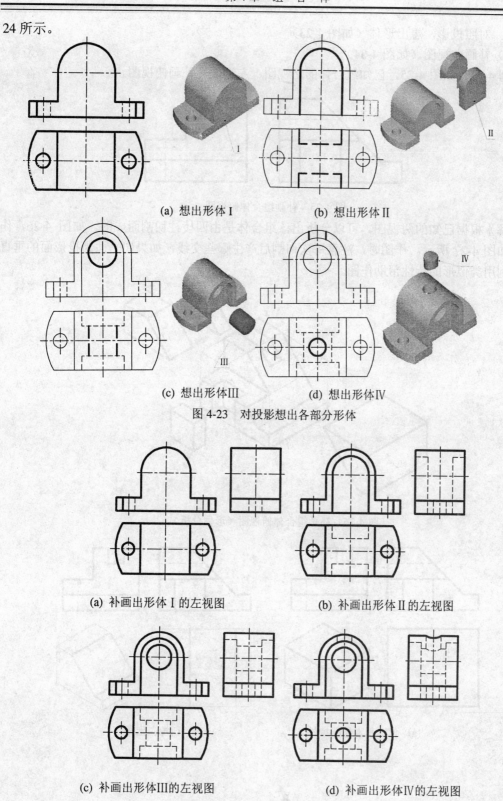

(a) 想出形体 I

(b) 想出形体 II

(c) 想出形体 III

(d) 想出形体 IV

图 4-23 对投影想出各部分形体

(a) 补画出形体 I 的左视图

(b) 补画出形体 II 的左视图

(c) 补画出形体 III 的左视图

(d) 补画出形体 IV 的左视图

图 4-24 补画出组合体的左视图

（2）对照投影，想出形体（如图 4-23）

（3）补画左视图（如图 4-24）

【例 4-6】 如图 4-25，已知组合体的主视图、左视图，补画俯视图。

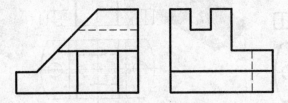

图 4-25　补画组合体俯视图

〖**解**〗根据已知的两视图，可以分析出该组合体是由四棱柱切割而成的，如图 4-26，作图步骤如图 4-27 所示。作图时，注意每次切割后产生哪些交线，如果切平面为投影面的垂直面，应利用类似形的特性帮助作图。

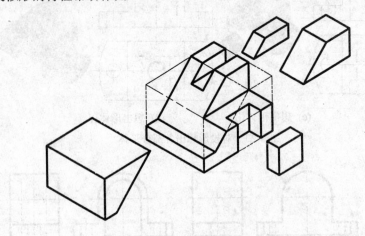

图 4-26　补画组合体俯视图（形体分析）

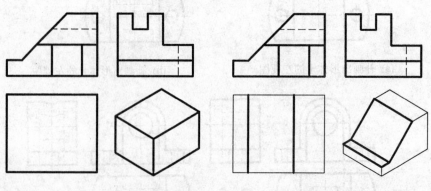

（a）画出基本体四棱柱　　　　　　　（b）切掉左上角

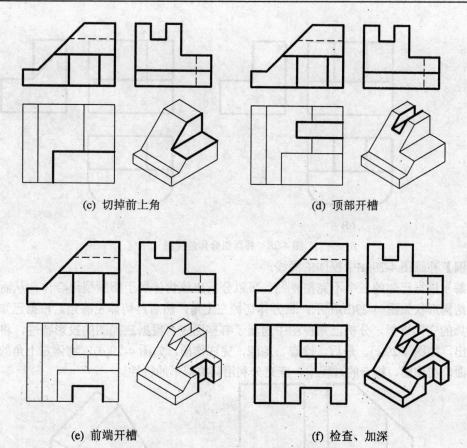

(c) 切掉前上角      (d) 顶部开槽

(e) 前端开槽      (f) 检查、加深

图 4-27 补画组合体俯视图（作图步骤）

【例】 如图 4-28(a)，已知组合体的主视图、俯视图，补画左视图（要求有两解）。

〖解〗根据已知的主视图和俯视图，可以想象出两种组合体，如图 4-28(b)、(c)，从而可以画出如图 4-28(d)、(e)所示的两解。

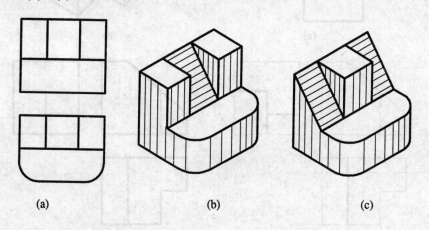

(a)      (b)      (c)

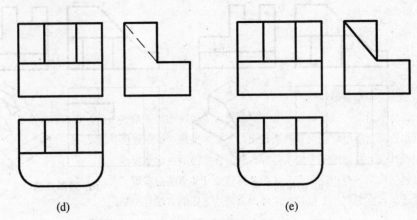

(d)　　　　　　　　　　　　　(e)

图 4-28　补画组合体俯视图

【例】补画图 4-29(a)中视图的漏线。

〖解〗根据已知的三个不完整视图，可以分析出该物体属于切割型组合体，从而想象出其空间结构形状如图 4-29(b)所示：长方体切掉左上角，然后再切掉左前角。根据已知视图，对照想象的空间模型，分析已知视图中遗漏了哪些图线，根据三视图的投影特性，将遗漏的图线补出，如图 4-29(c)。最后，检查、加深，完成作图，如图 4-29(d)。物体左上角的切平面为正垂面，在作图、检查的过程中，应充分利用其类似形的特性。

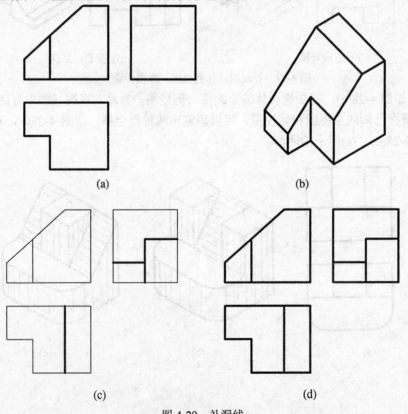

(a)　　　　　　　　　　　　　(b)

(c)　　　　　　　　　　　　　(d)

图 4-29　补漏线

# 思 考 题

1. 试述三视图的投影特性。

2. 组合体的组合形式有哪几种？各基本形体表面间连接关系有哪些？它们的画法各有何特点？

3. 画组合体视图时，如何选择主视图？怎样才能提高绘图速度？

4. 组合体尺寸标注的基本要求是什么？怎样才能满足这些要求？

5. 试述运用形体分析法画图、读图和标注尺寸的方法与步骤。

6. 什么叫线面分析法？试述运用线面分析法读图的方法与步骤。

# 第5章　轴　测　图

工程中常使用正投影法绘制的多面投影图样来反映物体的真实形状和大小，虽作图简单，但缺乏立体感。轴测图（axonometric projection）又称立体图，它是物体在平行投影下形成的一种单面投影图，能同时反映物体长、宽、高三个方向的形状，富有立体感，但是不能确切地表达物体原样大小，且作图比较复杂，因此在工程中常作为辅助性图样使用。

## 5.1　轴测图的基本知识

### 5.1.1　轴测投影的形成

如图 5-1 所示，将空间物体连同确定其空间位置的直角坐标系，沿不平行于任一坐标面的方向 $S$，用平行投影法将其投射在单一投影面 $P$ 上所得到的图形，称为轴测投影图，简称轴测图。$P$ 平面称为轴测投影面，$S$ 为投影方向。

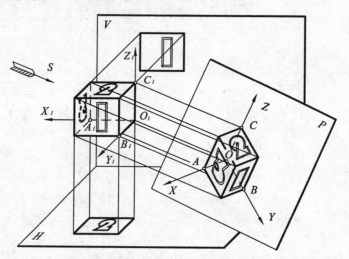

图 5-1　轴测图的形成

### 5.1.2　轴测轴、轴间角、轴向伸缩系数

如图 5-1 所示，空间直角坐标轴 $O_1X_1$、$O_1Y_1$、$O_1Z_1$ 在轴测投影面上的投影 $OX$、$OY$、$OZ$ 称为轴测投影轴，简称轴测轴（axonometric axis）。轴测轴之间的夹角 $\angle XOY$、$\angle XOZ$、$\angle YOZ$ 称为轴间角（axis angle）。

物体上平行于坐标轴的线段在轴测图中的投影长度与该线段在空间的实际长度之比，称为轴向伸缩系数（coefficient of axial deformation）。沿 $O_1X_1$、$O_1Y_1$、$O_1Z_1$ 轴的轴向伸缩系数分别用 $p_1$、$q_1$、$r_1$ 表示，即：

$$p_1 = \frac{OA}{O_1A_1}; \qquad q_1 = \frac{OB}{O_1B_1}; \qquad r_1 = \frac{OC}{O_1C_1}$$

显然，轴向伸缩系数的大小与空间坐标对轴测投影面的倾斜程度及投影方向有关。不同种类的轴测图，其轴间角和轴向伸缩系数也不同，因此，轴间角和轴向伸缩系数是绘制轴测图的两个重要参数。知道了轴间角和轴向伸缩系数，就可以根据立体或立体的正投影图来绘制轴测图。在绘制轴测图时，只要沿轴测轴方向，结合相应的轴向伸缩系数，直接量取有关线段的尺寸即可。

### 5.1.3 轴测图的投影特性

轴测图是采用平行投影法得到的一种单面投影图，因此具有平行投影法的投影特性。

（1）直线的轴测投影一般仍为直线，特殊情况下积聚为点。

（2）若点在直线上，则点的轴测投影仍在直线的轴测投影上，且点分该直线段的比值不变。

（3）立体上相互平行的线段，在轴测图中仍相互平行。

（4）立体上平行于某坐标轴的线段，在轴测图中仍然与相应的轴测轴平行，且其轴向伸缩系数与该坐标轴的轴向伸缩系数相同。

由以上平行投影的投影特性可知，当点在坐标轴上时，该点的轴测投影一定在该坐标轴的轴测投影上；当直线段平行于坐标轴时，该线段的轴测投影一定平行于该坐标轴的轴测投影，且该线段的轴测投影与其实际长度的比值等于相应的轴向伸缩系数；当直线段与坐标轴不平行时，则不能在图上直接度量，而应按线段上两端点的坐标分别作出端点的轴测图，然后连接两点得到线段的轴测图。

### 5.1.4 轴测图的分类

根据轴测投射方向对轴测投影面夹角的不同，轴测图可分为正轴测图（投射方向垂直于轴测投影面）和斜轴测图（投射方向倾斜于轴测投影面）两大类。再根据轴向伸缩系数的不同，这两类又可各自分为三种：

（1）当 $p_1 = q_1 = r_1$ 时，称为正（或斜）等轴测图，简称正（或斜）等测。

（2）当 $p_1 = q_1 \neq r_1$ 时，称为正（或斜）二等轴测图，简称正（或斜）二测。

（3）当 $p_1 \neq q_1 \neq r_1$ 时，称为正（或斜）三轴测图，简称正（或斜）三测。

工程上用得较多的轴测图是正等测和斜二测，下面主要介绍这两种轴测图的画法。

## 5.2 正等轴测图

### 5.2.1 正等测的形成及轴间角和轴向伸缩系数

当立体上三个直角坐标轴与轴测投影面的倾角相等时，用正投影法将立体向轴测投影面投影所得到的图形，称为正等轴测图（isometric projection），简称正等测。

正等测图中的三个轴间角都等于120°，三个轴向伸缩系数也相等，即：

$$\angle XOY = \angle XOZ = \angle YOZ = 120° \qquad p_1 = q_1 = r_1 \approx 0.82（证明略）$$

在作图时，为使图形稳定，一般将 $OZ$ 轴放在铅垂方向位置，$OX$、$OY$ 则分别与水平方向成 30° 角，并且为了作图简便，通常将轴向伸缩系数 $p_1$、$q_1$、$r_1$ 简化，采用 $p=q=r=1$，如图5-2 所示。

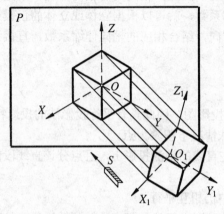

(a) 正等测的形成　　　　　　　　　(b) 轴间角和轴向伸缩系数

图 5-2　正等测

采用简化的伸缩系数后，凡平行于坐标轴的线段，均按实长画出。这样画出的正等测图比用伸缩系数 0.82 画出的图放大了，但形状不变。

### 5.2.2　平面立体正等测图的画法

平面立体正等轴测图的画法有坐标法、切割法和叠加法。其中坐标法是最基本的方法。

1. 坐标法（coordinate method）

根据立体表面上各顶点的坐标，分别画出各点的轴测投影，然后依次连接成立体表面可见轮廓线（虚线一般不画），即为立体轴测图。

如图 5-3 所示，已知正六棱柱的两视图，求作其正等测图。

利用坐标法画轴测图时，一般先根据立体的结构特点，选择确定适当的坐标原点和坐标轴。在确定坐标原点和坐标轴时，要考虑作图简便，有利于按坐标关系定位和度量，并尽可能减少作图线。如图 5-3(a)所示的正六棱柱，具有前后、左右均对称以及上下表面形状相同的特点，因此，可取其顶面中心 $O$ 点作为坐标原点。又因在轴测图中，顶面可见，底面不可见，为了减少作图线，故从顶面开始画。作图方法和步骤如下：

（1）在已知的两视图上选定坐标原点和坐标轴，如图 5-3(a)；

（2）画轴测轴，并根据坐标在轴上定出点 Ⅰ、Ⅳ、$A$、$B$，如图 5-3(b)；

（3）过点 $A$、$B$ 分别作 $OX$ 平行线，并根据点 Ⅱ、Ⅲ、Ⅴ、Ⅵ 的 $X$ 坐标，在平行线上定出点 Ⅱ、Ⅲ、Ⅴ、Ⅵ，如图 5-3(c)；

（4）顺次连接点 Ⅰ、Ⅱ、Ⅲ、Ⅳ、Ⅴ、Ⅵ，得到顶面的正等测图，如图 5-3(d)；

（5）自顶点 Ⅵ、Ⅰ、Ⅱ、Ⅲ 分别作 $OZ$ 平行线，并截取其长度等于正六棱柱的高，得到底面各可见点，如图 5-3(e)；

（6）连接底面各可见顶点，擦去多余作图线，描深，完成正六棱柱的正等测图，如图 5-3(f)。

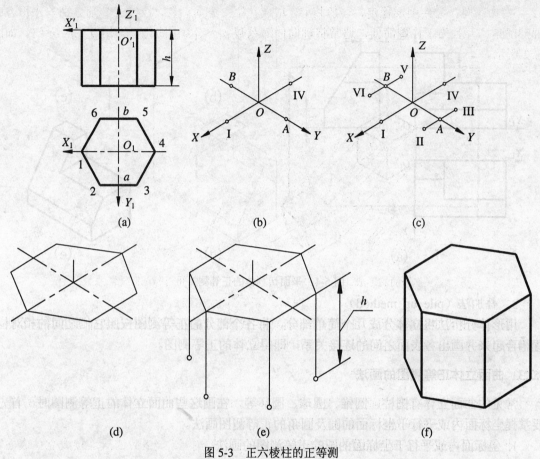

图 5-3 正六棱柱的正等测

## 2. 切割法（cut method）

对于切割体，先以坐标法为基础，画出完整平面体的轴测图，然后采用切割的方法逐步画出各个切口部分，即得其轴测图。

如图 5-4 所示，已知切割体的三视图，求作其正等测图。

该切割体是由长方体经过切割而形成的，作图时先用坐标法画出长方体，然后逐步切去各个部分，即可得到其正等测图，作图方法和步骤如下：

（1）在已知三视图上选定坐标原点和坐标轴，如图 5-4(a)；

（2）画轴测轴，并画出长方体外形轮廓，如图 5-4(b)；

（3）根据三视图上坐标 $c$、$d$，切去长方体前上角，如图 5-4(c)；

（4）根据三视图上坐标 $a$、$b$，切去长方体左上角，如图 5-4(d)；

（5）擦除多余的图线，加深，完成切割体的正等测图，如图 5-4(e)。

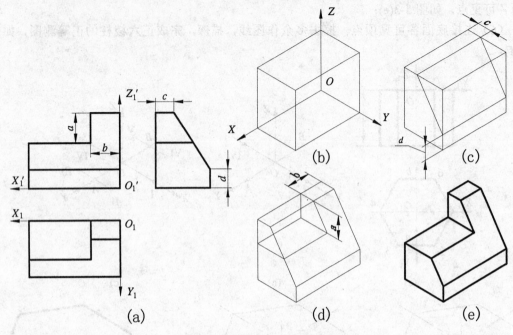

图 5-4　平面切割体的正等测

**3．叠加法（pile up method）**

用形体分析法将立体分成几个简单部分，将各个部分的正等测图按照它们之间的相对位置组合起来并画出各表面之间的连接关系，即得立体的正等测图。

### 5.2.3　曲面立体正等测图的画法

常见的曲面立体有圆柱、圆锥、圆球、圆环等，在画这些曲面立体的正等测图时，首先要掌握坐标面内或平行于坐标面的圆及圆角的正等测图画法。

1．坐标面内或平行于坐标面的圆的正等测图的画法

坐标面内或平行于坐标面的圆，其正等测图是椭圆，该椭圆的画法有坐标定点法和四心近似椭圆法等。由于坐标定点法作图较繁，所以常用四心近似椭圆（四心扁圆）法来画椭圆。

如图 5-5，三个坐标面内或平行于三个坐标面的圆的正等测图，均为椭圆。这三个椭圆大小相同，只是长、短轴的方向不同而已。作图时，可用四段圆弧近似地代替椭圆弧。现以水平面 $XOY$ 内的圆为例，介绍其正等测椭圆画法，如图 5-6，作图方法和步骤如下：

（1）画轴测轴及长短轴并以 $O$ 为圆心、圆的直径 $d$ 为直径画圆，如图 5-6(a)；

（2）以短轴上点 $O_2$（$O_3$）为圆心，以 $O_2B$（$O_3A$）为半径画两个大圆弧，交短轴与 $C$ 点，如图 5-6(b)；

（3）以 $O$ 为圆心，$OC$ 为半径画弧交长轴于 $O_4$、$O_5$ 两点，连接 $O_3O_4$、$O_3O_5$、$O_2O_4$、$O_2O_5$ 交大圆弧与 $K$、$M$、$C$、$N$，如图 5-6(c)；

（4）以 $O_4$（$O_5$）为圆心，$O_4K$（$O_5M$）为半径画两个小圆弧，即连成近似椭圆（四心扁圆），$K$、$L$、$M$、$N$ 为切点，如图 5-6(d)。

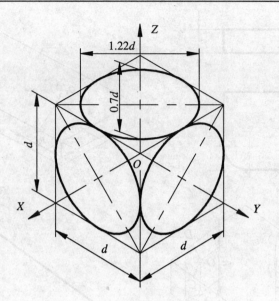

图 5-5　圆的正等测

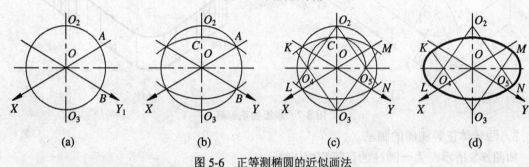

图 5-6　正等测椭圆的近似画法

### 2. 小圆角正等测图的画法

如图 5-7 所示，为一有圆角的底板的正等测图画法。

该底板是长方体被圆柱面切割前方左右两尖角形成的，可以将切割法和平移法结合起来作图。

平行于坐标面的圆角可看成是平行于坐标面的圆的 1/4，如图 5-7(a)，因此，其正等轴测图是椭圆的 1/4，但通常不是画出整个椭圆再取其 1/4，而是采用简化画法，作图方法和步骤如下：

（1）画长方体正等测图，并以圆角半径 $R$ 为截取长度，由点 $M$、$N$ 沿边线截取，得点 $A$、$B$、$C$、$D$，再过这四点分别作所在边线的垂线，得交点 $O_1$、$O_2$，如图 5-7(b)；

（2）分别以 $O_1$、$O_2$ 为圆心，$O_1A$、$O_2C$ 为半径画圆弧 $AB$、$CD$，再用平移法，分别从 $O_1$、$O_2$ 点沿 $Z$ 轴方向向下平移长方体高度，得到长方体下面圆角的圆心点 $O_3$、$O_4$，同样方法求出点 $E$、$F$、$G$，在长方体右前端作上、下两小圆弧的竖直公切线，如图 5-7(c)；

（3）擦去多余的图线，加深，完成小圆角正等测图，如图 5-7(d)。

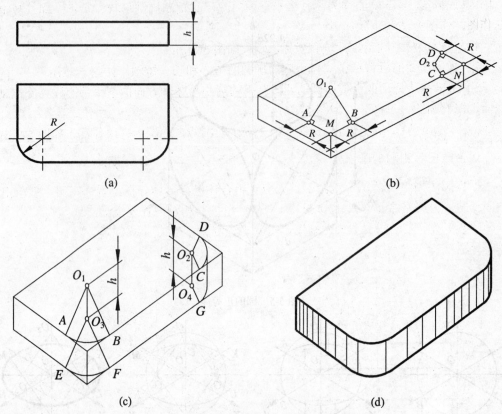

图 5-7　底板的正等测

### 3. 回转体正等测图的画法

如图 5-8 所示，为一圆柱的正等测图画法。

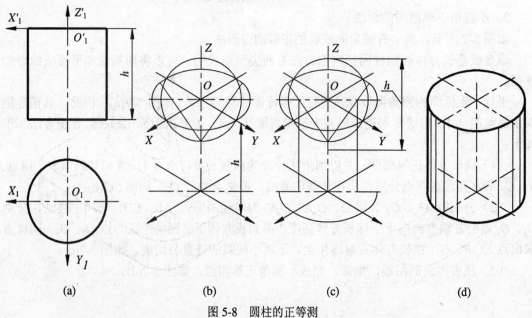

图 5-8　圆柱的正等测

因为圆柱的上、下底面均为平行于水平面的圆，其轴测椭圆形状、大小一样，故可用平移法作图。作图方法和步骤如下：

（1）在投影图中确定坐标轴和坐标原点，如图 5-8(a)；

（2）画出顶面的近似椭圆，作出底面椭圆的中心和长、短轴，如图 5-8(b)；

（3）用平移法将顶面近似椭圆的四段圆弧的圆心沿 $Z$ 轴方向向下平移圆柱高度距离，作出底面近似椭圆的可见部分，如图 5-8(c)；

（4）作上下两椭圆的竖直公切线，擦去多余的图线，加深，完成作图，如图 5-8(d)。

### 5.2.4　组合体正等测图的画法

根据投影图画组合体正等测图，首先应对组合体进行形体分析，看懂视图，想象出组合体空间形状，再将基本形体从上到下、从前到后，按其相对位置逐个画出。

如图 5-9 所示，已知支架的两视图，求其正等测图。

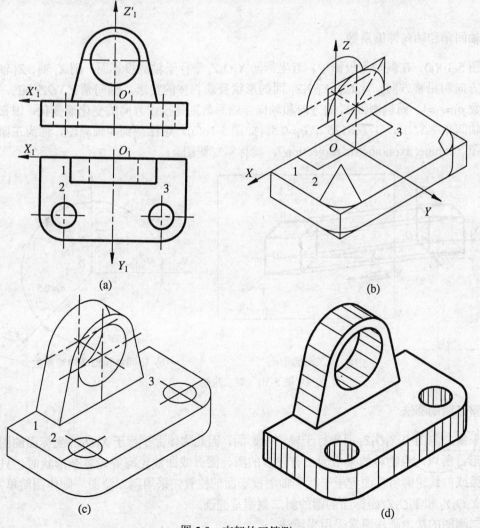

图 5-9　支架的正等测

　　分析支架结构是由上、下两块板组成的。上面一块立板的顶部是圆柱面，两侧面是正垂面，且与圆柱面相切，中间有一圆柱形通孔；下面是一块前端带圆角的长方形底板，底板的左右两边均有圆柱形通孔。作图方法和步骤如下：

　　1）在已知两视图上选坐标原点和坐标轴，如图 5-9(a)；

　　2）画轴测轴，并画出底板轮廓及小圆角，确定立板前后孔口的圆心，作出立板顶部的圆柱面，如图 5-9(b)；

　　3）作出底板和立板上三个圆柱孔的正等测图，并过底板上点 1、2、3 作立板顶部柱面椭圆的切线，如图 5-9(c)；

　　4）擦去多余的图线，加深，完成作图，如图 5-9(d)。

# 5.3　斜二轴测图

## 5.3.1　轴间角和轴向伸缩系数

　　如图 5-10(a)，在斜轴测投影中，若坐标面 $X_1O_1Z_1$ 平行于轴测投影面，则 $X_1$ 轴、$Z_1$ 轴分别为水平方向和铅垂方向。此时，$X_1O_1Z_1$ 面的形状反映物体的实形，轴间角 $\angle XOZ=90°$，轴向伸缩系数 $p_1=r_1=1$，而轴测轴 $Y_1$ 的方向和轴向伸缩系数则随投影方向的变化而变化，国家标准规定取轴间角 $\angle XOY=\angle YOZ=135°$，$q_1=0.5$，如图 5-10(b)。这样得到的轴测图，称为正面斜二等轴测图（cabinet axonometric projection），简称斜二测图。

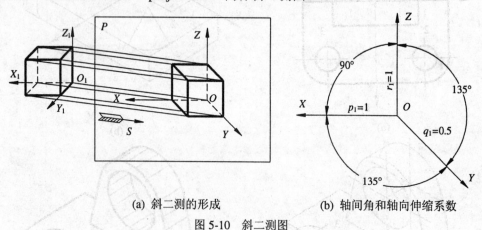

(a) 斜二测的形成　　　　　　　　(b) 轴间角和轴向伸缩系数

图 5-10　斜二测图

## 5.3.2　斜二测的画法

　　由于斜二测图中 $X_1O_1Z_1$ 面平行于轴测投影面，因此物体上平行于 $X_1O_1Z_1$ 坐标面的图形均反映实形。所以，当物体的某个面上有较多的圆、圆弧或曲线轮廓等较复杂形状时，只要将圆、圆弧或曲线轮廓所在面置于平行于轴测投影面的位置，采用斜二测图，则作图简单方便。平行于 $X_1O_1Y_1$ 和 $Y_1O_1Z_1$ 坐标面的圆的斜二测都是椭圆。

　　斜二测图的基本画法通常采用坐标法。

　　如图 5-11 所示，已知法兰盘的两视图，求作斜二测图。

作图方法和步骤如下：

1）在已知两视图上选坐标原点和坐标轴，如图 5-11(a)；

2）画斜二测轴测轴，并在 $Y_1$ 轴上定出各端面圆的圆心 $O_2$、$O_3$ 以及四个小圆孔的中心，如图 5-11(b)；

3）作出各端面上的圆（特别要注意四个小圆孔后端面上的圆，看得见的部分应画出），并作外轮廓圆的公切线，如图 5-11(c)；

4）擦去多余的图线，加深，完成作图，如图 5-11(d)。

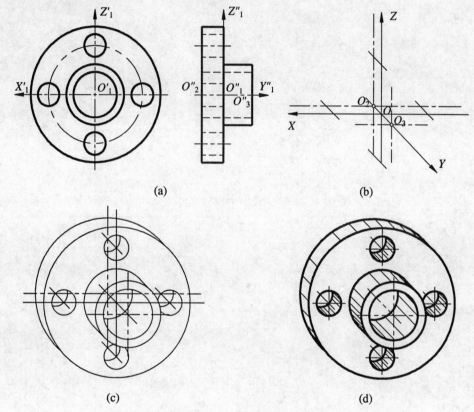

图 5-11 法兰盘的斜二测

# 思 考 题

1. 什么是轴测投影？它与多面正投影相比有哪些特点？

2. 轴测投影如何分类？工程中常用的是哪两种？

3. 轴间角和轴向伸缩系数是什么？正等轴测图的轴间角和各轴向伸缩系数是多少？为什么通常正等轴测图画出的物体比实物要大？

4. 平行于坐标面的圆的正等轴测投影是椭圆，这些椭圆的长、短轴方向如何确定？

5. 斜二测图的特点是什么？它适合表达怎样结构特点的物体？

6. 斜二测图的轴间角和各轴向伸缩系数是多少？

7. 平行于哪一个坐标面的圆，在斜二测图中仍为圆，且大小相等？

8. 画轴测投影图的基本方法和步骤是什么？Z 轴测轴通常是什么方位？

# 第 6 章　机件常用的表达方法

机件（包括零件、部件和机器）的结构形状是多种多样的。在表达它们时，应该首先考虑看图方便。根据机件的结构形状特点，采用适当的表达方法，在完整、清晰地表达机件结构形状的前提下，力求制图简便。只使用前面所介绍的三视图(three-view)显然是不够的，为此，本章将介绍技术制图国家标准 GB/T17451-1998，GB/T17452-1998 和 GB/T4458.1-2002，GB/T4458.6-2002 图样画法中规定的绘制图样的基本方法：视图(view)、剖视图(section)、断面图(cut)、规定画法和一些简化画法。学习时，必须掌握好机件各种表达方法的特点、画法，图形的配置和标注方法，以便能灵活地运用它们。

## 6.1　视　　图

视图主要用来表达机件的外部结构形状。视图通常有基本视图、向视图、局部视图(partial view)、斜视图(oblique view)。

### 6.1.1　基本视图

当机件的外部结构形状在各个方向（上下、左右、前后）都不相同时，三视图往往不能清晰地把它表达出来。因此，必须加上更多的投影面，从而得到更多的视图。

将正六面体的六个面作为投影面，称为基本投影面。**将机件放在六面体中间分别向各基本投影面进行正投影，就得到六个基本视图**，其名称规定为：主视图(frontal view)、俯视图(top view)、左视图(left view)、右视图(right view)（由右向左投影）、仰视图(bottom view)（由下向上投影）、后视图(back view)（由后向前投影）。它们的展开方法是正立投影面(frontal plane of projection)不动，其余按图 6-1 箭头所指的方向旋转，使其与正立投影面共面，如图 6-2。各视图(view)若画在同一张图纸上按图 6-2 配置时，一律不标注视图(view)名称。

### 6.1.2　向视图

**向视图是可以自由配置的视图**。由于图纸幅面及图面布局等原因，允许将视图配置在适当位置，这时应该作如下标注：在向视图的上方标出"×"（"×"为大写拉丁字母），在相应的视图附近用箭头指明投影方向，并注上同样的字母（图 6-3）。这里说的可以自由配置的向视图，并非完全自由，可以归纳为三个"不能"：

（1）不能倾斜地投射，应当正射。若按倾斜方向投射，所得的图形就不再是向视图，而是斜视图。

（2）不能只画出部分图形，必须完整地画出投射所得图形，否则，正射所得的局部图形就是局部视图而不是向视图。

（3）不能旋转配置，否则，该图形便不再是向视图，而是由换面法生成的辅助视图。

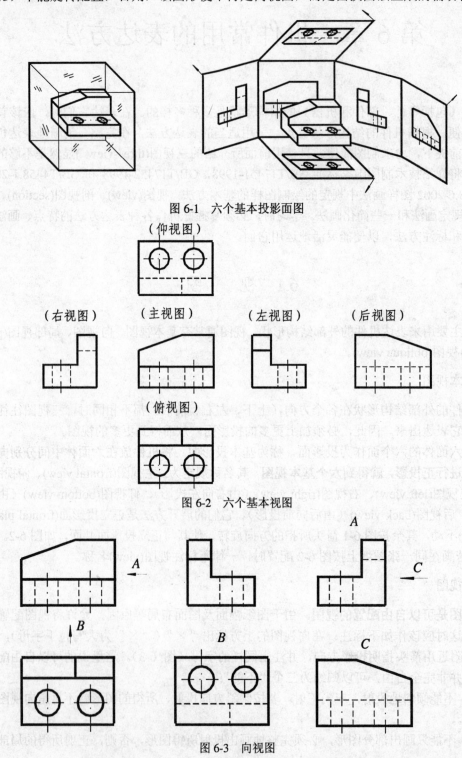

图 6-1　六个基本投影面图

（仰视图）

（右视图）　　（主视图）　　（左视图）　　（后视图）

（俯视图）

图 6-2　六个基本视图

图 6-3　向视图

### 6.1.3　局部视图

局部视图(partial view)是将物体的某一部分向基本投影面投影所得的视图。

当采用一定数量的基本视图后，该机件上仍有部分结构形状尚未表达清楚，而又没有必要再画出完整的基本视图时，可单独将这一部分的结构形状向基本投影面投影。可以认为是由于表达的需要而仅画出物体一部分的基本视图。

如图 6-4 所示，机件的主要形状特征已经表达清楚，仍有两侧的凸台(boss)没有表达清楚。因此，需要画出表达该部分的局部左视图和局部右视图。

1．局部视图可按基本视图的形式配置（图 6-4 俯视图、左视图），当与相应的另一视图之间没有其他视图隔开时，可省略标注；也可按向视图的形式配置并标注（图 6-4 中"A"）。标注局部视图时，通常在其上方用大写的拉丁字母标出视图的名称，在相应视图附近用箭头指明投射方向，并注上相同的字母。

2．局部视图的断裂边界应以波浪线(break line)表示，也可用双折线绘制。波浪线应画在表示机件实体的轮廓线范围以内，不能超出机件轮廓线范围，也不可画在机件的中空处（图 6-4 俯、左视图）。当所表达的局部结构是完整的，且外轮廓线(outline)又成封闭时，波浪线可以省略不画，（图 6-4 中"A"）。

3．按第三角画法配置在视图上所需表示物体局部结构的附近，并用细点画线将两者相连（图 6-5），无中心线的图形也可用细实线联系两图，无需另行标注，（图 6-6）。

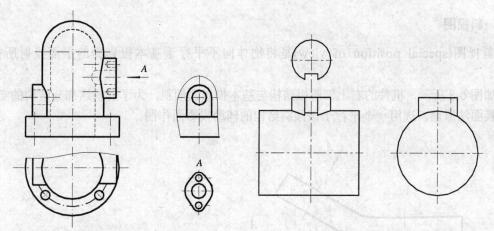

图 6-4　按向视图配置的局部视图　　　　图 6-5　按第三角画法配置的局部视图（一）

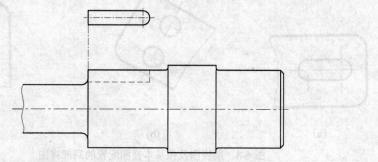

图 6-6　按第三角画法配置的局部视图（二）

4. 在不致引起误解时，对称机件的视图可以只画一半或四分之一，并在中心线两端画出两条与其垂直的平行细线，可将其视为以细点划线作为断裂边界的局部视图的特殊画法。（图6-7）

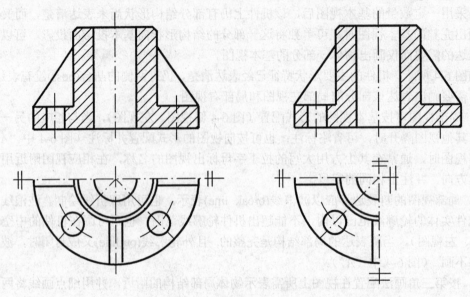

图 6-7　对称机件的局部视图

### 6.1.4　斜视图

斜视图(special position of view)是将物体向不平行于基本投影面的平面投射所得的视图。

如图 6-8 所示，机件的右上部斜板结构与基本投影面倾斜，为了反映这部分结构的实形，根据换面法原理，选用一个平行于该倾斜结构的辅助投影面作图。

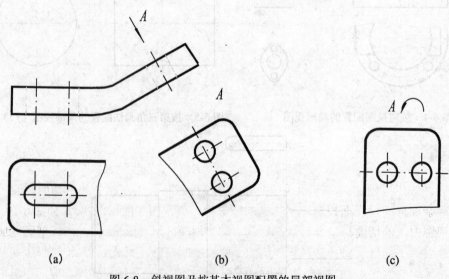

(a)　　　　　　　　　　(b)　　　　　　　　　　(c)

图 6-8　斜视图及按基本视图配置的局部视图

斜视图通常按向视图的配置形式配置并标注（图 6-8(b)），即按箭头方向投影。

必要时，允许将斜视图旋转配置。这时，表示该视图名称的大写拉丁字母应该靠近旋转符号的箭头端（如图 6-8(c)），也允许将旋转角度标注在字母之后。允许图形旋转的角度超过 90°，旋转符号为带箭头的半径为字高 $h$ 的半圆。

图 6-8 同时采用了斜视图和局部视图的表达方法。俯视图运用局部画法，表达水平板部分结构实形；对于这部分结构，斜视图中则省略不画，并用波浪线断开。波浪线画法同局部视图。

## 6.2　剖　视　图

剖视图主要用来表达机件的内部结构形状。

### 6.2.1　剖视图的概念和画剖视图的方法步骤

#### 1．剖视图的概念

剖视图主要用来表达机件的内部结构。机件上不可见的结构形状规定用虚线表示，图 6-9 所示为机件两视图，当机件不可见的结构形状愈复杂，虚线就愈多，这样对读图和标注尺寸带来不便。为此，对机件不可见的内部结构形状常采用剖视图来表达。

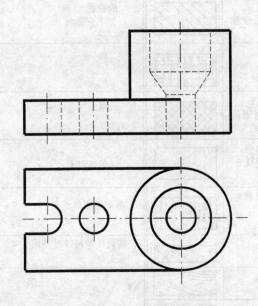

图 6-9　机件的视图

剖视图是假想用剖切面（平面或柱面）剖开机件，将位于观察者和剖切面之间的部分移去，而将其余部分向投影面投影，所得到的图形称为剖视图（简称剖视），如图 6-10。

在剖视图中，剖切面与机件接触的部分，称为剖面区域（section area）。剖面区域上应画剖面符号，表示不同材质，各种材料规定的不同的剖面符号，见表 6-1。特别提醒的是金属材料的剖面符号用与水平方向成 45° 间隔均匀的细实线，画成左右倾斜均可。但同一机件的剖面线(section line)方向和间隔必须一致。

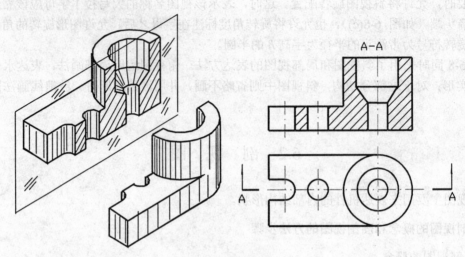

图 6-10　剖视图的概念

**表 6-1　剖面符号**

| 金属材料<br>（已有规定剖面符号者除外） | | 胶合板<br>（不分层数） | |
|---|---|---|---|
| 线圈绕组元件 | | 砖 | |
| 非金属材料<br>（已有规定剖面符号者除外） | | 混凝土 | |
| 型砂、填砂、粉末冶金、砂轮、陶瓷刀片、硬质合金刀片等 | | 钢筋混凝土 | |
| 转子、电枢、变压器和电抗器等的迭钢片 | | 基础周围的泥土 | |
| 玻璃等透明材料 | | 格网（筛网、过滤网等） | |
| 木材 | 纵剖面 | 液体 | |
| | 横剖面 | | |

　　因为剖切是假想的，虽然机件的某个图形画成剖视图，而机件仍是完整的，所以其他图形的表达方案应按完整的机件考虑，如图 6-11(c)。

　　画剖视图的目的在于清楚地表示机件的内部结构形状。因此，应该使剖切面平行于投影面且尽量通过较多的内部结构（孔、槽）的轴线或对称中心线。

2. 画剖视图(section)的方法步骤

以图 6-11 所示机件为例说明画剖视图的方法步骤：

（1）画出机件的视图，如图 6-11(a)。

（2）确定剖切平面的位置，画出断面图。选取通过两个孔轴线的剖切平面，画出剖切平面与机件的截交线，得到剖面区域的投影图形，并画出剖面符号，如图 6-11(b)。

（3）画出剖面区域后的所有可见部分，图 6-11(c)中台阶面的投影线和键槽的轮廓线，容易漏画，应该引起注意。

对于断面后边的不可见部分，如果在其他视图上已表达清楚，虚线应该省略；对于没有表达清楚的部分，在不影响图面清晰的情况下，虚线可以画出，但应不影响清晰性。如图 6-11(d)。

（4）标注出剖切平面的位置和剖视图的名称，如图 6-11(d)。在俯视图上，用剖切符号（线宽 1～1.5$b$，长 5～10mm 断开的粗实线）表示出剖切平面的位置，在剖切符号的外侧画出与剖切符号相垂直的箭头表示投影方向，两侧写上相同字母，在所画的剖视图的上方中间位置用相同的字母标注出剖视图的名称"×—×"。

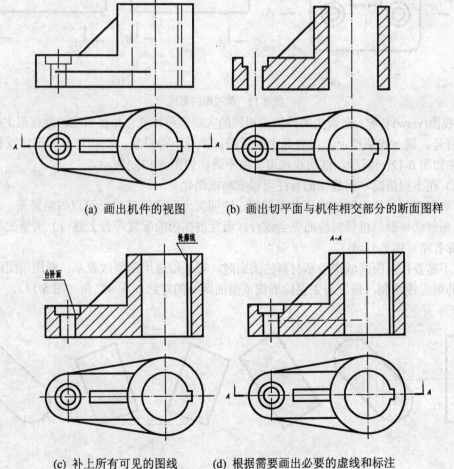

　　(a) 画出机件的视图　　　　(b) 画出切平面与机件相交部分的断面图样

　　(c) 补上所有可见的图线　　　(d) 根据需要画出必要的虚线和标注

图 6-11　画剖视图的方法步骤

3. 剖视图的标注及画剖视图要注意的问题

（1）剖视图的标注

剖视图用剖切符号（cutting symbol）、剖切线（cutting line）和字母进行标注（图 6-12(a)）。

1）剖切符号：表示剖切面起、迄和转折位置（用短粗画线表示）及投影方向（用箭头或短粗画线表示）的符号。

2）剖切线：指明剖切面位置的线（细单点画线）。

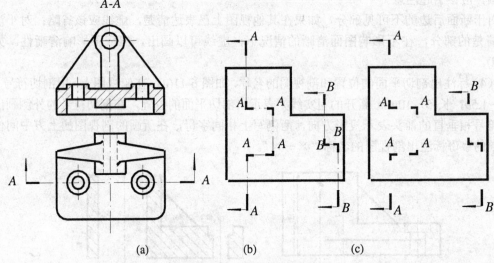

(a)　　　　　　　(b)　　　　　　　(c)

图 6-12　剖视图的标注

3）视图(view)名称：在箭头的外侧用相同的大写字母标注，并在相应的剖视图上标出"×—×"符号。同一张图样上，如有几个剖视图，字母不得重复。剖切符号、剖切线和字母的组合标注如图 6-12(b)所示。剖切线也可省略不画，如图 6-12(c)所示。

（2）在下列情况，剖视图的标注可以省略或简化

1）当剖视图与原视图按投影关系配置，中间又无图形隔开时，可以省略箭头。

2）当剖切平面与机件对称面完全重合，而且剖视图的配置符合上述 1）的情况下，标注可以全部省略（图 6-11(d)）。

3）不需要在剖面区域中表示材料的类别时，可采用通用剖面线表示。通用剖面线应以适当角度的细实线绘制，最好与主要轮廓线或剖面区域的对称线成 45° 角（图 6-13）。

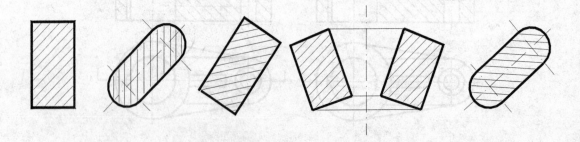

图 6-13　剖面线画法(一)

　　允许沿着大面积的剖面区域的轮廓线画出部分剖面线（图 6-14(a)）；也允许在剖面区域内用点阵或涂色代替通用剖面线（图 6-14(b)）；剖面区域内标注数字、字母等处的剖面线必须断开（图 6-14(c)）。

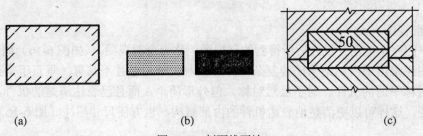

(a)　　　　　　　　　　　(b)　　　　　　　　　　　(c)

图 6-14　剖面线画法(二)

　　（3）画剖视图(sectional view)要注意的问题

　　1）剖切平面的选择：一般应使剖切平面通过机件的对称平面或轴线，并要平行或垂直某一投影面，以尽量反映内腔的实形和机件壁厚。

　　2）剖视是假想的，所以机件在一个视图上按剖视画，其他视图仍按完整的机件画出（见图 6-11(d)）的俯视图。

　　3）在剖视图上，对于已经表达清楚的结构，其虚线应该省略不画，以使图面清晰。但非内部结构的虚线如其他视图(view)未表达清楚的，仍要画虚线（图 6-11(d)）。

　　4）实心的零件如轴、杆及肋板等一般不得作剖视（如图 6-15）

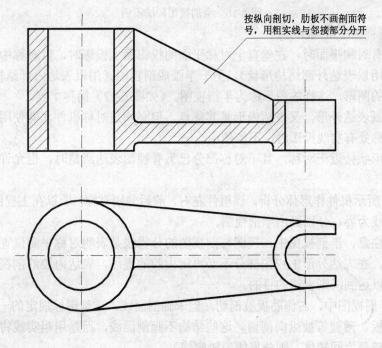

按纵向剖切，肋板不画剖面符号，用粗实线与邻接部分分开

图 6-15　剖视图中肋的画法

### 6.2.2 剖视图的种类和剖切面的分类

#### 1. 剖视图的种类

剖视图分为：全剖视图(full section)、半剖视图(half section)和局部剖视图(partial section)三种。

**（1）全剖视图**

用剖切平面完全地剖开机件后所得到的剖视图，称为全剖视图。（如图 6-16）简称全剖。

全剖视图通常用于内部结构比较复杂，外形相对简单，而且不具有（垂直于剖视图所在投影面的）对称平面的机件。对于虽然对称，但外形简单，而且已表达清楚的机件，通常也采用全剖视图，这样可以更清楚地表达机件的内部结构，也方便尺寸标注（图 6-16）。

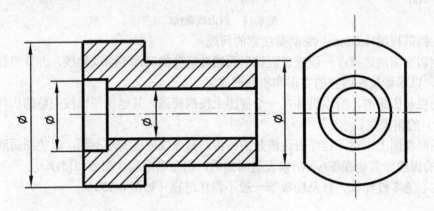

图 6-16　全剖视图画法示例

**（2）半剖视图**(half section)

当机件具有对称平面时，在垂直于对称平面的投影面上投影时，以对称中心线为界，一半画成视图（用以表达外部结构形状），另一半画成剖视图（用以表达内部结构形状），组成一个内外兼顾的图形，这样的图形称为半剖视图。（如图 6-17）简称半剖。

半剖视图既表达外形，又表达内形是其优点，但必须是对称机件才能使用，且分界线应画点划线，对称处有实线投影时，不能使用。

当机件的形状接近于对称，且不对称部分已另有视图表达清楚时，也允许画成半剖视图（如图 6-18）。

对图 6-17 所示机件作形体分析，该机件左右、前后分别对称，所以在主视图和俯视图中，均以对称中心线为界，分别画出半剖视图。

作图时应注意，半剖视图中，视图与剖视图的分界线是表明对称平面位置的点画线，不能画成粗实线。在表达外形的视图部分不必再画内腔的虚线，表达内腔的剖视图部分不必再画其余虚线，以达到清晰表达的目的。

图 6-18 半剖视图中，右侧肋板被剖切，但未画剖面线，这是国标规定的一项简化画法：当机件上的肋板、薄壁等被纵向剖切，这些结构不画剖面线，而是用粗实线将其与邻近部分分开（如相邻部分为回转体，则分界线为轮廓线）。

半剖视图的标注规则与全剖视图相同。在图 6-17 的半剖视图中，主视图是通过机件前后对称平面剖切，视图间按投影对应关系配置，中间又没有其他图形隔开，故可省略标注。俯视图所采用的剖切面，并非机件的对称平面，故应标注剖切符号和字母 *A*，并在俯视图上方注写相应名称 *A-A*，但可省略箭头。

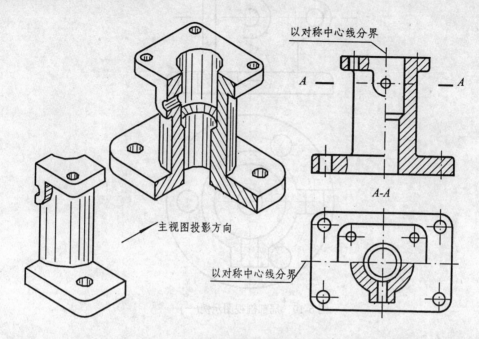

图 6-17 半剖视图的画法示例

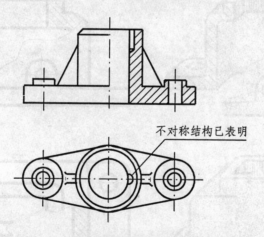

图 6-18 用半剖视图表示基本对称的零件

（3）局部剖视图(partial section)

当机件尚有部分的内部结构形状未表达清楚，但又没有必要作全剖视或不适合于作半剖**视时，可用剖切平面局部地剖开机件，所得的剖视图称为局部剖视图。**（如图 6-19）简称局剖。局部剖视图用波浪线或双折线分界，波浪线和双折线不应和图样上其他图线重合。

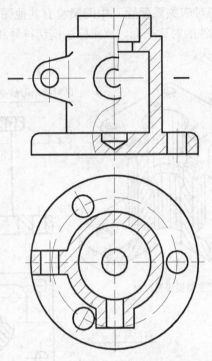

图 6-19 　局部剖视图示例(一)

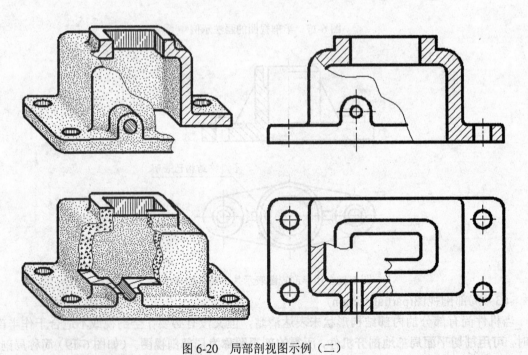

图 6-20 　局部剖视图示例（二）

　　局部剖视是一种比较灵活的表达方法，不受图形是否对称的限制，一般用于下列几种情况：

　　1）机件某些内腔局部需要表达，外形也需表达，不必也不宜采用全剖（图 6-19）

2）机件不对称，但在同一投影图上内外形均需表达，而它们的投影又基本不重叠（图 6-20，图 6-21）。

3）当机件的内外轮廓线与对称中心线重合，不宜采用半剖视（图 6-21）。

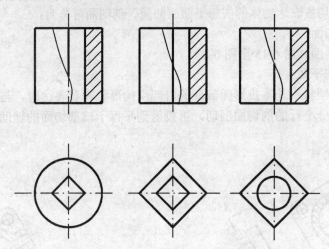

图 6-21　不能作半剖视图，只能作局部剖视图的示例

局部剖视由于运用比较灵活，要注意一个视图中不宜采用过多，否则会产生破碎感觉，影响看图效果。画局部剖视时，要使用波浪线将机件两不同表达部分隔开。

画波浪线的注意点：

1）不能与轮廓线重合；

2）不能位于轮廓线的延长线上；

3）不能超过轮廓线；不能穿过空洞部分（图 6-22）。

4）当被剖切的部分结构为回转体时，允许将该结构的轴作为局部剖视图与视图的分界线，即用中心线代替波浪线（图 6-23）。

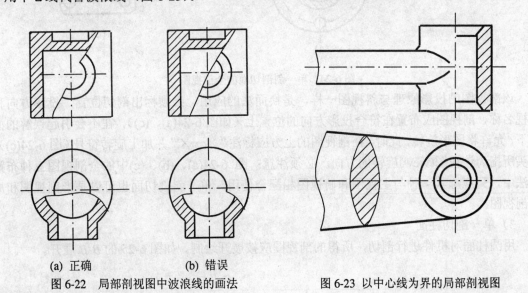

(a) 正确　　　　　(b) 错误
图 6-22　局部剖视图中波浪线的画法　　　　　图 6-23　以中心线为界的局部剖视图

　　除用平行于基本投影面的单一剖切平面剖切外，还可用几个剖切平面剖切一个机件。这些剖切方法，同样可以得到全剖视图、半剖视图和局部视图。

　　2．使用不同种类剖切面得到的剖视图

　　剖切面是指剖切被表达物体的假想平面或曲面。剖切面可分为：

　　（1）单一剖切面

　　1）单一剖切平面（图6-15至图6-23）

　　2）单一斜剖切平面

　　当机件上具有倾斜于基本投影面部分的内部结构形状需要表达时，与斜视图一样，可以选择一个与倾斜部分平行的剖切面剖切，再投射到平行于该剖切面的辅助投影面上所得到的剖视图（图6-24）。

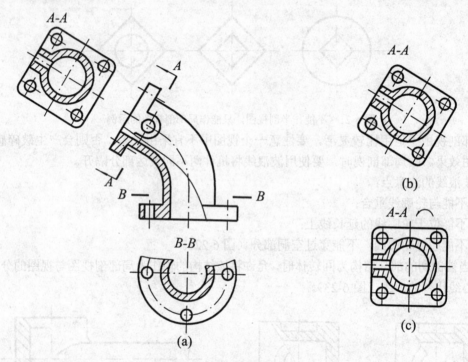

图6-24　单一斜剖切面的全剖视图

　　该剖视图的投影原理与斜视图一样，是换面法的应用。必须标出剖切位置，投影方向和剖视名称，剖视图应布置在符合投影方向的位置上（如图6-24(a)、(c)）。在不会引起误解的情况下，允许将图形旋转，此时，在剖视图的上方应标注"×—×"并加上旋转符号（图6-24(c)）。箭头所指为该视图(view)旋转的方向。必须注意：图 6-24(a)、(b)、(c)中的全剖视图三种布置画法中，只应选其一种与主视图和俯视图相配合使用。单一斜剖切面也可以是半剖视图和局部剖视图。

　　3）单一剖切柱面

　　用圆柱面对机件进行剖切，所得的剖视图应按展开绘制。如图6-25的 *B-B* 展开。

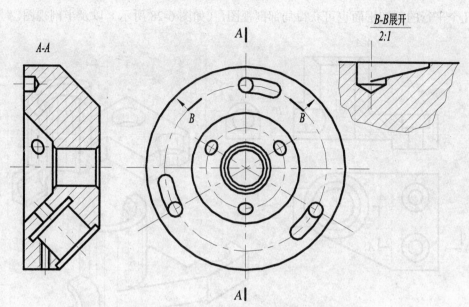

图 6-25　用单一剖切柱面剖得的局部剖视图

图 6-26 为用单一剖切柱面剖得的全剖视图。

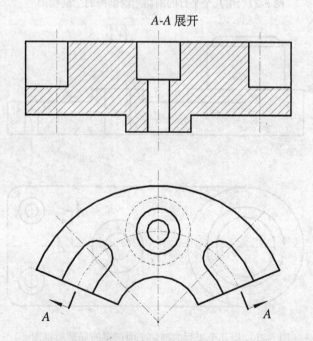

图 6-26　用单一剖切柱面剖得的全剖视图

（2）用几个平行的剖切平面剖切

当机件上有较多的内部结构形状，而它们的轴线不在同一平面内，这时可假想用几个互相平行的剖切平面将机件切开，并向同一个投影面投射所得到的剖视图，如图 6-27 所示。

用几个平行的剖切平面也可获得局部剖视图，（如图 6-28 所示）以及半剖视图。

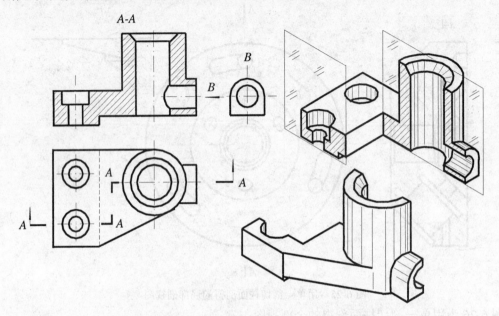

图 6-27 用几个平行的剖切平面剖得的全剖视图

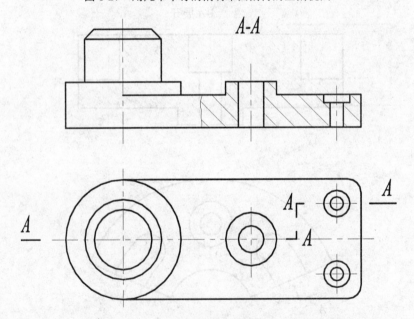

图 6-28 用几个平行的剖切平面剖得的局部剖视图

这一类剖视要注意以下几点：

1）在剖视图上不要将几个剖切平面的转折处画出粗实线（图 6-29、30）。

2）剖切平面的转折处不应与视图中的轮廓线重合（图 6-29、30）。

3）不允许出现不完整的结构要素（图 6-29、30）。

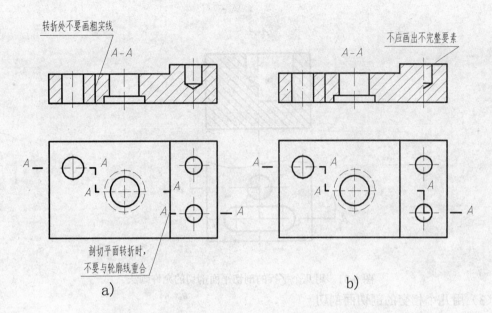

图 6-29　用几个平行的剖切平面剖切的错误画法（一）

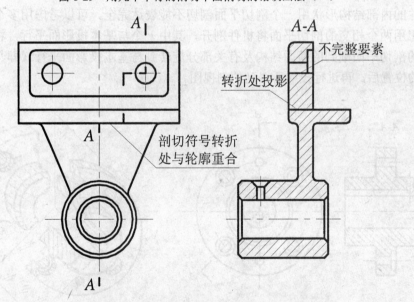

图 6-30　用几个平行的剖切平面剖切的错误画法（二）

4）只有当所需表达的两要素具有公共对称中心或轴线时，剖切转折处才允许通过对称中心，视图可以以中心线或轴线为界，将两个剖切平面所需表达的内部结构集中在一个视图上（图 6-31）。用几个平行的剖切平面画剖视图时必须进行剖切符号、剖切线和字母的组合标注（图 6-12(b)、c)）。

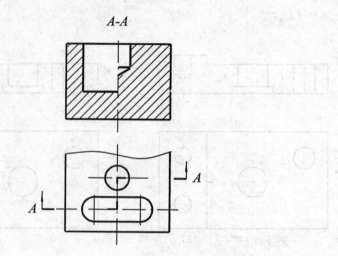

图 6-31　用几个平行的剖切平面剖切的允许画法

（3）用几个相交的剖切面剖切

1）两个相交的剖切平面剖得的全剖视图

当机件的内部结构形状用一个剖切平面剖切不能表达完全，可以考虑用多个剖切面来剖切，如假想用两个相交的剖切平面将机件剖开，其中一个与基本投影面平行，将不平行于基本投影面的剖切平面剖到的断面结构及有关部分旋转到与基本投影面平行（即与另一剖切平面重合）的位置后，再进行投射所得到的剖视图。

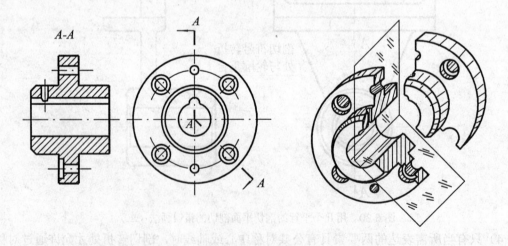

图 6-32　用两个相交的剖切平面剖得的全剖视图（一）

采用此方法绘制剖视图时，先按剖切位置剖开机件，然后将被剖切平面剖开的结构及其有关部分旋转到与选定的投影面平行再进行投射。这里要强调的是"先剖切、后旋转"，而不是"先旋转，后剖切"。采用"先剖切、后旋转"时，一部分图形可能会伸长，见图 6-33。

在剖切平面后面的其他结构一般仍按原来位置投射画出，其他结构指不密切的结构，或一起旋转会引起误解的结构。如图 6-33 中摇臂的油孔在剖视图中仍画成椭圆。当剖切后产生不完整要素时，应将该部分按不剖画出，如图 6-34 所示。

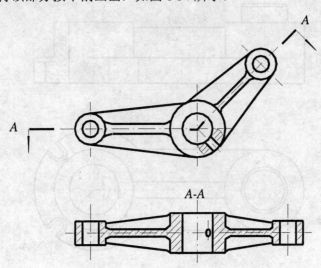

图 6-33　用两个相交的剖切平面剖得的全剖视图（二）

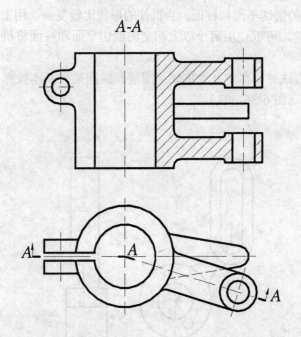

图 6-34　剖切后产生不完整要素时按不剖来画

　　这类剖视图必须标注。标注时，在剖切平面的起、讫、转折处画上粗短线，标上同一字母，并在起、讫处画出箭头（箭头必须与剖切符号垂直）表示投射方向。在所画的剖视图的上方中间位置用同一字母写出其名称"×—×"，如图 6-32、33、34 所示。

图 6-35 为用两个相交的剖切平面剖得的局部剖视图。

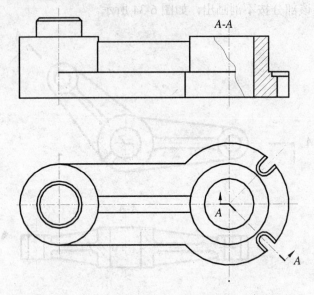

图 6-35　用两个相交的剖切平面剖得的局部剖视图

2）两个以上相交的剖切平面和柱面。当机件的形状比较复杂，用上述各种方法均不能集中而简要地表达清楚时，可以使用两个以上相交的剖切平面和柱面将机件剖切，得到的剖视图，如图 6-36、6-37。

使用这一类剖切方法时，需把几个剖切平面展开成同某一基本投影平面平行后再投影，并标为"×－×展开"（图 6-36、37）。

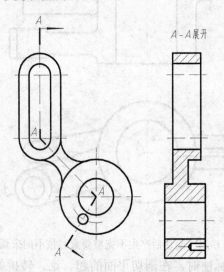

图 6-36　用几个相交的剖切平面剖得的全剖视图（一）

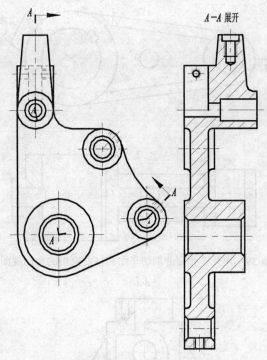

图 6-37　用几个相交的剖切平面剖得的全剖视图（二）

　　使用几个相交的剖切平面和柱面剖切得到的剖视图大部分情况下都是全剖视图，如图 6-38、6-39，但也有半剖视图（如图 6-40）和局部剖视图。所使用的剖切面为圆柱面和剖切平面。

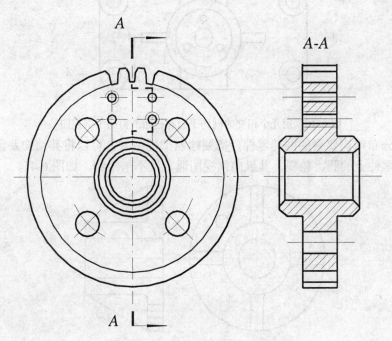

图 6-38　用组合的剖切平面剖切

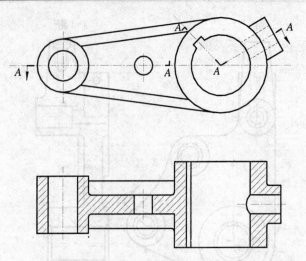

图 6-39　用几个相交的剖切平面和柱面剖得的全剖视图

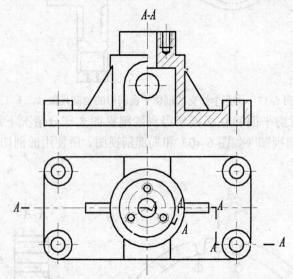

图 6-40　用几个相交的剖切平面和柱面剖得的半剖视图

　　带有规则分布结构要素的回转零件，需要绘制剖视图时，可以将其结构要素旋转到剖切平面上绘制，零件上的肋、轮辐，其纵向剖视图通常按不剖绘制，如图 6-41。

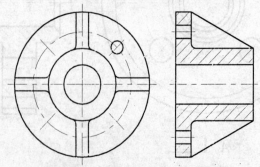

图 6-41　规则分布结构的剖视图画法

# 6.3　断　面　图

断面图主要用来表达机件某部分断面的结构形状。例如肋板、轮辐、轴上的孔和键槽等。

## 6.3.1　断面的概念

假想用剖切面将物体的某处切断,仅画出该剖切面与物体接触部分的图形叫断面图(cut)。也可简称断面。如图 6-42。

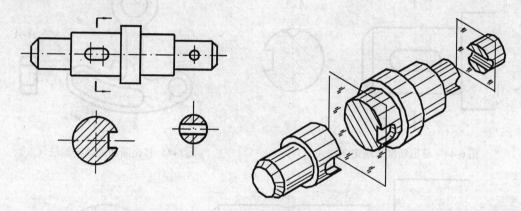

图 6-42　断面图的概念

断面与剖视的区别是:断面图是机件上剖切处截断面的投影,而剖视图则是剖切后机件的投影(图 6-43)。

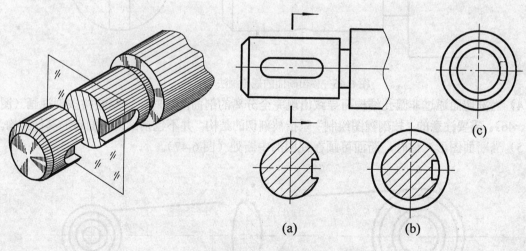

(a) 断面图　　(b) 剖视图　　(c) 视图

图 6-43　视图、断面和剖视的区别

## 6.3.2　断面的种类

断面分为移出断面(removed cut)和重合断面(coincide cut)

1. 移出断面

画在视图外面的断面称为移出断面。

（1）移出断面的画法

1）移出断面的轮廓线用粗实线画，剖面线方向与间隔应与原视图保持一致。

2）移出断面尽量布置在剖切位置的延长线上，也可以布置在其他位置（图6-42）。

3）移出断面若通过回转面形成的圆孔或凹坑的轴线时，这些结构按剖视画（图6-44、46）。

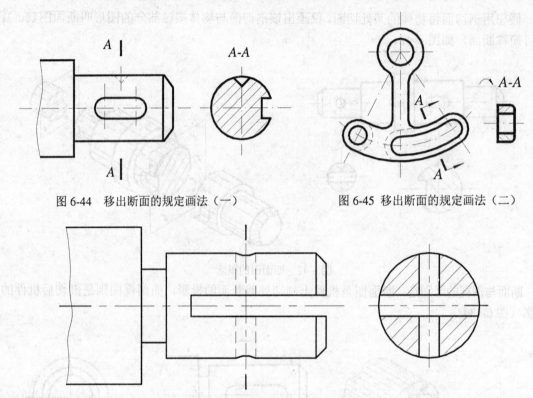

图 6-44　移出断面的规定画法（一）　　　　图 6-45　移出断面的规定画法（二）

图 6-46　移出断面的规定画法（三）

4）当剖切面通过非圆孔结构而导致出现完全分离的剖面区域时，这些结构按剖视画（图6-45、46）。需要注意的"按剖视图绘制"系指被剖切的结构，并不包括剖切平面后的其他结构。

5）当断面图形对称时，断面可画在视图的中断处（图6-47）。

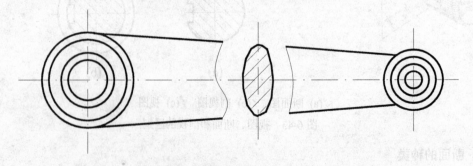

图 6-47　移出断面的规定画法（四）

6）由两个或多个相交平面剖切得到的移出断面，中间应断开，且剖切平面与机件的轮廓线垂直（图6-48）。

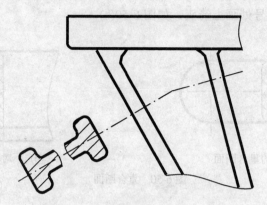

图 6-48　移出断面的规定画法（五）

（2）移出断面的标注

1）断面图形不对称，且不布置在剖切位置延长线上，应全部标注，全部标注包括剖切平面位置、投射方向（箭头）、字母。（图6-49中的 *A-A*）

2）断面图形不对称，但移出断面与原视图符合投影关系，可省标箭头（图6-44）。

3）断面图形不对称，但布置在剖切位置延长线上，可省标字母（图6-42）。

4）断面图形对称，但不布置在剖切位置延长线上，可省标箭头。（图6-49中的 *B-B*）

5）断面图形对称，且布置在剖切位置延长线上和视图中断处，标注可全省（图6-47）。

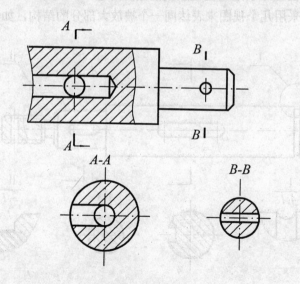

图 6-49　移出断面的标注

2. 重合断面 (coincide section)

在不影响图形清晰的原则下，可将断面画在视图内，称为重合断面(coincide section)。

重合断面的轮廓线用细实线画（图 6-50）；当原视图(view)的轮廓线与重合断面的轮廓线

重叠时，原视图的轮廓线（粗实线）依旧画出，不可中断（图6-50(a)）。对称的重合断面不必标注剖切位置和断面图的名称，如图 6-50(a)；不对称的重合断面当不致引起误解时，可省略标注，否则仍要在剖切符号处画上箭头，如图6-50(b)。

(a) 对称的重合断面　　　　　　　　　　　(b) 不对称的重合断面

图 6-50　重合断面

# 6.4　其 他 画 法

### 6.4.1　局部放大图

将机件的部分结构，用大于原图形所采用的比例画出的图形，**称为局部放大图。**（drawing of partial enlargement）。

局部放大图可画成视图，也可画成剖视图、断面图，它与被放大部分的表示方法无关，见图 6-51。局部放大图应尽量配置在被放大部位的附近

必要时，还可以采用几个视图来表达同一个被放大部分的结构，如图 6-51。

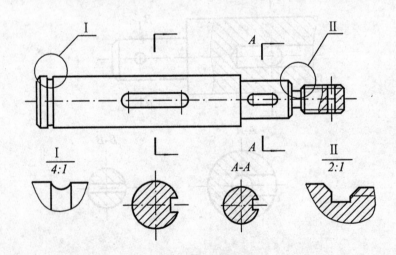

图 6-51　局部放大图

局部放大图常用于表达图形过小，或标注尺寸困难的零件上的一些细小结构，如轴上的退刀槽、端盖内的槽等。

画局部放大图时，应用细实线圈出被放大部分的部位，并用罗马数字顺序地标记。在局部放大图的上方中间标注出相应的罗马数字和采用的比例。如图 6-51 罗马数字与比例之间的

横线用细实线画出。当机件上仅有一个需要放大的部位时，在局部放大图上只需标注采用的比例即可。

　　局部放大图与整体联系的部分用波浪线(break line)画出，若原图形与放大图均画剖视，则剖面线不仅方向要相同，而且间隔也要相同（间隔尺寸不放大）（图 6-51）。

### 6.4.2　简化画法和其他规定画法

　　（1）剖视中的规定画法

　　在不致引起误解的情况下，无论是零件图中的移出断面，还是零件图、装配图中的剖视图，均可省略剖面符号(图 6-52)。

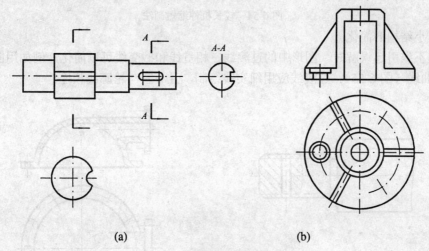

图 6-52　剖视图中的简化画法

　　（2）相同结构的简化

　　1）当机件上具有若干相同结构（齿、槽等）并按一定规律分布时，只需画出几个完整的结构，其余用细实线连接，在图中则必须注明该结构的总数（图 6-53(a)）。

　　2）机件上具有若干直径相同且成规律分布的孔（圆孔、螺孔、沉孔等），可以仅画出一个或几个，其余用点画线表明 其中心位置，并在图中注明孔的总数（图 6-53(b)）。

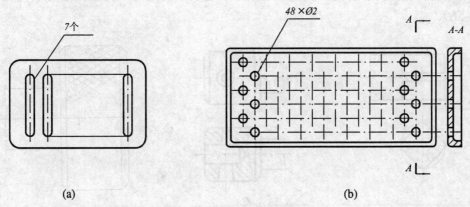

图 6-53　相同结构的简化

3）较长机件（轴、杆、型材等）沿长度方向的形状一致或按一定规律变化时，可断开后缩短绘制，但要标注实际尺寸（图6-54）。

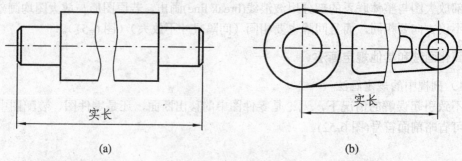

(a)　　　　　　　　　　　　　　　(b)

图6-54　较长机件缩短画法

（3）小结构的简化

1）在不致引起误解时，图形中的过渡线、相贯线和截交线可以简化，例如用圆弧或直线代替非圆曲线（图6-55）。过渡线应用细实线绘制，且不宜与轮廓线相连。

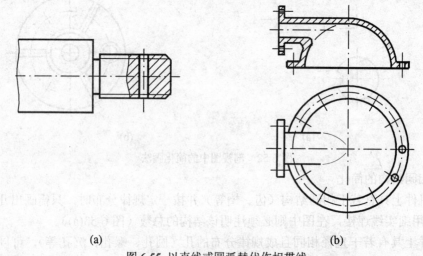

(a)　　　　　　　　　　　　　　　(b)

图6-55　以直线或圆弧替代作相贯线

2）图形中某些较小结构，如在一个图形中已表示清楚时，其他图形可以简化或省略（图6-56）。

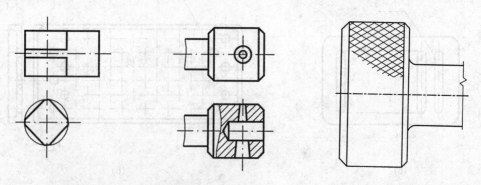

图6-56　小结构的简化和省略　　　　　图6-57　网状结构的画法

3）网状结构：滚花、槽沟等网状结构应用粗实线完全或部分地表示出来，如图 6-57。

4）零件上对称结构的局部视图，可按图 6-58 所示方法绘制，并省略标注。

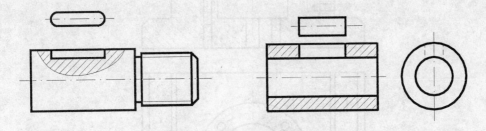

图 6-58　对称结构的局部视图

5）与投影面倾斜小于 30° 的圆或圆弧，其投影可用圆或圆弧替代（图 6-59）。

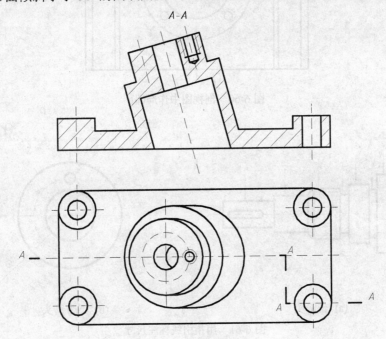

图 6-59　椭圆的简化画法

6）视图的剖面中允许再作一次局部剖。两个剖面的剖面线方向、间隔应相同，但要错开，并用引线标注其名称。当剖切位置明显时，可以省略标记（图 6-60）。

（4）尺寸注法的简化

1）标注尺寸时，可以采用带箭头的指引线（图 6-61(a)）；也可以采用不带箭头的指引线（6-61(b)）。

2）标注尺寸时，应尽可能使用符号和缩写词。例如：用符号 C 表示 45° 倒角,C 后面的数字表示倒角的轴向宽度尺寸,C2 表示 2×45°。用符号 EQS 表示均匀分布的结构,$8 \times \phi 8 EQS$ 表示八个直径为 8mm 的孔均匀分布（图 6-62）。

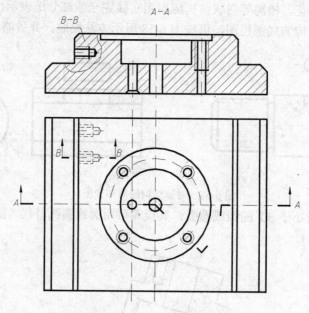

图 6-60　剖视图中作局部剖

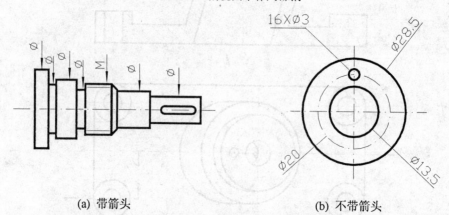

(a) 带箭头　　　　　　　　　　　　　　　(b) 不带箭头

图 6-61　用指引线标注尺寸

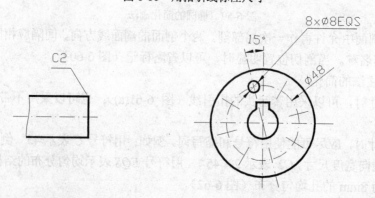

(a) 用符号　　　　　　　　　　　　　　　(b) 用缩写词

图 6-62　用符号和缩写词标注尺寸

# 6.5　机件的各种表达方法综合举例

　　要完整清楚地表达给定的机件，首先应对要表达的机件进行结构分析和形体分析，根据机件的内部及外部结构特征确定采用的表达方法。在确定好主视图的表达方案后，其他视图表达方法的选用要力求做到"少而精"，即在完整、正确、清晰地表达机件全部结构特点的前提下，选用较少数量的视图和较简明的表达方法，达到方便作图及看图的要求。由于表达方法的灵活多样，一个机件可以有多种表达方案，这就需要进行分析、比较最后确定最佳的表达方案。

　　**【例】**

　　图 6-63 所示支架零件的三视图，根据形体结构特征，重新选用表达方案。

　　该支架主要由三部分组成，上方为圆柱筒，下部为倾斜的底板，中间以十字肋相连接。底板在俯视、左视图中均不反映实形。

　　若采用主、左、俯三个视图表达，一则上部圆柱的通孔只能用虚线表达，下部的斜板在视图中不能表达实形；二则有些表达重复，无此必要。为此，主视图可采用局部剖视，即表达了肋、圆柱和斜板的外部结构形状，又表达了上部圆柱的通孔和下部斜板上的四个小通孔；左视图采用了一个局部视图，主要表达上部圆柱和十字肋的相对位置关系；俯视图不必再画。为表达斜板的实形及其与十字肋的相对位置，采用了一个"A 向"局部斜视图；十字肋的断面形状用了一个移出断面来表达。这样既不重复，又较为充分地表达了该机件的形状。

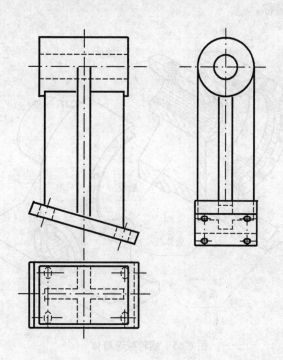

图 6-63　支架的三视图

图 6-64 为该支架的表达方案。

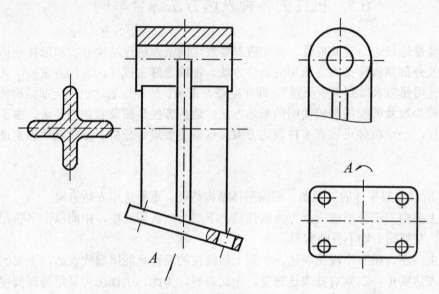

图 6-64　支架的表达方案

【例】图 6-65 所示为蜗轮减速箱体，试确定该机件的表达方案。

该零件的主体部分为中空的拱形柱体；下部为一四棱柱的底板、底部中央有一方形槽，左半部中间开有一弧形出油槽；拱形柱的右端为一空心圆柱筒，其上方有一小圆柱的加强肋。该零件在总体上为前后对称。

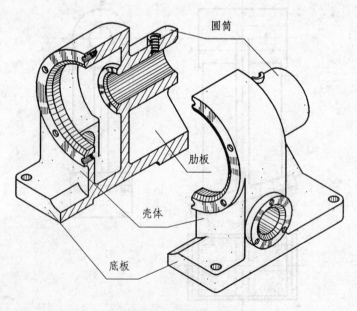

图 6-65　蜗轮减速箱体

根据以上分析，该零件的表达方案我们采用了如图 6-66 所示。

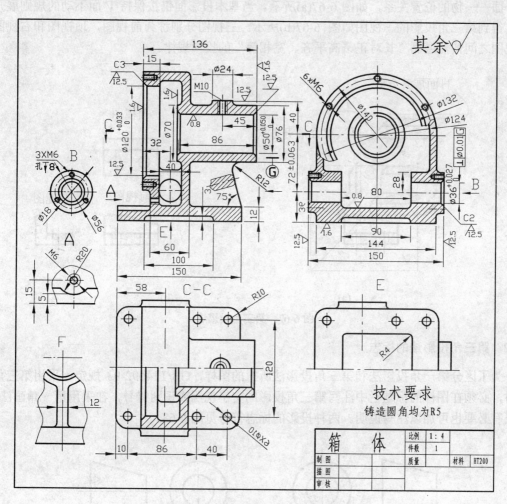

图 6-66　蜗轮减速箱体的表达方案

# 6.6　第三角投影简介

根据 GB4458.1-2002 的规定，我国的工程图样均采用第一角投影画法，即将物体放在第一分角中投影作图。但是 ISO 相关标准规定，在表达机件结构时，第一角投影法和第三角投影法等效使用，有些国家（美、日等）采用第三角投影作图。为此，本节对第三角投影的原理作简要介绍。

### 6.6.1　第三角投影的原理及作图

前面第一章有关投影法的基本知识中已作过说明，相互垂直的 $H$、$V$、$W$ 三个投影面把空间分成八个部分，每一部分称作一个分角。

在第一分角投影法中，机件被放在 $H$ 面之上，$V$ 面之前，$W$ 面之左，保持人——物——面的位置关系。而在第三角投影法中，机件被放在 $H$ 面之下，$V$ 面之后进行投影，即保持人——面——物的位置关系，如图 6-67(a)所示。当基本投影面仍按保持 $V$ 面不动的规则展开之后，得到第三角投影的三视图如图 6-67(b)所示。三视图分别称为前视图，顶视图和右视图，三视图之间依然遵循"长对正、高平齐、宽相等"的投影规律。

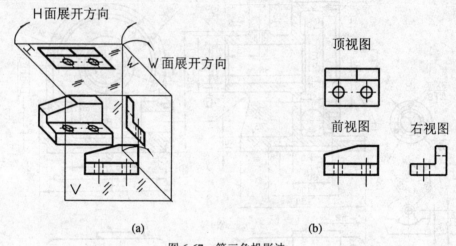

图 6-67　第三角投影法

### 6.6.2　第三角投影法的标志

为了区分第一角投影法和第三角投影法所得的图样，GB/T14692-93 规定，采用第三角画法时，必须在图样的标题栏中注写第三角投影的文字说明或识别符号，在采用第一角画法时，如果有必要也可加以注写说明。两种投影的标志符号见图 6-68。

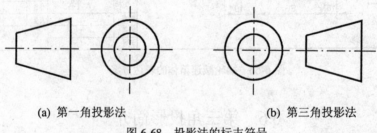

(a) 第一角投影法　　　　　　　　　　(b) 第三角投影法

图 6-68　投影法的标志符号

# 思 考 题

1. 机件的表达方法包括哪些？
2. 斜视图与局部视图在图中如何配置和标注？
3. 剖视图与剖面图有何区别？
4. 剖视图有哪几种，各适用于哪些情况？按剖切平面分又有哪些情况？
5. 在剖视图中，剖面线与剖面符号的画法有何规定？
6. 剖面图有几种？在图中又是如何配置和标注的？
7. 试述局部放大图的画法、配置与标注方法？
8. 剖切平面剖切到肋、轮辐及薄壁时应如何处理？

# 第 7 章　标准件和常用件

在各种机械中广泛使用螺钉、螺栓、螺母、垫圈、键、销、滚动轴承等零件。为了便于组织专业化生产，对这些零件的结构、尺寸实行了标准化，故称它们为标准件。而另外一些虽经常使用，但只是结构定型、部分尺寸标准化的零件(如齿轮、弹簧等)，称为常用件。

由于加工标准件和常用件时，可用标准的切削刀具和专用机床，在使用时可按规格选用或更换，因此，对这些零件的形状和结构不必按真实投影画出，而只要根据国家标准规定的画法、代号和标记，进行绘图和标注。其具体尺寸可从有关标准中查阅。

本章将分别介绍螺纹及螺纹紧固件、键、销、滚动轴承、弹簧及齿轮的有关知识、规定画法和标记等内容。

## 7.1　螺　　纹

### 7.1.1　螺纹的形成

一平面图形(如三角形、梯形、矩形等)绕一圆柱(或圆锥)作螺旋运动，形成一螺旋体，这种螺旋体就是螺纹(thread)。由于平面图形不同，形成的螺纹形状也不同。

螺纹可加工在圆柱(或圆锥)外表面，或圆孔内表面。前者称为外螺纹(external thread)，后者称为内螺纹(internal thread)。内、外螺纹成对使用。

图 7-1 表示在车床上加工内、外螺纹的情形。通常使工件作等速回转运动，刀具作等速直线运动，这样刀具就可在圆柱表面切削出螺纹。

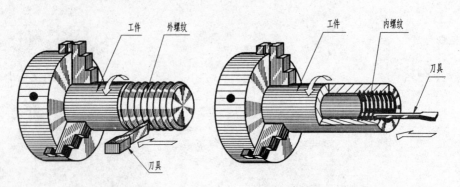

(a) 外螺纹的加工　　　　　　　　　　(b) 内螺纹的加工

图 7-1　螺纹的螺纹加工方法

### 7.1.2　螺纹的要素

**1．牙型**

螺纹的牙型是指沿螺纹轴线剖开螺纹后所得到的轮廓形状。常见的有三角形、梯形和矩形等。参看表 7-1。

**2．公称直径**

代表螺纹尺寸的直径。除管螺纹外，公称直径通常是指螺纹大径的基本尺寸。而螺纹大径是与外螺纹的牙顶或内螺纹的牙底相重合的假想圆柱面的直径。用 $d$(外螺纹)或 $D$(内螺纹)表示；与外螺纹的牙底或内螺纹牙顶相重合的假想圆柱面的直径，称为螺纹小径，用 $d_1$(外螺纹)或 $D_1$(内螺纹)表示。如图 7-2(a)所示。

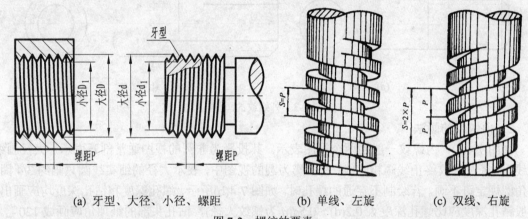

(a) 牙型、大径、小径、螺距　　　(b) 单线、左旋　　　(c) 双线、右旋

图 7-2　螺纹的要素

**3．线数 $n$**

同一圆柱面上切制螺纹的条数。如图 7-2(b)为单线螺纹，图 7-2(c)为双线螺纹。两线或两线以上的螺纹称为多线螺纹。

**4．螺距 $P$ 和导程 $S$**

螺纹相邻两牙对应点之间的轴向距离称为螺距，用 $P$ 表示。

同一条螺纹上的两对应点间的轴向距离称为导程，用 $S$ 表示。

导程与螺距的关系是:导程 $S$＝螺距 $P$×线数 $n$。若是单线螺纹，则导程 $S$＝螺距 $P$。如图 7-2(b)、(c)所示。

**5．旋向**

螺纹旋进的方向。当螺纹旋进时，如为顺时针方向旋转，则为右旋；如为逆时针方向旋转，则为左旋。如图 7-2(b)、(c)。

在螺纹的上述五要素中，牙型、公称直径和螺距是决定螺纹的最基本要素，通常称为螺纹三要素。凡三要素符合标准的称为标准螺纹。

螺纹五要素全部相同的内、外螺纹才能旋合在一起。

常见螺纹的有关尺寸见附录表 1～表 4。

### 7.1.3 螺纹的规定画法

**1. 外螺纹的画法**

如图 7-3，外螺纹一般用两个视图表示，其大径画粗实线，小径画细实线。螺纹终止线画成粗实线。小径通常画成大径的 0.85 倍。在投影为非圆的视图中，小径线画入倒角内，螺纹终止线画粗实线；螺尾部分一般不必画出，当需要表示螺纹收尾时，该部分用与轴线成 30° 的细实线画出，如图 7-3(a)。在投影为圆的视图中，表示小径的细实线圆只画约 3/4 圈(空出约 1/4 圈的位置不作规定)，倒角圆规定可不画。外螺纹若剖开表示时，画法如图 7-3(b)所示。

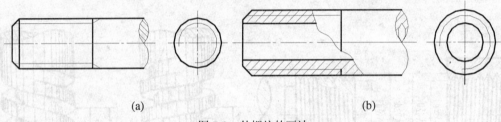

(a)          (b)

图 7-3　外螺纹的画法

**2. 内螺纹的画法**

如图 7-4(a)，内螺纹一般用两个视图表示。其投影为非圆的视图通常剖开表示，大径画细实线，小径及螺纹终止线画粗实线；在投影为圆的视图中，表示大径的细实线圆只画约 3/4 圈，倒角圆规定可不画。若绘制不穿通的螺孔时，如图 7-4(b)所示，螺孔深度和钻孔深度均应画出，一般钻孔深度应比螺孔深度大 $0.2(d) \sim 0.5d$ ($d$ 为螺纹大径)，钻孔头部的锥顶角应画成 120°。不可见螺纹的所有图线用虚线绘制。

不论是外螺纹或内螺纹，在剖视图或断面图中的剖面线都必须画到粗实线处。

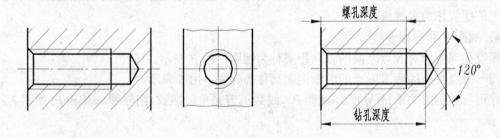

图 7-4　内螺纹的画法

**3. 螺纹连接的画法**

如图 7-5，在剖视图中，内、外螺纹结合部分按外螺纹画，其余部分仍用各自的画法表示。内、外螺纹的大径、小径的粗细实线应分别对齐。

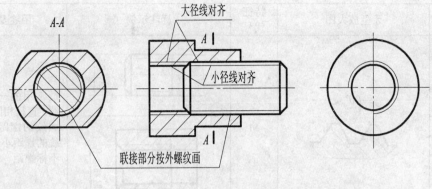

图 7-5　螺纹连接的画法

### 7.1.4　螺纹的种类和标注

**1．螺纹的种类**

螺纹按用途可分为连接螺纹和传动螺纹两类。常用标准螺纹的种类及用途可参看表 7-1。

**2．螺纹的代号标注**

在图样上螺纹需要用规定的螺纹代号标注，除管螺纹外，螺纹代号的标注格式为：

$$特征代号 \quad 公称直径\times \begin{matrix} 螺距 & (单线时) \\ 导程(P\ 螺距) & (多线时) \end{matrix} \quad 旋向$$

管螺纹的标注格式为：

$$特征代号 \quad 尺寸代号 \quad 旋向$$

其中右旋螺纹省略不注，左旋用"LH"表示。

**3．螺纹标记的标注**

当螺纹精度要求较高时，除标注螺纹代号外，还应标注螺纹公差带代号和螺纹旋合长度。螺纹标记的标注格式为：

$$螺纹代号 \quad 螺纹公差带代号(中径、顶径) \quad 旋合长度$$

有关标注内容的说明：

（1）公差带代号由数字加字母表示(内螺纹用大写字母，外螺纹用小写字母)，如 7H、6g 等，应特别指出，7H，6g 等代表螺纹公差，而 H7，g6 代表圆柱体公差代号。

（2）旋合长度规定为短(用 S 表示)、中(用 N 表示)、长(用 L 表示)三种。一般情况下，不标注螺纹旋合长度，其螺纹公差带按中等旋合长度(N)确定。必要时，可加注旋合长度代号 S 或 L，如"M20-5g6g-L"。特殊需要时，可注明旋合长度的数值，如"M20-5g6g-30"。

**4．螺纹标记在视图上的标注方法**

如表 7-1 中图例，除管螺纹外，在视图上螺纹标记的标注同线性尺寸标注方法相同；而管螺纹是用指引线标注，指引线应从大径上引出，并且不应与剖面线平行。

表 7-1    常用螺纹的种类和标注

| 类型 | | 牙型放大图 | 特征代号 | 标注示例 | 用途及说明 |
|---|---|---|---|---|---|
| 普通螺纹 | 粗牙 | 60° | M | M8-5g6g | 最常用的一种联接螺纹；直径相同时，细牙螺纹的螺距比粗牙螺纹的螺距小；粗牙螺纹不标螺距 |
| | 细牙 | | | M8×1LH-6G | |
| 管螺纹 | 非螺纹密封 | 55° | G | G1 | 管道联接中的常用螺纹；螺距及牙型均较小，其尺寸代号以 in 为单位，近似地等于管子的孔径。R 表示圆锥外螺纹，Rc 表示圆锥内螺纹，Rp 表示圆柱内螺纹 |
| | 螺纹密封 | | R Rc Rp | Rc1/2 | |
| 梯形螺纹 | | 30° | Tr | Tr16×8(P4) | 常用的传动螺纹；用于传递运动和动力 |

表 7-1 中标注的说明：

(1) M8-5g6g 表示粗牙普通螺纹，公称直径 8，右旋，螺纹公差带中径 5g、大径 6g，旋合长度按中等长度考虑。

(2) M8×1LH-6G 表示细牙普通螺纹，公称直径 8，螺距 1，左旋，螺纹公差带中径、大径均为 6G，旋合长度按中等长度考虑。

(3) G1 表示英制非螺纹密封管螺纹，尺寸代号 1 英寸，右旋。

(4) $R_c$ 1/2 表示英制螺纹密封锥管螺纹，尺寸代号 1/2 英寸，右旋。

(5) Tr16×8(P4) 表示梯形螺纹，公称直径 16，双线，导程 8，螺距 4，右旋。

# 7.2　螺纹紧固件

螺纹紧固就是利用一对内、外螺纹的连接作用来连接或紧固一些零件。常用的螺纹紧固件有螺栓(bolt)、双头螺柱(stud)、螺钉（screw）、螺母(nut)和垫圈(washer)等，如表 7-2 所列。

表 7-2 常用螺纹紧固件的标记及画法

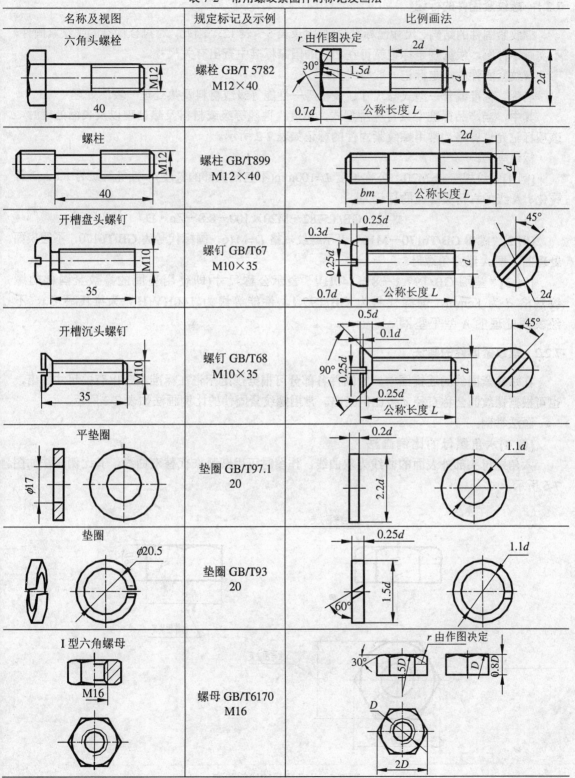

| 名称及视图 | 规定标记及示例 | 比例画法 |
|---|---|---|
| 六角头螺栓 | 螺栓 GB/T 5782 M12×40 | |
| 螺柱 | 螺柱 GB/T899 M12×40 | |
| 开槽盘头螺钉 | 螺钉 GB/T67 M10×35 | |
| 开槽沉头螺钉 | 螺钉 GB/T68 M10×35 | |
| 平垫圈 | 垫圈 GB/T97.1 20 | |
| 垫圈 | 垫圈 GB/T93 20 | |
| I 型六角螺母 | 螺母 GB/T6170 M16 | |

### 7.2.1 螺纹紧固件的标记

螺纹紧固件的结构、尺寸已标准化(见附录表 5～表 12)。因此，对符合标准的螺纹紧固件，不需画零件图，根据规定标记就可在相应的国家标准中查出有关尺寸。

螺纹紧固件的规定标记一般格式为：

名称　标准编号—型式与尺寸、规格等—性能等级或材料及热处理—表面处理

其中，当产品标准中只有一种型式、精度、性能等级或材料及热处理以及表面处理时，该项标记允许省略。常用螺纹紧固件的标记如表 7-2 所示。

标记举例：

[例 1]螺纹规格 $d$=M20，公称长度 $L$=100mm(不包括头部的长度)，性能等级为 8.8，镀锌钝化、A 级的六角头螺栓的标记为：

螺栓　GB/T5782－M20×100－8.8－Zn·D

[例 2]"螺母 GB/T6170－M16"表示螺纹规格 $D$=M16，国标代号为 GB/T6170，不经表面处理的 1 型 A 级六角螺母。

[例 3]"垫圈 GB/T97.1－8－140HV"表示公称尺寸(即使用垫圈的螺纹紧固件的螺纹规格 $d$ 为 8cmm，国标代号为 GB/T97.1，性能等级为 140HV(HV 为维氏硬度)，不经表面处理的 $A$ 型平垫圈。

### 7.2.2 螺纹紧固件的画法

在螺纹紧固件的连接图中，紧固件各部分可根据规定标记在标准中查出有关尺寸画出，也可根据螺纹的公称直径 $d$ 按比例画出。常用螺纹紧固件的比例画法如表 7-2 所示。

画法举例：

[例 4]六角螺母的比例画法

六角螺母头部外表面的曲线为双曲线，作图时可用圆弧来代替双曲线，其比例画法如图 7-6 所示。

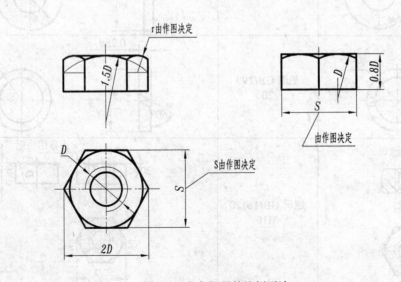

图 7-6　六角螺母的比例画法

与六角螺母类似的六角头螺栓头部曲线画法也可参照图 7-6，但要注意螺栓头部的六棱柱高度应取 0.7d。

在装配图中，为了简化作图，六角螺母和六角头螺栓头部也可采用简化画法，省去曲线部分，如图 7-12 中螺母采用的即为简化画法。

### 7.2.3　螺纹紧固件连接图的画法

按所使用的螺纹紧固件的不同，螺纹紧固件连接主要有螺栓连接、双头螺柱连接和螺钉连接等，而连接图的画法应符合下列基本规定：

(1) 两零件的接触表面画一条粗实线。

(2) 相邻两个零件的剖面线方向应相反；或方向一致但间隔有明显不同。同一零件在各个剖视图中的剖面线方向与间隔应一致。

(3) 剖切平面若通过实心零件或标准件(如螺栓、螺钉、螺柱、螺母、垫圈、销、键、球及轴等)的基本轴线时，这些零件均按不剖绘制。若有特殊要求时，可采用局部剖视(如图 7-12)。

**1. 螺栓连接**

用于被连接两零件允许钻成通孔的情况。螺栓连接的两个被联接零件上没有螺纹，其连接是由螺栓、螺母和垫圈组成。图 7-7 为螺栓连接的三视图。

螺栓公称长度 $L$ 的大小可按下式算出：

$$L > \delta_1 + \delta_2 + S + H + a$$

其中 $\delta_1$、$\delta_2$ 为被连接两零件的厚度，$a$ 为螺栓伸出螺母的长度，一般取 0.3d 左右。$S$、$H$ 分别为垫圈和螺母的厚度，如采用比例画法，则 $S=0.2(d)$，$H=0.8d$(参看表 7-2)。

若 $d=20\text{mm}$，$\delta_1=25\text{mm}$，$\delta_2=18\text{mm}$，则

$$L > \delta_1 + \delta_2 + S + H + a = 25 + 18 + 0.2(d) + 0.8d + 0.3d = 69$$

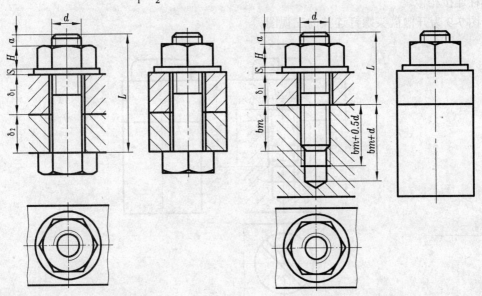

图 7-7　螺栓连接　　　　　　　　　　图 7-8　螺柱连接

根据螺栓标准(见附录表 5)所规定的长度系列中，查出与其相近的 $L$ 值为 70，故取

$L=70\text{mm}$。

图中被连接两零件上所钻光孔尺寸一般取 $1.1d$，其余尺寸可根据公称直径 $d$ 参照图 7-7，并按表 7-2 中所介绍的比例画法画出。

2．螺柱连接

用于被连接零件之一较厚不便于钻成通孔的情况。螺柱连接一般在较厚的一个零件上加工有螺纹孔，而另一个零件加工成通孔，其连接是由螺柱、垫圈、螺母组成。图 7-8 为螺柱连接的三视图。

双头螺柱旋入零件螺孔内的部分称为旋入端，图中用 $b_m$ 表示。旋入端应全部旋入螺孔内，以保证连接可靠。

$b_m$ 长度由被旋入零件的材料所决定：

|  |  |  |
| --- | --- | --- |
| 钢或青铜 | $b_m=d$ | GB/T897-1988 |
| 铸　　铁 | $b_m=1.25d$ | GB/T898-1988 |
|  | $b_m=1.5d$ | GB/T899-1988 |
| 铝 合 金 | $b_m=2(d)$ | GB/T900-1988 |

双头螺柱的公称长度 $L$ 是从旋入端螺纹的终止线至紧固部分末端的长度，如图 7-8 中 $L$ 所表示，其长度可由下式算出：

$$L > \delta_1 + S + H + a$$

算出数值后，再从双头螺柱标准(见附录表 6)所规定的长度系列中，选取合适的 $L$ 值。

图中螺孔深度一般取 $b_m+0.5d$，钻孔深度一般取 $b_m+d$。螺纹孔的画法可参看图 7-4(b)。

3．螺钉连接

螺钉连接不用螺母，一般在其中较厚的一个零件上加工有螺孔，而另一个加工成通孔，与螺柱连接相似。

图 7-9 为开槽盘头螺钉连接的三视图。

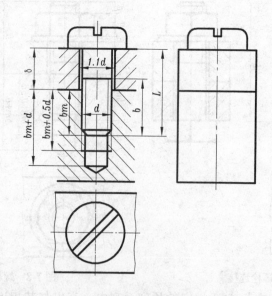

图 7-9　螺钉连接图

图中螺钉旋入螺孔的长度 $b_m$ 与零件的材料有关，其取值可参考螺柱联接中的 $b_m$。而螺钉上的螺纹长度 $b$ 应大于 $b_m$。

螺钉头部的一字槽，可按比例画法画出槽口。当槽宽小于 2 毫米时，可用加粗的粗实线绘制。在俯视图中应将槽口画成向右与水平线成 45° 角，在左视图中也应画出槽口。

# 7.3　键、销和滚动轴承

## 7.3.1　键

### 1．键的作用和种类

为了使轮与轴连接在一起转动，常在轮（孔）与轴的接触面处各开一条键槽，将键嵌入，使轴和轮子一起转动。如图 7-12。常用的键有普通平键(flat key)、半圆键(half round key)和楔键三类，本节主要讨论普通平键。

普通平键的型式有 A、B、C 三种，其形状和尺寸如图 7-10。

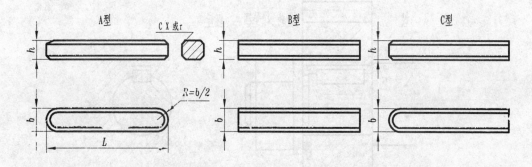

图 7-10　普通平键的型式和尺寸

### 2．键的标记

键是标准件,故根据规定标记就可在标准中查出有关尺寸。普通平键的规定标记一般格式为

标准编号　　　键　　型　式　　键宽 $b$×高度 $h$×长度 $L$

其中，A 型可省略 A 字，键宽 $b$ 根据被连接轴的轴径 $d$ 查表决定，公称长度 $L$ 应根据设计要求参照附录表 15 选定。

[例 5]已知轴径 $d=40\text{mm}$,选用长度 $L=100\text{mm}$ 的圆头普通平键连接，试查表确定此键的其余尺寸，并写出其规定标记。

[解]由附录表 15 查出：$b=12\text{mm}$，$h=8\text{mm}$。故规定标记为：

GB/T1096　　　键　$12\times8\times100$

### 3．普通平键连接图的画法

图 7-11(a)为轴上键槽的画法及尺寸注法，图 7-11(b)为齿轮上键槽的画法及尺寸注法。

图 7-12 是用普通平键连接齿轮和轴的连接图画法。图中，普通平键的两个侧面与键槽侧面相接触，键的底平面与轴键槽的底平面接触，故均应画一条粗实线。而键的顶面与齿轮上

键槽底平面不接触($h<t+t_1$)，应画两条线。轴应按不剖画，为表示键，图中采用了局部剖视。(注:*A-A* 剖面图中齿轮未全部画出)。

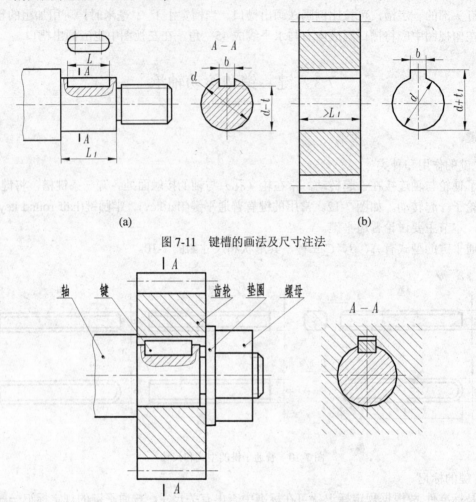

(a)　　　　　　　　　　　　　　　　　　(b)

图 7-11　键槽的画法及尺寸注法

图 7-12　普通平键的连接画法

### 7.3.2　销

1. 销的作用和种类

销主要用于零件间的定位和连接。常用的销有圆柱销(round pin)、圆锥销(taper pin)和开口销(cotter pin)等。

销是标准件，其各部分尺寸和型式，见附录表 13、表 14。

2. 销的标记

销的规定标记一般格式为：

销　　标准编号　　型式　公称直径 $d$×长度 $L$

销的规定标记示例：

[例 6]公称直径 $d$=10mm，长度 $L$=40mm，B 型圆柱销，标记为：

　　　　　销　　　GB/T119.1　　　B10×40

[例 7]公称直径 $d$=10mm，长度 $L$=40mm，A 型圆锥销，标记为：

　　　　　销　　　GB/T117　　　A10×40

注：圆锥销的公称直径 $d$ 为小端直径。

　　3．销连接图的画法

　　圆柱销的连接画法如图 7-13(a)所示，齿轮与轴用销连接，它传递的动力不能太大；圆锥销的连接画法如图 7-13(b)所示，此圆锥销起定位作用。

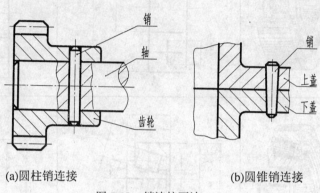

　　　　　(a)圆柱销连接　　　　　　　　　　　　(b)圆锥销连接

图 7-13　销连接画法

### 7.3.3　滚动轴承

　　1．滚动轴承的作用和种类

　　滚动轴承(rolling bearing)是一种支承旋转轴的组件，它具有结构紧凑、摩擦阻力小等优点。滚动轴承的种类很多，但其结构大体相似，一般由内圈、外圈、滚动体和保持架组成。常用的滚动轴承为深沟球轴承(主要承受径向载荷)；推力球轴承(只承受轴向载荷)；圆锥滚子轴承(能同时承受径向和轴向载荷)，见表 7-3。

　　2．滚动轴承的代号(GB/T272-1994)

　　滚动轴承的代号是由字母加数字来表示滚动轴承的结构、尺寸、公差等级、技术性能等特征的产品符号，它由前置代号、基本代号和后置代号构成。

　　(1) 基本代号　表示轴承的基本类型、结构和尺寸，是轴承代号的基础。

　　基本代号由轴承类型代号、尺寸系列代号、内径代号构成，其排列方式如下：

　　　　　　　轴承类型代号　　　尺寸系列代号　　　内径代号

轴承类型代号用数字或字母来表示，具体可查阅 GB/T272-1994。

　　尺寸系列代号由轴承的宽(高)度系列代号和直径系列代号组合而成，用两位数字来表示。它的主要作用是区别内径相同而宽度和外径不同的轴承。具体代号请查阅相关标准。

　　内径代号表示轴承的公称内径，一般用两位阿拉伯数字表示。代号数字为 00，01，02，03 时，分别表示轴承内径 $d$=10，12，15，17mm；代号数字为 04～96 时，

表 7-3　常用滚动轴承的型式及画法

| 轴承名称代号 | 结构型式 | 规定画法 | 特征画法 | 应用 |
|---|---|---|---|---|
| 深沟球轴承（GB/T276－1994）60000 型 | 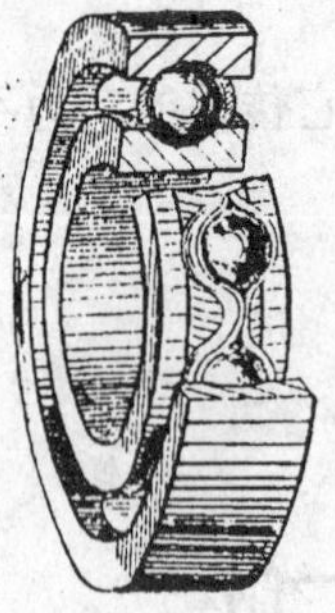 | 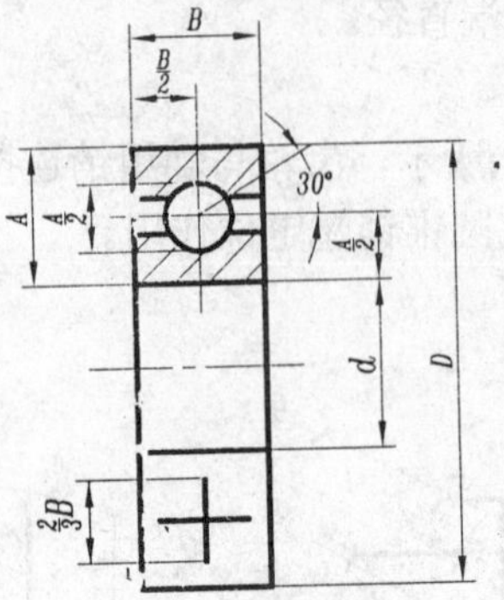 | 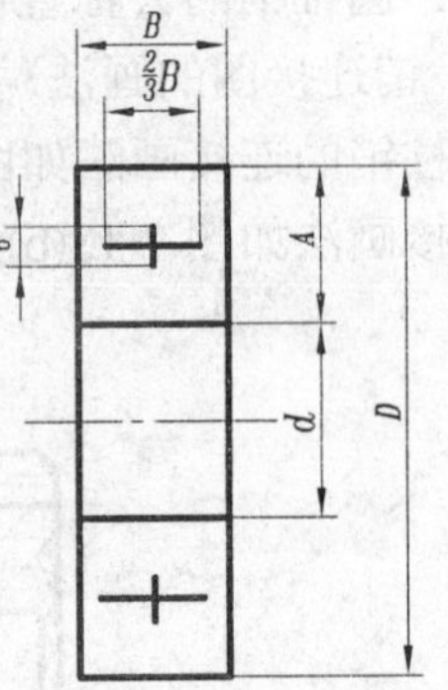 | 主要承受径向力 |
| 圆锥滚子轴承（GB/T297－1994）30000 型 | 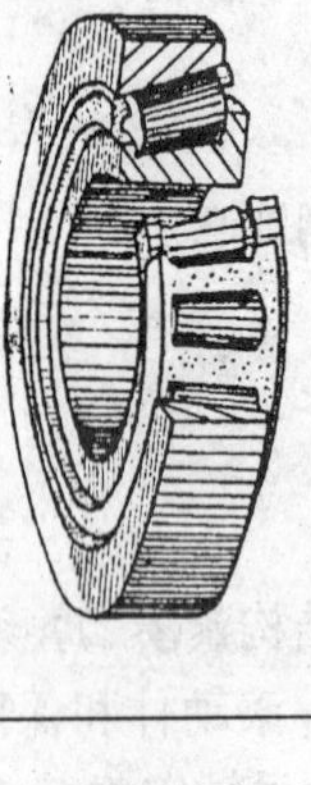 | 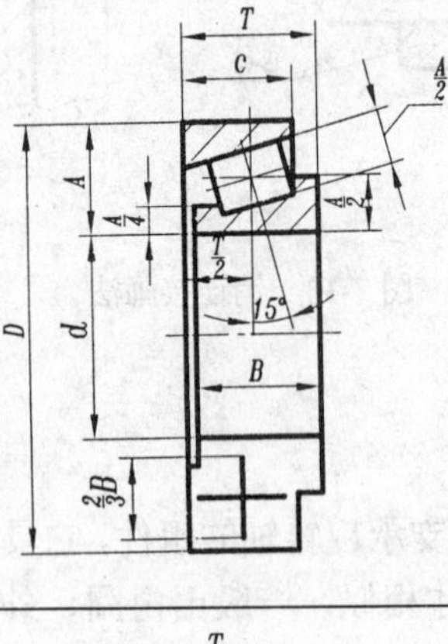 | 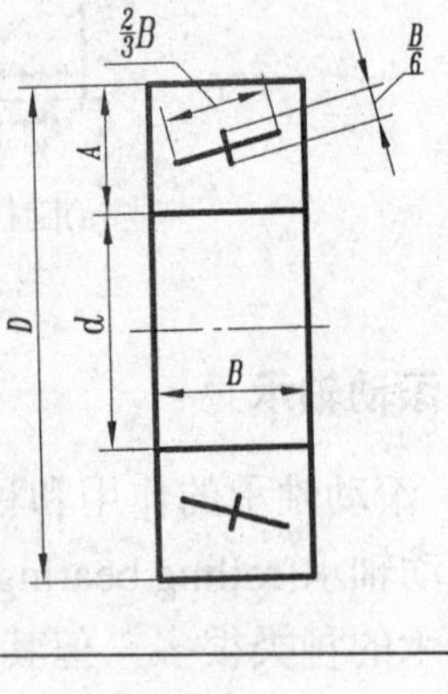 | |
| 推力球轴承（GB/T301－1995）50000 型 | 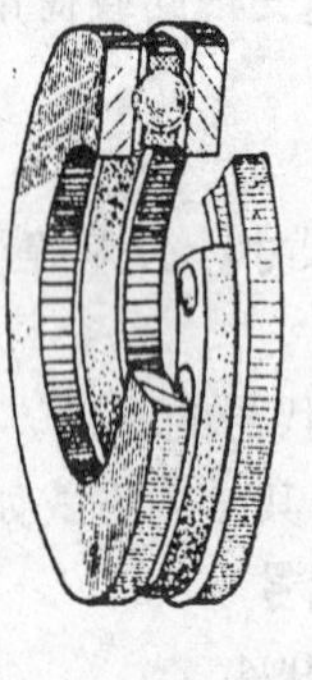 | 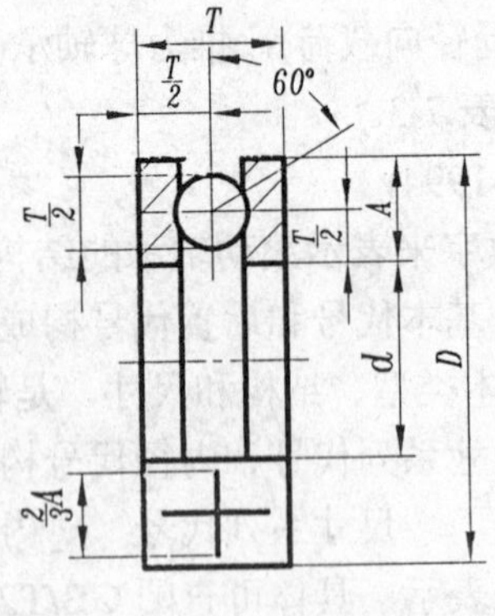 | 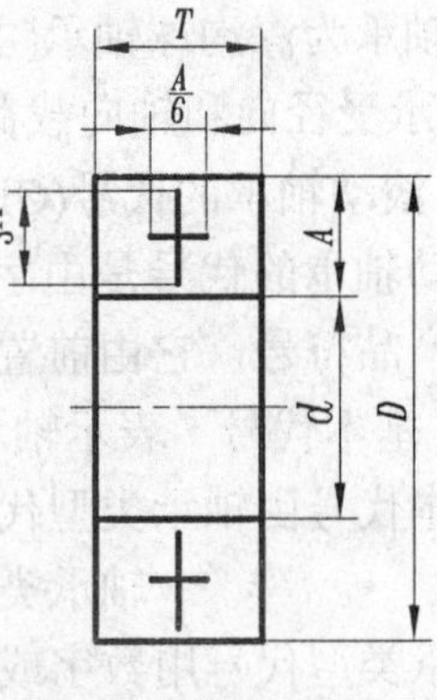 | |

代号数字乘 5，即为轴承内径；轴承公称内径为 1～9mm 时，用公称内径毫米数直接表示；公称内径为 22，28，32，500mm 或大于 500mm 时，用公称内径毫米数直接表示，但与尺寸系列之间用"/"分开。

基本代号示例:

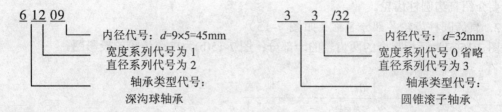

6 1209
内径代号: $d=9 \times 5=45mm$
宽度系列代号为 1
直径系列代号为 2
轴承类型代号:
深沟球轴承

3 3 /32
内径代号: $d=32mm$
宽度系列代号 0 省略
直径系列代号为 3
轴承类型代号:
圆锥滚子轴承

(2) 前置、后置代号  前置代号用字母表示,后置代号用字母(或加数字)表示。前置、后置代号是轴承在结构形状、尺寸、公差、技术要求等有改变时,在其基本代号左右添加的代号。其代号含义可查阅 GB/T272-1994。

3. 滚动轴承的画法(GB/T4459.7-1998)

滚动轴承也是标准件,故无需画零件图。在装配图中为表示轴承,可采用简化画法或规定画法。用简化画法绘制滚动轴承时,应采用通用画法或特征画法。常用滚动轴承的结构型式、代号及画法如表 7-3 所示,其尺寸可查阅附录表 16～18。

## 7.4  齿轮和弹簧

齿轮(gear)和弹簧(spring)均属于常用件。常用件的基本结构定型、部分尺寸可参数也有统一的标准。在制图时有规定的画法。本书主要介绍齿轮和弹簧的基本知识和规定画法。

### 7.4.1  齿轮

1. 齿轮(gear)的作用和分类

齿轮是机器中广泛采用的传动零件之一。它可以传递动力,又可以改变转速和回转方向。齿轮的种类很多,根据其传动形式可分为三类,如图 7-14 所示。

(a) 圆柱齿轮            (b) 锥齿轮            (c) 蜗杆与蜗轮

图 7-14  常见的齿轮传动

圆柱齿轮用于平行两轴之间的传动;锥齿轮用于相交两轴之间的传动;蜗杆与蜗轮用于交叉两轴之间的传动。

圆柱齿轮根据轮齿的方向，可分为直齿圆柱齿轮、斜齿圆柱齿轮和人字齿圆柱齿轮。本节主要介绍直齿圆柱齿轮。

2. 直齿圆柱齿轮各部分名称（如图 7-15）

图 7-15(a)为互相啮合的两齿轮的一部分；图 7-15(b)为单个齿轮的投影图。

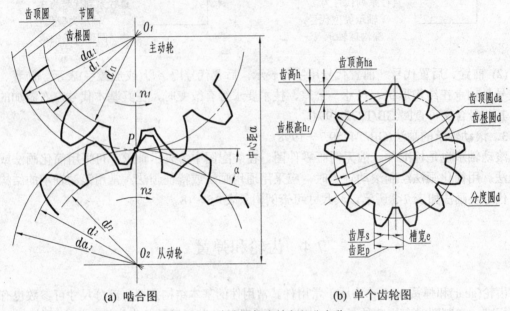

(a) 啮合图      (b) 单个齿轮图

图 7-15　直齿圆柱齿轮各部分名称

(1) 节圆直径 $d'$、分度圆直径 $d$ ——两圆心连线 $O_1O_2$ 上两相切的圆称为节圆。对单个齿轮而言，作为设计、制造齿轮时进行各部分尺寸计算的基准圆，也是分齿的圆，称为分度圆。标准齿轮 $d=d'$。

(2) 齿顶圆直径 $d_a$ ——通过轮齿顶部的圆，称为齿顶圆。

(3) 齿根圆直径 $d_f$ ——通过齿槽根部的圆，称为齿根圆。

(4) 齿顶高 $h_a$、齿根高 $h_f$、齿高 $h$ 齿顶圆与分度圆的径向距离称为齿顶高；分度圆与齿根圆的径向距离称为齿根高；齿顶圆与齿根圆的径向距离称为齿高。其尺寸关系为：$h=h_a+h_f$。

(5) 齿厚 $s$、槽宽 $e$、齿距 $p$ ——每个轮齿在分度圆上的弧长称为齿厚；每个齿槽在分度圆上的弧长称为槽宽；相邻两齿廓对应点间在分度圆上的弧长称为齿距。两啮合齿轮的齿距必须相等。齿距 $p$、齿厚 $s$、槽宽 $e$ 间的尺寸关系为：$p=s+e$，标准齿轮的 $s=e$。

(6) 模数 $m$ ——若以 $z$ 表示齿轮的齿数，则：分度圆周长= $\pi d=zp$，即 $d=zp/\pi$。令 $p/\pi=m$，则 $d=mz$。式中 $m$ 称为模数。因为两齿轮的齿距 $p$ 必须相等，所以它们的模数也相等。

为了齿轮设计与加工的方便，模数的数值已标准化。如表 7-4 所列。模数越大，轮齿的高度、厚度也越大，承受的载荷也越大。在齿数一定的情况下，模数越大，齿轮直径也越大。

表 7-4　标准模数(GB1357-78)

| 第一系列 | 1 | 1.25 | 1.5 | 2 | 2.5 | 3 | 4 | 5 | 6 |
|---|---|---|---|---|---|---|---|---|---|
|  | 8 | 10 | 12 | 16 | 20 | 25 | 32 | 40 | 50 |
| 第二系列 | 1.75 | 2.25 | 2.75 | (3.25) | 3.5 | (3.75) | 4.5 | 5.5 | |
|  | (6.5) | 7 | 9 | (11) | 14 | 18 | 22 | 28 | (30) | 36 | 45 |

\* 选用模数时应优先选用第一系列；其次选用第二系列；括号内的模数尽量不用。

(7) 压力角 $\alpha$——在两齿轮节圆相切点 $P$ 处，两齿廓曲线的公法线(即齿廓的受力方向)与两节圆的公切线(即 $P$ 点处的瞬时运动方向)所夹的锐角称为压力角，也称啮合角。对单个齿轮即为齿形角。标准齿轮的压力角一般为 20°。

(8) 中心距 $a$——两啮合圆柱齿轮轴线间的最短距离。$a=m(z_1+z_2)/2$。

(9) 传动比 $i$——主动齿轮的转速 $n_1$ 与从动齿轮的转速 $n_2$ 之比。

即 $i=n_1/n_2$。因为 $n_1Z_1=n_2Z_2$，故可得 $i=n_1/n_2=Z_2/Z_1$。

一对互相啮合的齿轮，其模数、压力角必须相等。

**3．直齿圆柱齿轮各部分的尺寸关系**

齿轮的模数与各部分的尺寸都有重要关系，其计算公式见表 7-5。

表 7-5　标准直齿圆柱齿轮尺寸计算公式

| 名　　　称 | 计　算　公　式 |
|---|---|
| 齿 顶 高 $h_a$ | $h_a=m$ |
| 齿 根 高 $h_f$ | $h_f=1.25m$ |
| 齿　　高 $h$ | $h=2.25m$ |
| 分 度 圆 直 径 $d$ | $d=mZ$ |
| 齿 顶 圆 直 径 $d_a$ | $d_a=m(Z+2)$ |
| 齿 根 圆 直 径 $d_f$ | $d_f=m(Z-2.5)$ |

**4．圆柱齿轮的规定画法**

齿轮的轮齿曲线是渐开线，如按投影绘制图形费时、费事。为了设计方便，特采用规定画法。

(1) 单个齿轮的画法

如图 7-16(a)，齿轮一般用两个视图表示，齿轮轮齿部分在外形视图中，分度圆和分度线用点画线表示；齿顶圆和齿顶线用粗实线表示；齿根圆和齿根线用细实线表示(也可省略不画)。

也可画成剖视图，当剖切平面通过齿轮轴线时，轮齿部分按不剖处理；齿根线用粗实线表示，如图 7-16(b)；若为斜齿或人字齿时，可画成半剖视或局部剖视，并在未剖切部分，画三条与齿形方向一致的细实线，如图 7-16(c)、(d)。

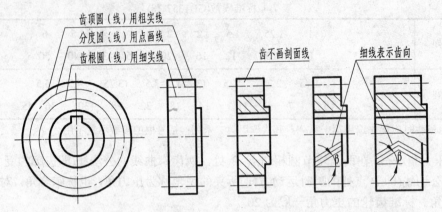

(a) 直齿(外形视图)　(b) 直齿(全剖)　(c) 斜齿(半剖)　(d) 人字齿(局部

图 7-16　圆柱齿轮的画法

(2) 两啮合齿轮的画法

在投影为圆的外形视图中，啮合区内的齿顶圆均用粗实线绘制。两节圆相切，齿根圆省略不画，如图 7-17(a)所示；啮合区也可按省略画法绘制，见图 7-17(b)。

在投影为非圆的剖视图中，啮合区内将一个齿轮的轮齿用粗实线绘制，另一个齿轮的轮齿被遮住的部分用虚线绘制(虚线也可省去不画)，如图 7-17(a)。

在投影为非圆的外形视图中，齿根线与齿顶线在啮合区内均不画出，而节线用粗实线表示，如图 7-17(c)、d 所示。图 7-17(d)为两斜齿轮啮合。

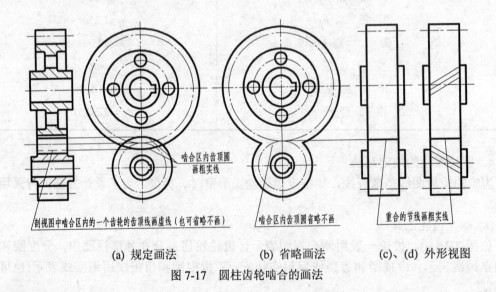

(a) 规定画法　　　　(b) 省略画法　　　　(c)、(d) 外形视图

图 7-17　圆柱齿轮啮合的画法

## 7.4.2　弹簧

### 1. 弹簧(spring)的作用和种类

弹簧是一种常用的零件，主要用于减震、夹紧、储存能量和测力等。弹簧的种类很多，常见的有螺旋压缩弹簧、拉伸弹簧、扭转弹簧、平面蜗卷弹簧等(如图 7-18)。本节仅介绍圆柱

螺旋压缩弹簧的有关知识。

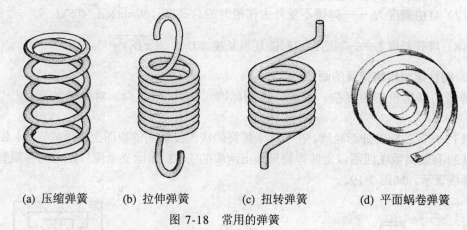

（a）压缩弹簧　　　（b）拉伸弹簧　　　（c）扭转弹簧　　　（d）平面蜗卷弹簧

图 7-18　常用的弹簧

2．圆柱螺旋压缩弹簧的参数(如图 7-19)

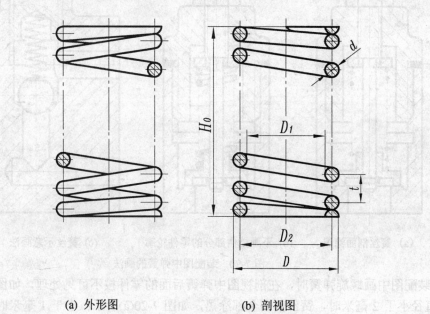

（a）外形图　　　　　　　　　　（b）剖视图

图 7-19　圆柱螺旋压缩弹簧

（1）簧丝直径 $d$ ——制造弹簧的钢丝直径

（2）弹簧外径 $D$ ——弹簧的最大直径。

（3）弹簧内径 $D_1$ ——弹簧的最小直径。$D_1=D-2(d)$。

（4）弹簧中径 $D_2$ ——弹簧的平均直径。$D_2=D-d$。

（5）有效圈数 $n$、支承圈数 $n_2$ 和总圈数 $n_1$。

为了使压缩弹簧工作时受力均匀、平稳，在制造时将两端并紧磨平。并紧磨平的部分仅起支承作用，故称为支承圈。支承圈有 1.5、2 及 2.5 圈三种，大多数支承圈是 2.5 圈。其余各圈保持相等的距离，称为有效圈数。有效圈与支承圈之和称为总圈数，即 $n_1=n+n_2$。

（6）节距 $t$ ——除两端支承圈外，相邻两圈的轴向距离。

（7）自由高度 $H_0$ ——弹簧不受外力作用时的总高度。$H_0=nt+(n_2-0.5)d$。

（8）展开长度 $L$ ——制造弹簧时的坯料长度。$L=n_1\sqrt{(\pi D_2)^2+t^2}$。

**3．圆柱螺旋压缩弹簧的画法**

弹簧的真实投影很复杂，因此，国家标准（GB4459.4-84）对弹簧的画法作了统一的规定。

（1）弹簧各圈的外形轮廓，在平行于弹簧轴线的投影面的视图上应画成直线，如图 7-19。

（2）有效圈数在四圈以上的弹簧只画出两端的 1～2 圈(除支承圈外)，中间各圈省略不画，用点画线表示，如图 7-19。

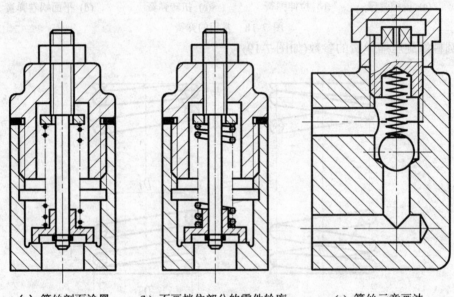

（a）簧丝剖面涂黑　　　（b）不画挡住部分的零件轮廓　　　（c）簧丝示意画法

图 7-20　装配图中弹簧的画法

（3）装配图中画螺旋弹簧时，在剖视图中弹簧后面的零件按不可见处理，如图 7-20 所示；当簧丝直径小于 2 毫米时，簧丝剖面全部涂黑，如图 7-20(a)所示；小于 1 毫米时，可用示意画法表示，如图 7-20(c)所示。

（4）弹簧支承圈的圈数不论是多少，均按 2.5 圈形式绘制，其详细作图步骤如图 7-21 所示。

（5）在图样上，螺旋弹簧均可画成右旋，但左旋弹簧不论画成左旋或右旋，一律要加注"左"字。

# 思 考 题

1. 标准螺纹有几种，它们的主要区别有哪些？
2. 螺纹的要素有哪几个？内、外螺纹旋合应该符合哪些要求？
3. 试述内外螺纹的规定画法？
4. 如何绘制螺钉连接、螺栓连接和螺柱连接，在绘图时要注意哪三项装配的规定画法？
5. 直齿圆柱齿轮的基本要素有哪些，如何根据这些要素计算齿轮的其他几何尺寸？
6. 试述圆柱齿轮及其啮合的规定画法？在啮合区，画图时应该注意哪些方面？
7. 普通平键、销及滚动轴承如何标记，又有哪些规定画法？
8. 常用的圆柱螺旋压缩弹簧的规定画法有哪些？

# 第 8 章 零 件 图

## 8.1 概　述

### 8.1.1 零件图的作用

　　任何机器(machine)或部件(component)都是由若干零件(part)按一定的装配关系和技术要求装配(assemblage)而成的。零件的加工制造依据是零件图（detail drawing），零件图中表达零件的内、外结构形状和尺寸大小，以及零件的材料、加工、检验、测量等技术要求。它是设计部门根据零件的用途设计而成的，并且提交给生产部门，作为制造和检验零件的重要技术文件。图 8-1 所示为泵轴零件图。

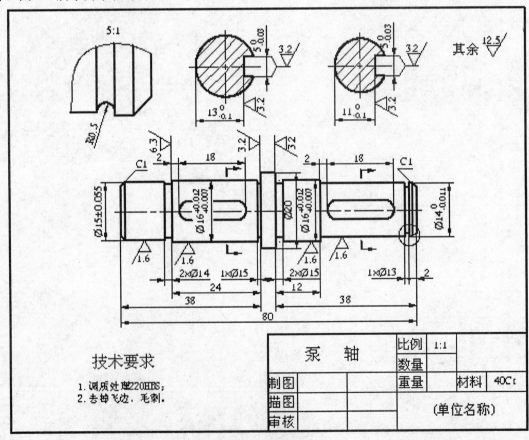

图 8-1　泵轴零件图

### 8.1.2 零件图的内容

零件图包含加工制造和检验零件时所需的全部资料。如图 8-1 所示，一张完整的零件图包括以下内容：

1．一组视图(view)

用一组视图来完整、清晰、准确地表达出零件的内、外形状和结构。包括视图、剖视图、断面图及其他规定画法、简化画法等。如图 8-1 泵轴零件图，采用了主视图、局部放大图和两处移出断面图。

2．全部尺寸(dimension)

零件图应完整、正确、清晰、合理地标注出制造和检验零件所需的全部尺寸。

3．技术要求（technical requirement）

零件图应用国家标准规定的代（符）号、数字和文字说明，注明零件在制造、检验和使用时应达到的技术指标要求，如表面粗糙度、尺寸公差、形状和位置公差、材料热处理等。

4．标题栏(title block)

根据国标规定，在零件图右下角有一标题栏，用于填写零件的名称、材料、数量、图号、比例以及设计、审核人员的签名和日期等。

## 8.2 零件图的视图选择和尺寸标注

前面章节已经学习了组合体的画法和尺寸标注以及机件的各种表达方法。本节将综合应用这些知识，结合零件的结构特点，讨论零件的视图选择以及尺寸标注的问题。

### 8.2.1 零件的视图选择

零件的视图选择，就是确定零件合理的表达方案，采用适当的视图、剖视图、断面图等表达方法，将零件的结构形状完整、清晰地表达出来。视图选择主要包括两个方面：一是主视图如何选择；二是其他视图的选择。

1．主视图的选择

主视图是表达零件最重要的一个视图，选择是否恰当，直接影响其他视图的选择，对零件结构形状的表达，以及画图和看图是否方便也有很大影响，因此零件图必须首先选择好主视图。选择主视图应遵循以下原则：

（1）形状特征原则，选择主视图时应将最能表示零件各组成部分的形状和相对位置的方向作为其投射方向。这是选择主视图投影方向的依据。如图 8-2(a)所示泵轴，比较按箭头 A 和 B 两个投影方向投影所得到的视图，如图 8-2(b)、图 8-2(c)。显然，A 向的视图更充分地反映了泵轴的形状特征，因此以 A 向作为主视图的投影方向。

主视图的投影方向只是确定了主视图的形状，并没有确定主视图在图纸上的方位。例如在图 8-2 中按箭头 A 的投影方向所作泵轴的主视图，可以把泵轴的主视图轴线画成水平的，也可以画成竖直的，因此，为了合理安放主视图，还必须确定零件的工作位置或加工位置。

（2）加工位置原则，即主视图应尽可能地反映零件的加工位置。加工位置是指零件在机床上加工时的装夹位置。例如轴套、轮盘等类零件，主要是在车床、磨床上进行加工，其装夹位置的特征是轴线处于水平状态。为了加工时便于看图，这类零件主视图中的零件轴线也处于水平位置，如图 8-1、图 8-2(b)所示。

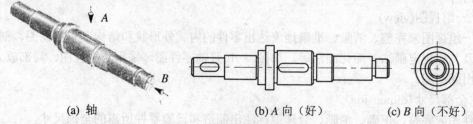

(a) 轴　　　　　　　　　　　(b) A 向（好）　　　　　(c) B 向（不好）

图 8-2　泵轴的主视图选择

（3）工作位置原则，工作位置是指零件安装在机器或部件中的位置。例如支座、箱体等类零件，其形状结构一般比较复杂，在加工不同表面时，其加工位置往往也不同，因此不宜只按照某一加工位置选定主视图，这类零件的主视图一般都按照工作位置安放。按工作位置选择主视图，这样便于对照装配图来绘制和阅读零件图。但如果零件的工作位置是倾斜的，或者工作时零件是运动的，其位置不断变化，则习惯上将零件摆正，使其尽量多的表面平行或垂直于基本投影面。如图 8-3(a)所示尾座体，比较 A、B、C、D、E 五个投影方向，选 A 向按图 8-3(b)绘制其主视图，既满足工作位置原则，又符合形体特征原则。

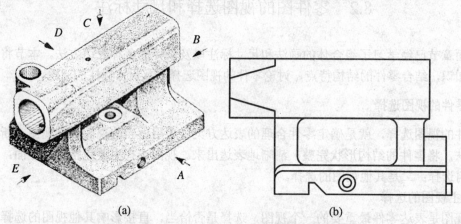

(a)　　　　　　　　　　　　　(b)

图 8-3　阀体的主视图选择

　　在选择主视图时，应使信息量最多的那个视图作为主视图，根据零件的结构形状及加工、使用情况综合分析。通常是在反映形状特征原则下，首先考虑加工位置原则，当零件具有多个加工位置时，才考虑工作位置原则，如叉架、箱体类零件，在加工时其位置是多变的，常按照工作位置来选择主视图；对于零件在机器或部件中的位置是变动的，且无主要加工位置，或者零件在机器或部件中工作时是倾斜的，这时可将零件放正，兼顾形状特征原则，选择主视图；选好主视图的投射方向后，确定主视图位置时还应考虑其他视图是否能完整地表达，例如主视图投射方向符合结构形状特征和工作位置原则，但由此产生的其他视图，比如左视图的表达缺乏完整性，这样的主视图选择也是不合适的。

　　2. 其他视图的选择

　　在主视图选定之后，要根据零件的结构特点和复杂程度，确定是否要选用其他视图以及适当的表达方法，来弥补主视图表达的不足，以求完整、清晰地表达零件的内、外结构形状。在选择其他视图时，要把各种可能的表达方案加以比较，并按照"少而精"的原则，在充分表达零件内、外结构的前提下，力求视图数量越少越好。其他视图选择的原则主要有互补性原则和视图简化原则：

（1）互补性原则是指其他视图主要用来表达零件在主视图中尚未表达清楚的部分，作为主视图的补充。互补性原则是选择其他视图的基本原则，即主视图与其他视图在表达零件时，各有侧重，互相补充，才能完整、清晰地表达零件的结构形状。

（2）视图简化原则是指在选用视图、剖视图、断面图等各种表达方法时，还应考虑画图、看图的方便，力求减少视图数量、简化图形，因此，应广泛采用各种简化画法。

在确定其他视图的数量及表达方法时，还要注意以下一些问题：

1）所选的每一个视图应具有独立存在的意义，即每一个视图应具有表达的重点内容，避免不必要的细节重复。选择剖视图时应考虑看图方便，而不应使图形复杂化。

2）视图上的虚线，应视其有无存在的必要而取舍，要尽量避免在图中使用虚线表达物体的轮廓。

3）要根据零件的结构特点，选用合适的表达方法。表达方法运用的恰当，可减少视图的数量，另外尺寸标注也可减少视图的数量。

对于结构形状比较简单的零件，如图 8-4 所示的轴套，内外表面均为回转体表面，如果在主视图中回转面尺寸前均加注了直径符号" $\phi$ "，并注全了其他必要尺寸，那么，仅用一个主视图就能把该零件表达清楚了，不用再增加其他视图。因为通过尺寸标注中的直径符号" $\phi$ "可以知道其形状是回转结构。但是对于大多数零件来说，仅用一个主视图是不能把结构形状完全表达清楚的，还需要增加其他视图（包括剖视图、断面图等）才行。如图 8-1，增加了断面图和表达局部结构的局部放大图。

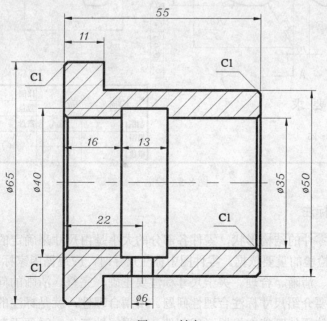

图 8-4 轴套

图 8-5 为一端盖零件图。这是轮盘类零件，这类零件的形状结构大多是回转体，类似于轴类零件。与轴类零件不同的是，这类零件通常轴向尺寸较小，而径向尺寸较大，其主视图按加工位置原则将轴线水平放置，并采用全剖视图。由于一个视图尚不能将该零件全部结构表达清楚，因此，还需要增加一个左视图（或右视图），来表示该零件的外形轮廓及孔的分布情况。图 8-5 采用了主视图加一个右视图的表达方案。

综上所述，一个好的表达方案应该是零件的表达正确、完整，视图简明、清晰。具体选择表达方案时，应将上述原则以及有关注意问题有机地结合起来，进行多个方案对比，从中选出最佳的方案。

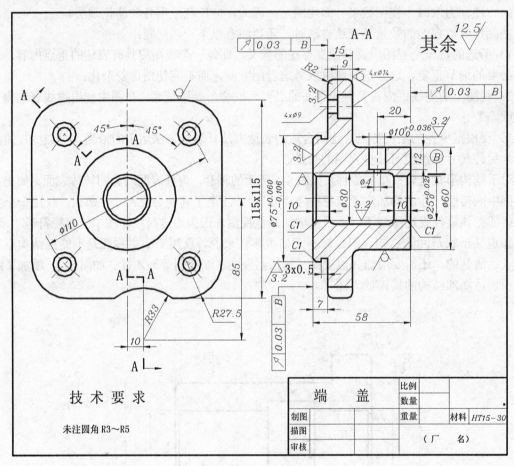

图 8-5　端盖

## 8.2.2　零件图的尺寸标注

视图只是表达了零件的结构形状，零件各部分的大小是由尺寸来确定的。零件图上的尺寸是零件加工制造、检验的重要依据。零件图中标注尺寸时，应遵循国家标准中的有关规定，力求做到正确、完整、清晰、合理。关于尺寸标注要正确、完整、清晰的问题，在前面章节中已有阐述，这里主要介绍尺寸标注合理性问题。所谓合理性，就是标注的尺寸能满足设计和加工工艺的要求，使零件既能在机器（或部件）中很好地工作，又便于制造、测量和检验零件。为了达到这样要求，首先要考虑正确选定尺寸基准的问题。

1. 尺寸基准

尺寸基准（datum dimensioning）就是标注尺寸的起点，是零件在安装到机器上，或在加工及测量时，用以确定其尺寸位置的面、线或点。用作基准的几何要素通常有平面和线，面基准通常是零件的主要加工面、两零件的结合面、对称中心面、端面、轴肩面等；线基准通常是轴或孔的轴心线、对称中心线等。尺寸基准又分为主要基准和辅助基准。决定零件主要尺寸的基准称为主要基准，主要尺寸影响零件在机器中的工作性能、装配精度等，因此这些尺寸都要从主要基准直接注出。由于每个零件都有长、宽、高三个方向的尺寸，所以零件在长、宽、高三个方向上各自有一个主要尺寸基准。为了零件的加工、测量方便，通常要选择一些辅助基准，辅助基准都有尺寸与主要基准相联系。

2. 重要尺寸标注

零件的重要尺寸应从主要基准直接标出，重要尺寸是指影响零件的工作性能和装配精度的尺寸。为了保证零件质量，避免尺寸换算时产生误差累积，重要尺寸应该从主要基准出发直接标注。如图 8-6 表示一个轴承架的安装方法，它在机器中是用接触面Ⅰ、Ⅱ和对称面Ⅲ来定位的（如图 8-7(a)），因而这三个面就作为主要尺寸基准来标注轴承架的重要尺寸。图 8-7(b)所示的注法是错误的。

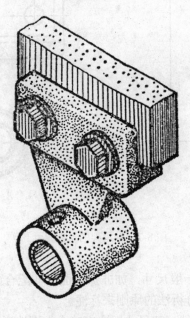

图 8-6 轴承架的安装方法

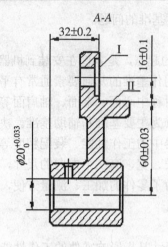
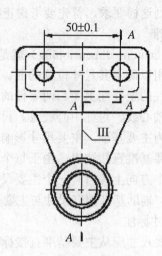

(a) 正确

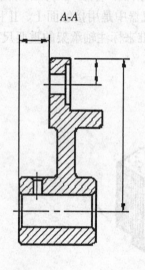
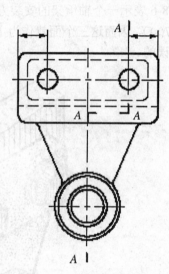

(b) 错误

图 8-7　轴承架的重要尺寸

### 3. 一般尺寸标注

对零件的使用影响不大的一般尺寸，如非加工面、非配合面等尺寸，通常以符合工艺要求、便于测量为准，按照形体分析法的原则来标注。

（1）对用木模造型的铸造件，其尺寸标注应符合木模造型过程和型腔浇铸要求，按形体分析法标注尺寸。因为木模的制造工艺是将铸件按形体特征分解成基本体，然后再加以组合。如图 8-8 所示轴承架的非重要尺寸就是按形体分析法标注的。而对于零件上相同的铸造圆角尺寸，通常是在图样上作统一说明，如图 8-8 右上角所示的"未注圆角 R3"。

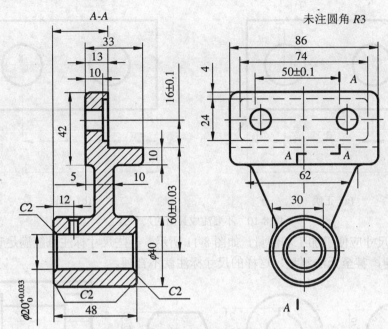

图 8-8 轴承架的尺寸

（2）按加工方法集中标注尺寸。零件的加工，一般要经过几种加工方法（如车、铣、钻、刨、磨等）才能完成。在标注尺寸时，应将同一加工方法的有关尺寸，相对集中标注，这样看图方便，可以尽量避免加工时误读尺寸。如图 8-1 中泵轴的两处键槽是在铣床上加工的，键槽的长度尺寸均标注在图形的上方，而轴的车削长度尺寸标注在图形的下方。

对于零件上的退刀槽、砂轮越程槽和倒角等结构，在标注轴向分段长度尺寸时，必须把这些工艺结构包括在内，并直接注出槽宽或倒角宽度，如图 8-9 所示。

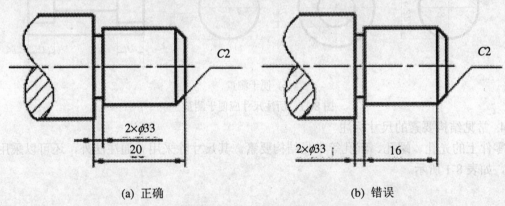

(a) 正确      (b) 错误

图 8-9 退刀槽和倒角的尺寸标注

（3）避免注成封闭的尺寸链。封闭尺寸链是指一组首尾相接的链状尺寸组，如图 8-10(a) 中，既注出了每段尺寸 $a$、$b$、$c$，又注出了总长 $d$，这样的尺寸首尾相接形成一个封闭的尺寸链，此时，尺寸链中任一环的尺寸误差均等于其他各环尺寸误差之和，这就无法同时满足各环的尺寸精度。所以，在标注尺寸时，通常在 $a$、$b$、$c$、$d$ 各段中将次要的一个尺寸空着不注，使各环的加工误差累积在这个不重要的不需注尺寸的尺寸链节中。

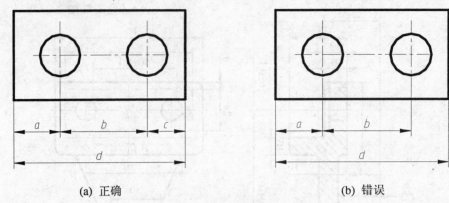

(a) 正确　　　　　　　　　　　　　　(b) 错误

图 8-10　不要注成封闭的尺寸链

（4）标注尺寸应便于加工和测量，如图 8-11 所示。一些尺寸标注虽能满足设计要求，但测量时非常不便，甚至无法测量，这样的尺寸标注就不合理。

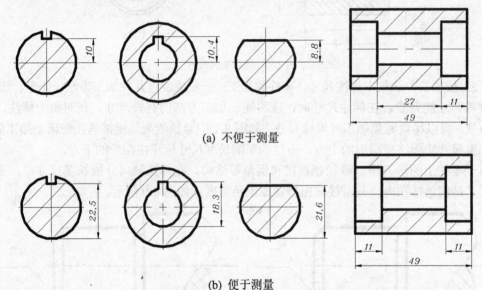

(a) 不便于测量

(b) 便于测量

图 8-11　所注尺寸应便于测量

### 4. 常见结构要素的尺寸标注

零件上的光孔、螺孔、沉孔等常见结构要素，其尺寸除采用普通注法外，还可以采用旁注法，如表 8-1 所示。

表 8-1　常见结构要素的尺寸标注方法

| 类 型 | 旁　注　法 | | 普 通 注 法 |
|---|---|---|---|
| 光孔 | 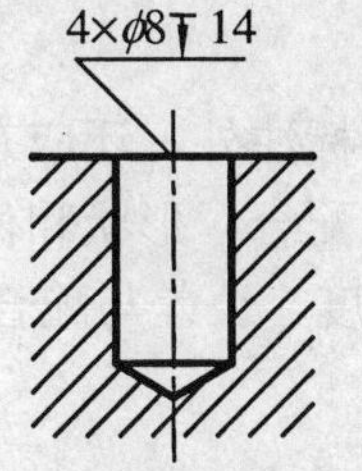 4×φ8↧14 | 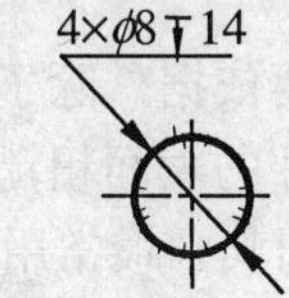 4×φ8↧14 | 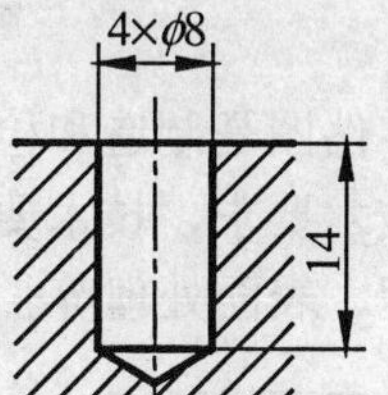 4×φ8  14 |
| 螺孔 | 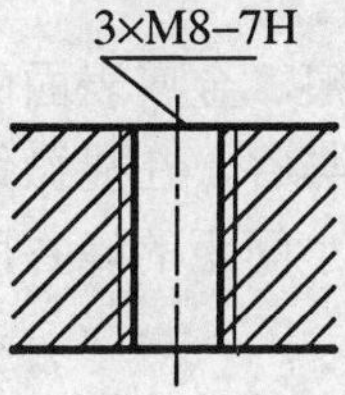 3×M8–7H |  3×M8–7H | 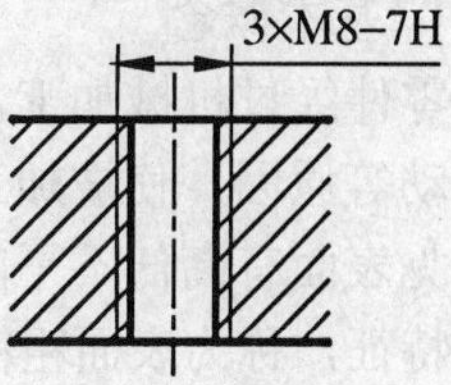 3×M8–7H |
| | 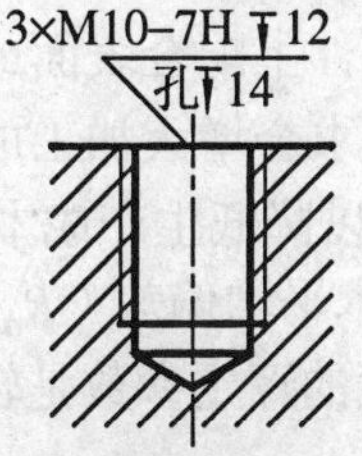 3×M10–7H↧12　孔↧14 |  3×M10–7H↧12　孔↧14 | 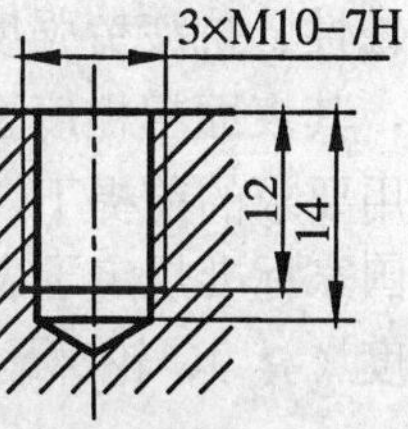 3×M10–7H  12  14 |
| 沉孔 | 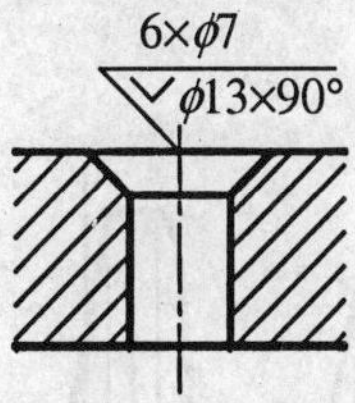 6×φ7　⌵φ13×90° | 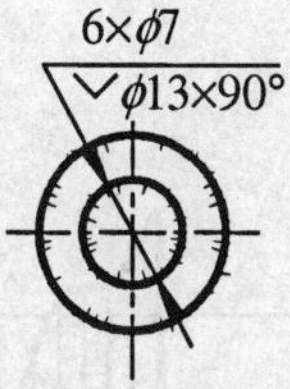 6×φ7　⌵φ13×90° | 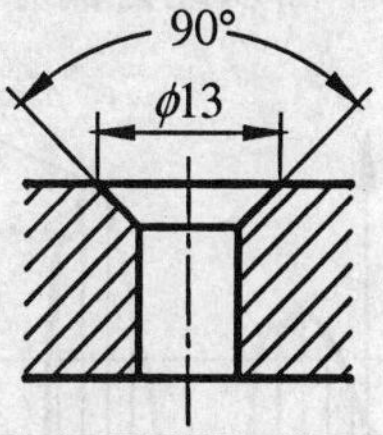 90°　φ13 |
| | 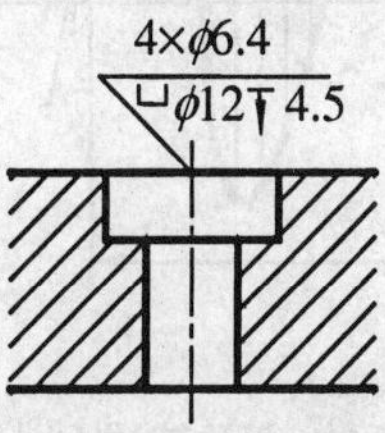 4×φ6.4　⌴φ12↧4.5 | 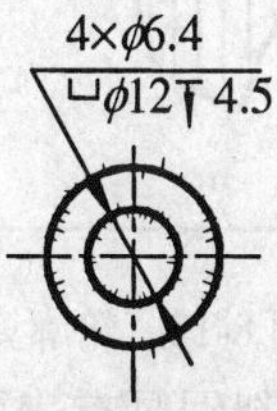 4×φ6.4　⌴φ12↧4.5 | 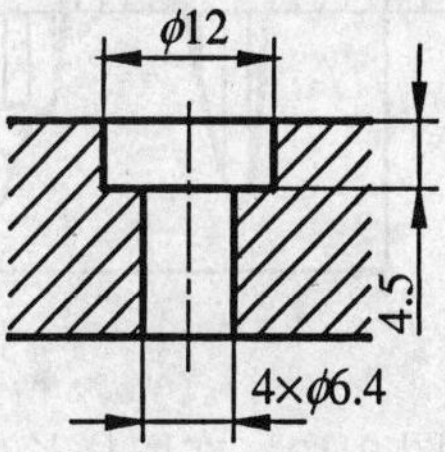 φ12　4.5　4×φ6.4 |
| | 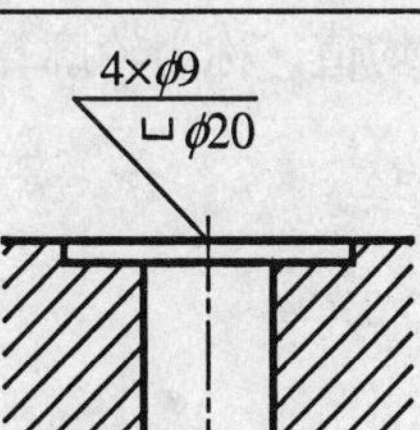 4×φ9　⌴φ20 | 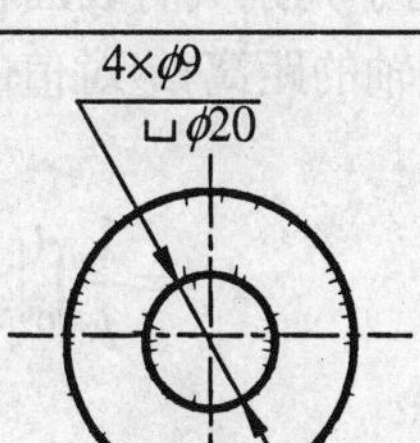 4×φ9　⌴φ20 | 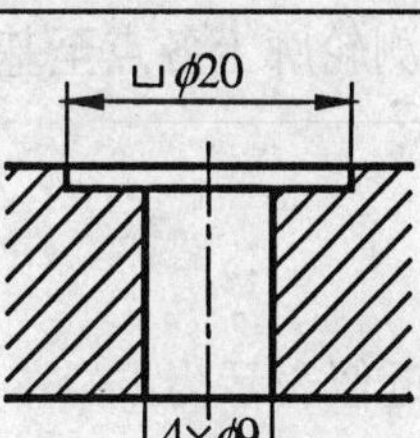 ⌴φ20　4×φ9 |

# 8.3 零件图上的技术要求

零件图是制造和检验零件的重要依据，除了视图及尺寸标注外，还应有确保零件使用质量的技术要求，技术要求包括：零件的表面粗糙度、公差与配合、形状和位置公差、材料与热处理、表面处理等。下面简要介绍其中最常用的表面粗糙度、公差与配合。

### 8.3.1 表面粗糙度

1. 基本概念

零件经过机械加工，加工表面看起来很光滑，但由于刀痕、金属表面的塑性变形、机器的振动等原因，使被加工表面产生肉眼很难看到的微小的峰与谷，在显微镜下放大观察时，可看见表面有高低不平的微小峰谷。这种加工表面上具有微小间距的峰谷所组成的微观几何形状特征，称为表面粗糙度（surface roughness）。

表面粗糙度是评定零件表面加工质量的重要技术指标，它对零件的配合性能、耐磨性、耐腐蚀性、抗疲劳强度和密封性等都有很大的影响。通常零件上配合表面或是有相对运动的表面，其表面粗糙度要求高一些，但是过高的表面粗糙度要求会增大加工成本，所以，在满足使用要求的前提下，应尽量选用表面粗糙度要求低一些，以降低生产成本。

国家标准规定了表面粗糙度的评定参数，它们是轮廓算术平均偏差（$R_a$）、微观不平度十点高度（$R_z$）、轮廓最大高度（$R_y$）。其中常用的表面粗糙度的评定参数是轮廓算术平均偏差（$R_a$），下面以此为例介绍。

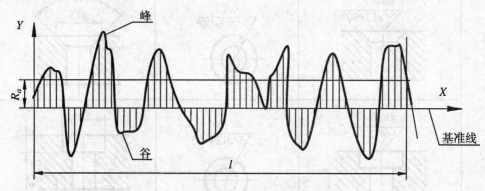

图 8-12 轮廓算术平均偏差

如图 8-12，在取样长度 $l$（用于判别具有表面粗糙度特征的一段基准线长度）内，轮廓偏距 $Y$(被测轮廓上各点至基准线 $X$ 轴的距离)绝对值的算术平均值，称为轮廓算术平均偏差，用 $R_a$ 表示：

$$R_a = \frac{1}{l} \int_0^l |y(x)| \, \mathrm{d}x$$

或近似表示为：

$$R_a = \frac{1}{n}\sum_{i=1}^{n}|y_i|$$

式中 $n$ 为测点数，$y_i$ 为轮廓线上任一被测点到基准线的距离。$R_a$ 数值越大，表面越粗糙。$R_a$ 的选用数值系列已标准化，见表 8-2 所示，一般优先选用第一系列数值。

表 8-2　轮廓算术平均偏差 $R_a$ 数值

| 第一系列 | 第二系列 | 第一系列 | 第二系列 | 第一系列 | 第二系列 | 第一系列 | 第二系列 |
|---|---|---|---|---|---|---|---|
|  | 0.008 |  |  |  |  |  |  |
|  | 0.010 |  |  |  |  |  |  |
| 0.012 |  |  | 0.125 |  | 1.25 | 12.5 |  |
|  | 0.016 |  |  | 1.6 |  |  | 16.0 |
|  | 0.020 | 0.20 |  |  | 2.0 |  | 20 |
| 0.025 |  |  | 0.25 |  | 2.5 | 25 |  |
|  | 0.032 |  |  | 3.2 |  |  | 32 |
|  | 0.040 | 0.40 |  |  | 4.0 |  | 40 |
| 0.050 |  |  |  |  | 5.0 | 50 |  |
|  | 0.063 |  | 0.63 | 6.3 |  |  | 63 |
|  | 0.080 | 0.80 |  |  | 8.0 |  | 80 |
| 0.100 |  |  | 1.00 |  | 10.0 | 100 |  |

## 2. 表面粗糙度的标注方法

国家标准《GB/T131-1993 机械制图　表面粗糙度符号、代号及其注法》规定了表面粗糙度的符（代）号及其注法，表面粗糙度的符号及其代表的意义，见表 8-3。

表 8-3　表面粗糙度符号及其含义

| 符号 | 意义及说明 |
|---|---|
| ∨ | 基本符号，表示表面可用任何方法获得。当不加注粗糙度参数值或有关说明（例如：表面处理、局部热处理状况等）时，仅适用于简化代号标注。 |
| ▽ | 基本符号加一短划，表示表面是用去除材料的方法获得，例如：车、铣、钻、磨、剪切、抛光、腐蚀、电火花加工、气割等等。 |
| ∀ | 基本符号加一小圆，表示表面是用不去除材料的方法获得，例如：铸、锻、冲压变形、热轧、冷轧、粉末冶金等等，或者用于保持原供应状况的表面（包括保持上道工序的状况）。 |

表面粗糙度符号的画法如图 8-13，符号的尺寸见表 8-4。

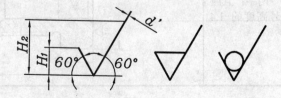

图 8-13　表面粗糙度符号的画法

表 8-4　表面粗糙度符号的尺寸

| 轮廓线的宽度 $b$ | 0.35 | 0.5 | 0.7 | 1 | 1.4 | 2 | 2.8 |
|---|---|---|---|---|---|---|---|
| 数字与字母的高度 $h$ | 2.5 | 3.5 | 5 | 7 | 10 | 14 | 20 |
| 符号的线宽 $d'$ 数字与字母的笔画宽度 $d$ | 0.25 | 0.35 | 0.5 | 0.7 | 1 | 1.4 | 2 |
| 高度 $H_1$ | 3.5 | 5 | 7 | 10 | 14 | 20 | 28 |
| 高度 $H_2$ | 8 | 11 | 15 | 21 | 30 | 42 | 60 |

表面粗糙度的高度参数用 $R_a$ 时，省略 $R_a$ 字样，单位为微米（μm）。只注一个参数时，该数值表示 $R_a$ 的上限值；注写两个数值时，表示 $R_a$ 的上限、下限值。在表面粗糙度符号的基础上，标上表面粗糙度高度特征参数数值及其他表面特征要求，如加工方法、表面处理等，即组成了表面粗糙度代号。表 8-5 列出了表面粗糙度参数值标注示例及其意义。

表 8-5　表面粗糙度值标注示例

| 代号 | 意　义 | 代号 | 意　义 |
|---|---|---|---|
| 3.2 | 用任何方法获得的表面，$R_a$ 的上限值为 3.2 μm | 3.2 1.6 | 用去除材料的方法获得的表面，$R_a$ 的上限值为 3.2 μm，下限值为 1.6 μm |
| 3.2 | 用去除材料的方法获得的表面，$R_a$ 的上限值为 3.2 μm | 3.2 | 用不去除材料的方法获得的表面，$R_a$ 的上限值为 3.2 μm |

在图样上标注表面粗糙度的基本规则是：

表面粗糙度符（代）号应注在可见轮廓线、尺寸线、尺寸界限或者它们的延长线上；符号的尖端必须从材料以外指向表面；在同一图样上，每一表面标注一次符（代）号，并尽可能靠近有关尺寸线。表 8-6 摘要列举了表面粗糙度的标注规定及图例。

表 8-6　表面粗糙度标注的规定及示例

| 序号 | 标注规定及说明 | 图　　例 |
|---|---|---|
| 1 | 当零件的大部分表面具有相同的表面粗糙度要求时，对其中使用最多的一种代（符）号可统一注在图样的右上角，并加注"其余"两字；且应是图样上其他代（符）号高度的 1.4 倍。 | 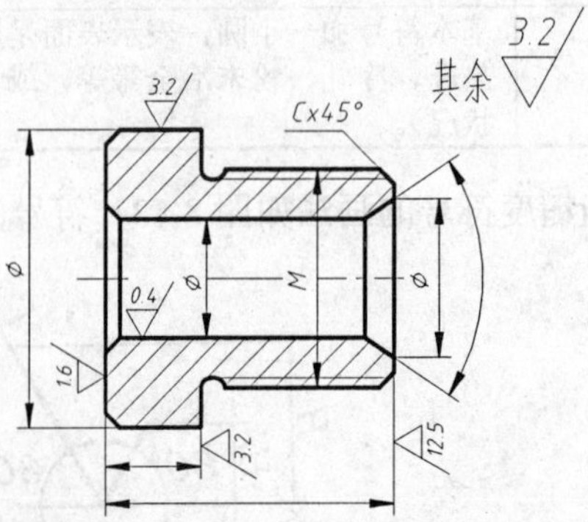 |

| 序号 | 标注规定及说明 | 图 例 |
|---|---|---|
| 2 | 代号中数字注写方向应与尺寸数字方向一致，倾斜表面的代号及数字标注方向应符合图(a)规定。<br>带有横线的表面粗糙度符号应按图(b)方式标注。 | 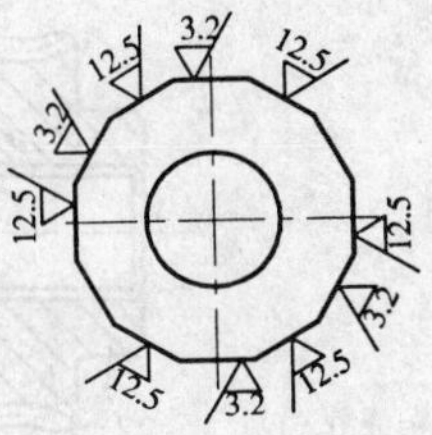 <br>(a) 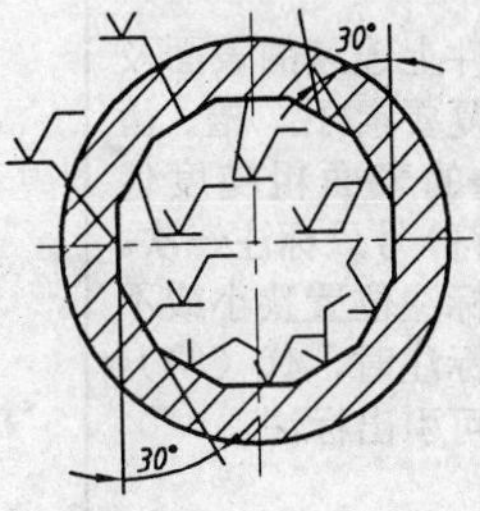　　　　　　(b) |
| 3 | 不连续同一表面，用细实线相连，其表面粗糙度代（符）号只标注一次，如图(a)所示。<br>同一表面有不同的表面粗糙度要求时，须用细实线分界，并注出相应的表面粗糙度代号和尺寸，如图(b)所示。 | 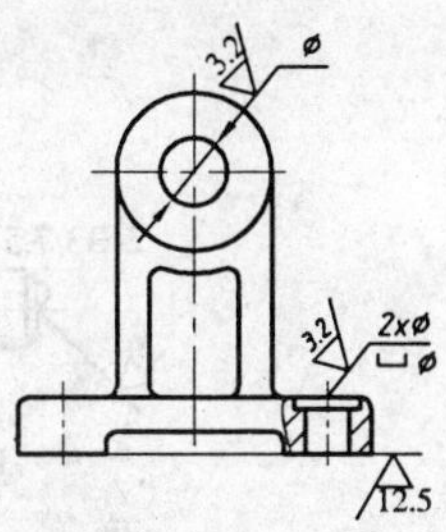 <br>(a) 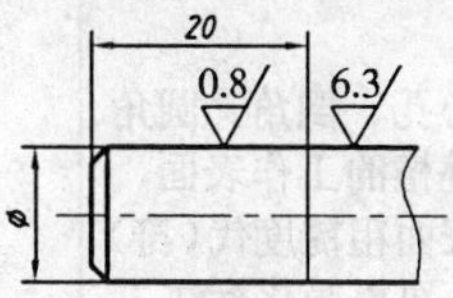　　　　　　(b) |
| 4 | 零件所有表面具有相同的表面粗糙度要求时，可在图样右上角统一标注，其代(符)号高度是其他代(符)号高度的 1.4 倍。 | 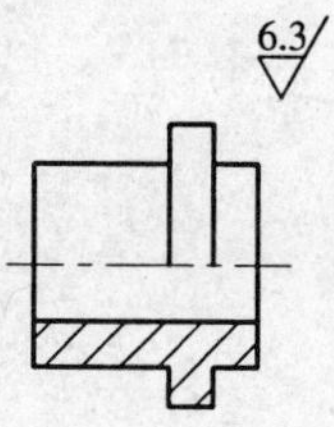 <br>或 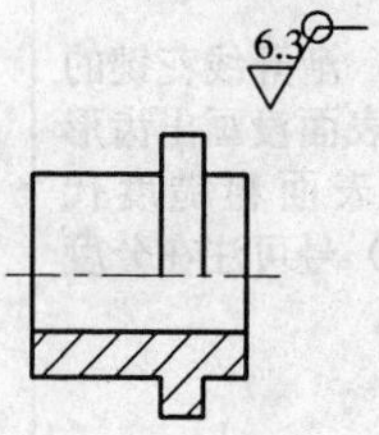 |
| 5 | 为了简化标注，或标注位置受到限制时，可以标注简化代(符)号，如图(a)所示。<br>当仅有同一种去除材料加工的表面，及不去除材料加工的表面时可采用省略注法，如图(b)所示。<br>两种情况下都必须在标题栏附近说明这些简化代(符)号或省略代(符)号的意义。 | 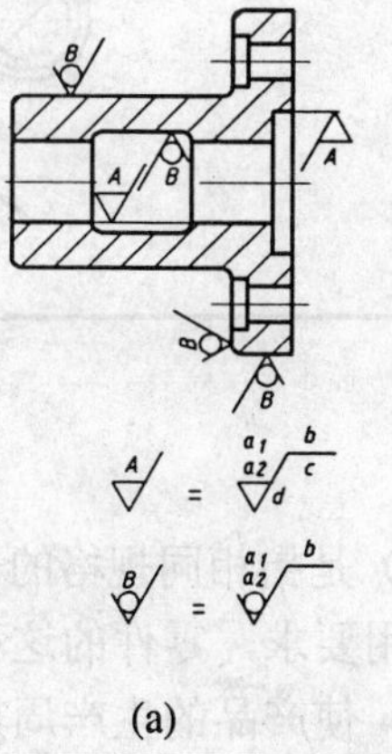 <br>(a) 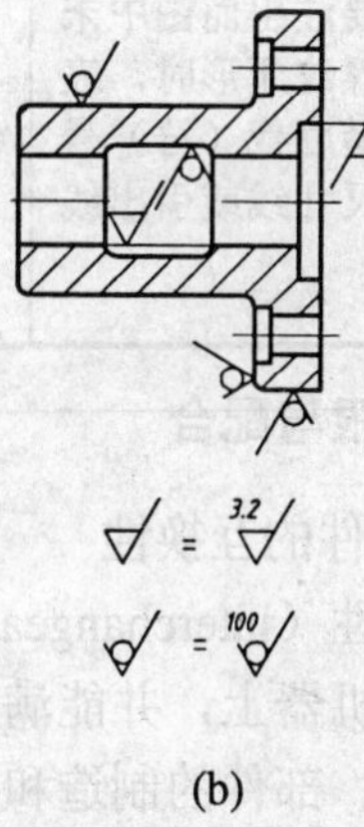　　　　　　(b) |

续表

| 序号 | 标注规定及说明 | 图　　　例 |
|---|---|---|
| 6 | 零件上连续的表面及重复要素(孔、槽、齿等)的表面粗糙度代（符）号只标注一次。当标注位置狭小或不便标注时，代（符）号可引出标注。 | 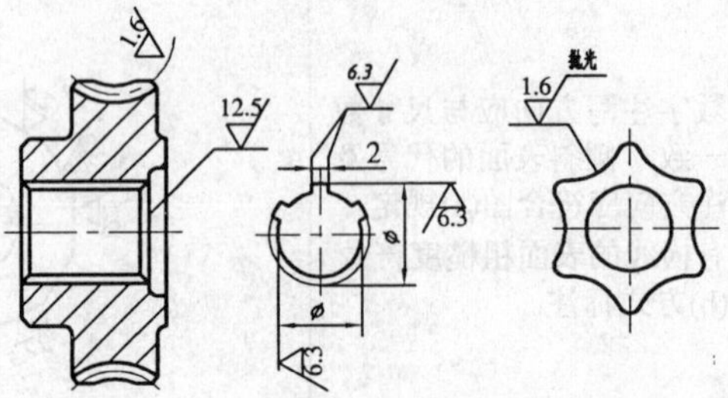 |
| 7 | 中心孔、倒角、圆角和键槽的工作表面，其表面粗糙度代（符）号，可以简化标注。 | 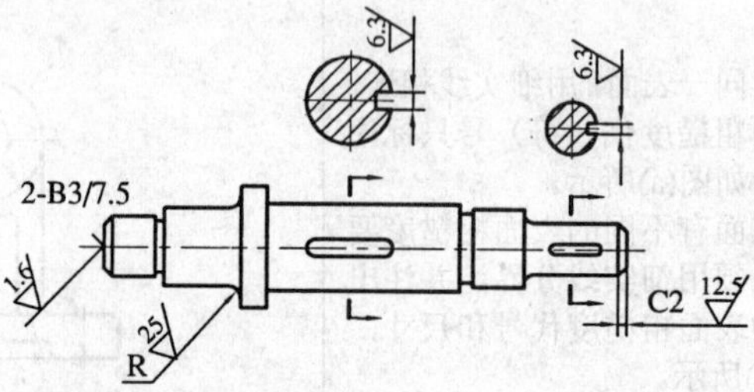 |
| 8 | 齿轮、渐开线花键的工作表面没画出齿形时，表面粗糙度代（符）号可注在分度线上。 | 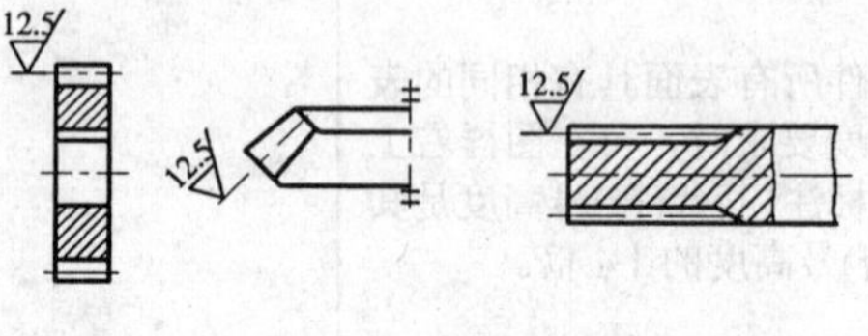 |
| 9 | 螺纹工作表面一般不注粗糙度代（符）号，当需要注出而图中未画出螺纹牙形时，表面粗糙度代（符）号注在尺寸线或引出线上。 | 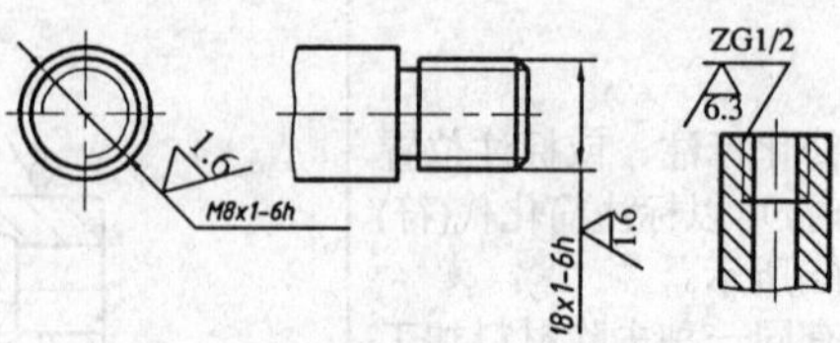 |

## 8.3.2　极限与配合

### 1. 零件的互换性

互换性（interchangeability）是指相同规格的一批零件中，任取一个不经修配，就能顺利地装配到机器上，并能满足使用要求，零件的这种性质，称为互换性。机械零件的互换性，简化了零、部件的制造和维修，使产品的生产周期缩短，生产效率提高，成本降低，保证了产品质量的稳定性，有利于进行高效率的现代化、专业化的大生产。

2. 极限的基本术语及定义

加工零件时，因机床精度、刀具磨损、测量误差等因素，不可能把零件的尺寸加工的绝对准确，为了保证零件有互换性，必须对零件的尺寸规定一个允许的变动量，这个允许的变动量，称为尺寸公差（size tolerance），简称公差。

下面以图 8-14 为例，介绍尺寸公差的基本术语。

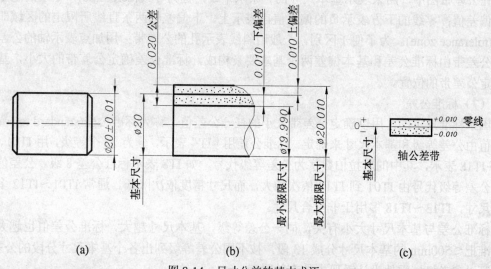

图 8-14　尺寸公差的基本术语

（1）基本尺寸(basic size)

设计时给定的尺寸，用以确定结构大小或位置的尺寸，如图 8-14 中 $\phi20$。

（2）实际尺寸(actuar size)

零件加工完成后，实际测量得到的尺寸。

（3）极限尺寸(limit of size)

允许尺寸变动的两个界限值。其中较大的一个称为最大极限尺寸，如图 8-14 中 $\phi20.010$；较小的一个称为最小极限尺寸，如图 8-14 中 $\phi19.990$。实际尺寸在这两个尺寸之间即为合格的。

（4）尺寸偏差（简称偏差）

某一尺寸减其基本尺寸所得的代数差，称为尺寸偏差(deviation)。其中最大极限尺寸减其基本尺寸得到的代数差称为上偏差(upper deviation)，最小极限尺寸减其基本尺寸得到的代数差称为下偏差(lower deviation)，上、下偏差同称为极限偏差。国标规定，孔的上、下偏差分别用大写字母 ES、EI 表示；轴的上、下偏差分别用小写字母 es、ei 表示。偏差是一代数值。图 8-14 中：

$$上偏差 es = 20.010 - 20 = +0.010$$
$$下偏差 ei = 19.990 - 20 = -0.010$$

（5）尺寸公差（简称公差）

公差（tolerance）是允许零件实际尺寸的变动量，用代号 $T$ 表示。公差等于最大极限尺寸减去最小极限尺寸，或上偏差减去下偏差，公差一定是正值。如图 8-14 中：

$$T=（20.010-19.990）=0.020（mm）$$

或　　　　$$T=es-ei=[0.010-(-0.010)]=0.020（mm）$$

（6）零线和公差带

为了分析公差带与基本尺寸的关系，通常将上、下偏差按放大比例画成简图，称为公差带图，如图 8-14(c) 所示。

在公差带图中，用来表示基本尺寸的一条水平线，称为零线(zero line)，零线的上方表示正的偏差值；零线的下方表示负的偏差值，表示上、下偏差的两条直线所限定的区域即为公差带(tolerance zone)。为了便于区别，一般用斜线表示孔的公差带；用加点表示轴的公差带。

公差带由标准公差和基本偏差两个基本要素构成，标准公差确定公差带的大小，基本偏差确定公差带的位置。

（7）标准公差

国家标准规定的，用以确定公差带大小的任一公差值，称为标准公差(standard tolerance)。其数值由公差等级和基本尺寸来确定。标准公差用"IT"表示，分为 20 个等级，用 IT01、IT0、IT1~IT18 表示，其中的阿拉伯数字为公差等级代号，如 IT8 表示标准公差 8 级。公差值的大小随公差等级代号由 IT01 到 IT18 依次增大，而尺寸精度依次降低。通常 IT01~IT12 多用于配合尺寸，IT13~IT18 多用于非配合尺寸。

标准公差与基本尺寸大小有关，同一公差等级，基本尺寸越大，标准公差值也越大。国家标准把≤500mm 的基本尺寸分成 13 段，按不同公差等级列出各个基本尺寸分段的公差值，具体可以参考机械零件设计手册中的有关附表。

选用公差等级时，应考虑零件的使用要求，在满足零件使用要求的前提下，尽可能选用要求较低的公差等级，以简化零件的加工工序和降低加工成本。

（8）基本偏差

国家标准规定用于确定公差带相对零线位置的上偏差或下偏差中靠近零线的那个偏差为基本偏差（fundamental deviation）。当公差带位于零线上方时，基本偏差为下偏差；当公差带位于零线下方时，基本偏差为上偏差，如图 8-15 所示。

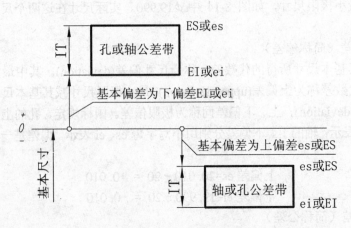

图 8-15　基本偏差

国家标准规定了孔和轴各 28 个不同的基本偏差，分别用大、小写拉丁字母表示，按顺序排列。如图 8-16 所示的基本偏差系列，图中各公差带在基本偏差一端封口，表明公差带的位置，另一端由标准公差数值确定，画成开口的。

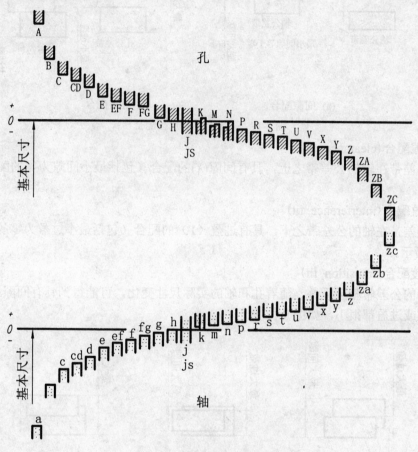

图 8-16　基本偏差系列

孔和轴的公差带代号由基本偏差代号和标准公差等级代号组成，例如：

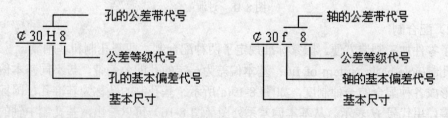

### 3. 配合的基本术语及定义

基本尺寸相同且相互结合的孔和轴的公差带之间的关系，称为配合(fit)。

（1）配合种类

根据孔、轴公差带的相对位置，配合可以分为间隙配合、过盈配合和过渡配合三类。

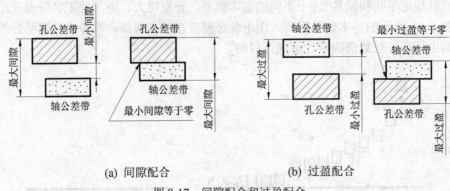

(a) 间隙配合　　　　　　(b) 过盈配合

图 8-17　间隙配合和过盈配合

1）间隙配合(clearance fit)

孔的公差带在轴的公差带之上，具有间隙($X$)的配合（包括最小间隙为零的配合），如图 8-17(a)所示。

2）过盈配合(interference fit)

孔的公差带在轴的公差带之下，具有过盈（$Y$）的配合（包括最小过盈为零的配合），如图 8-17(b)所示。

3）过渡配合(transition fit)

孔和轴的公差带相互重叠，随着孔和轴的实际尺寸变化，可能得到具有间隙或过盈的配合，但间隙或过盈都很小，如图 8-18 所示。

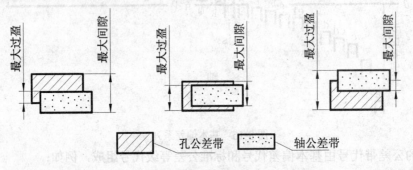

图 8-18　过渡配合

（2）配合制

为了零件加工制造方便，国家标准规定了两种配合制，即基孔制和基轴制。

基孔制(hole-basic system of fit)：基本偏差为一定的孔的公差带，与不同基本偏差的轴的公差带形成各种配合的一种制度，如图 8-19(a)所示。基孔制的孔称为基准孔，国标规定其下偏差为零，用代号 $H$ 表示。从基本偏差系列图（图 8-16）可以看出，基孔制中轴的基本偏差从 $a \sim h$ 用于间隙配合，$j \sim zc$ 用于过渡配合和过盈配合。

基轴制(shaft-basic system of fit)：基本偏差为一定的轴的公差带，与不同基本尺寸的孔的公差带形成各种配合的一种制度，如图 8-19(b)所示。基轴制的轴称为基准轴，国标规定其上偏差为零，用代号 $h$ 表示。从基本偏差系列图（图 8-16）可以看出，基轴制中孔的基本偏差从 $A \sim H$ 用于间隙配合，$J \sim ZC$ 用于过渡配合和过盈配合。

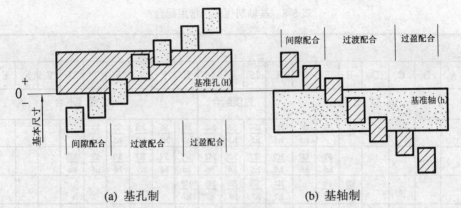

(a) 基孔制　　　　　　　　　　(b) 基轴制

图 8-19　基孔制和基轴制的公差带

一般情况下，从加工轴、孔的难易程度来看，若固定孔的公差带，可以减少加工刀具、量具的规格和数量，所以标准规定应优先选用基孔制。但若与标准件形成配合时，应按标准件确定配合制。例如：与滚动轴承内圈配合的轴应选用基孔制；与滚动轴承外圈配合的孔应选用基轴制。

28 个基本偏差和 20 个标准公差等级任意组合，可以组成五百多种孔、轴公差带的大小与位置。过多的公差带既不经济，也不利于生产，因此，国家标准根据我国的生产实际并参照国际公差标准的规定，在尺寸≤500mm 的范围内制定了优先及常用配合，应尽量选用优先配合及常用配合。基孔制和基轴制的优先、常用配合见表 8-7 及表 8-8。

表 8-7　基孔制优先、常用配合

| 基 | 轴 | | | | | | | | | | | | | | | | | | | | |
|---|---|---|---|---|---|---|---|---|---|---|---|---|---|---|---|---|---|---|---|---|---|
| 准 | a | b | c | d | e | f | g | h | js | k | m | n | p | r | s | t | u | v | x | y | z |
| 孔 | 间 隙 配 合 | | | | | | | | 过 度 配 合 | | | | 过 盈 配 合 | | | | | | | | |
| H6 | | | | | | $\frac{H6}{f5}$ | $\frac{H6}{g5}$ | $\frac{H6}{h5}$ | $\frac{H6}{js5}$ | $\frac{H6}{k5}$ | $\frac{H6}{m5}$ | $\frac{H6}{n5}$ | $\frac{H6}{p5}$ | $\frac{H6}{r5}$ | $\frac{H6}{s5}$ | $\frac{H6}{t5}$ | | | | | |
| H7 | | | | | | $\frac{H7}{f6}$ | $\frac{H7}{g6}$ | $\frac{H7}{h6}$ | $\frac{H7}{js6}$ | $\frac{H7}{k6}$ | $\frac{H7}{m6}$ | $\frac{H7}{n6}$ | $\frac{H7}{p6}$ | $\frac{H7}{r6}$ | $\frac{H7}{s6}$ | $\frac{H7}{t6}$ | $\frac{H7}{u6}$ | $\frac{H7}{v6}$ | $\frac{H7}{x6}$ | $\frac{H7}{y6}$ | $\frac{H7}{z6}$ |
| H8 | | | | | $\frac{H8}{e7}$ | $\frac{H8}{f7}$ | $\frac{H8}{g7}$ | $\frac{H8}{h7}$ | $\frac{H8}{js7}$ | $\frac{H8}{k7}$ | $\frac{H8}{m7}$ | $\frac{H8}{n7}$ | $\frac{H8}{p7}$ | $\frac{H8}{r7}$ | $\frac{H8}{s7}$ | $\frac{H8}{t7}$ | $\frac{H8}{u7}$ | | | | |
| H8 | | | | $\frac{H8}{d8}$ | $\frac{H8}{e8}$ | $\frac{H8}{f8}$ | | $\frac{H8}{h8}$ | | | | | | | | | | | | | |
| H9 | | | $\frac{H9}{c9}$ | $\frac{H9}{d9}$ | $\frac{H9}{e9}$ | $\frac{H9}{f9}$ | | $\frac{H9}{h9}$ | | | | | | | | | | | | | |
| H10 | | | $\frac{H10}{c10}$ | $\frac{H10}{d10}$ | | | | $\frac{H10}{h10}$ | | | | | | | | | | | | | |
| H11 | $\frac{H11}{a11}$ | $\frac{H11}{b11}$ | $\frac{H11}{c11}$ | $\frac{H11}{d11}$ | | | | $\frac{H11}{h11}$ | | | | | | | | | | | | | |
| H12 | | $\frac{H12}{b12}$ | | | | | | $\frac{H12}{h12}$ | | | | | | | | | | | | | |

注：1. $\frac{H6}{n5}$、$\frac{H7}{p6}$ 在基本尺寸小于或等于 3mm 和 $\frac{H8}{r7}$ 在小于或等于 100mm 时，为过渡配合。

2. 表中的黑体字为优先配合。

表 8-8　基轴制优先、常用配合

| 基准轴 | 孔 | | | | | | | | | | | | | | | | | | | | |
|---|---|---|---|---|---|---|---|---|---|---|---|---|---|---|---|---|---|---|---|---|---|
| | A | B | C | D | E | F | G | H | JS | K | M | N | P | R | S | T | U | V | X | Y | Z |
| | 间隙配合 | | | | | | | | 过渡配合 | | | 过盈配合 | | | | | | | | | |
| h5 | | | | | | | $\frac{G6}{h5}$ | $\frac{H6}{h5}$ | $\frac{JS6}{h5}$ | $\frac{K6}{h5}$ | $\frac{M6}{h5}$ | $\frac{N6}{h5}$ | $\frac{P6}{h5}$ | $\frac{R6}{h5}$ | $\frac{S6}{h5}$ | $\frac{T6}{h5}$ | | | | | |
| h6 | | | | | | $\frac{F7}{h6}$ | $\frac{G7}{h6}$ | $\frac{H7}{h6}$ | $\frac{JS7}{h6}$ | $\frac{K7}{h6}$ | $\frac{M7}{h6}$ | $\frac{N7}{h6}$ | $\frac{P7}{h6}$ | $\frac{R7}{h6}$ | $\frac{S7}{h6}$ | $\frac{T7}{h6}$ | $\frac{U7}{h6}$ | | | | |
| h7 | | | | | $\frac{E8}{h7}$ | $\frac{F8}{h7}$ | | $\frac{H8}{h7}$ | $\frac{JS8}{h7}$ | $\frac{K8}{h7}$ | $\frac{M8}{h7}$ | $\frac{N8}{h7}$ | | | | | | | | | |
| h8 | | | | $\frac{D8}{h8}$ | $\frac{E8}{h8}$ | $\frac{F8}{h8}$ | | $\frac{H8}{h8}$ | | | | | | | | | | | | | |
| h9 | | | | $\frac{D9}{h9}$ | $\frac{E9}{h9}$ | $\frac{F9}{h9}$ | | $\frac{H9}{h9}$ | | | | | | | | | | | | | |
| h10 | | | | $\frac{D10}{h10}$ | | | | $\frac{H10}{h10}$ | | | | | | | | | | | | | |
| h11 | $\frac{A11}{h11}$ | $\frac{B11}{h11}$ | $\frac{C11}{h11}$ | $\frac{D11}{h11}$ | | | | $\frac{H11}{h11}$ | | | | | | | | | | | | | |
| h12 | | $\frac{B12}{h12}$ | | | | | | $\frac{H12}{h12}$ | | | | | | | | | | | | | |

注：表中的黑体字为优先配合

### 4. 极限与配合的标注及查表

（1）在零件图中的标注

在零件图中标注公差有三种形式：

1）只注公差代号，如图 8-20(a)所示；

2）只注上、下偏差数值，如图 8-20(b)所示；

3）混合标注，即同时注出公差带代号以及上、下偏差数值，这时上、下偏差数值需加括号，如图 8-20(c)。

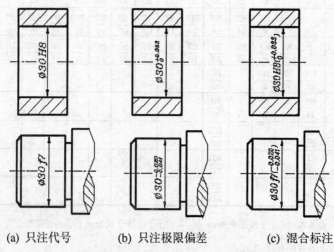

(a) 只注代号　　　　(b) 只注极限偏差　　　　(c) 混合标注

图 8-20　零件图中标注公差的形式

标注偏差数值时应注意：上偏差注在基本尺寸的右上方，下偏差注在基本尺寸的右方与基本尺寸同一底线上，偏差数值的字号比基本尺寸数值的字号小一号；上、下偏差值的整数位要对齐，小数点后的位数必须相同；若上偏差或下偏差值为 0，则此"0"必须与下偏差或上偏差的小数点前的个位数对齐；若上、下偏差值相同，而符号相反，可在基本尺寸后加注"±"号，再填写偏差数字，其高度和基本尺寸数字相同，如图 8-14(a)。

（2）在装配图中的标注

国家标准规定采用组合的形式标注配合的代号，即在基本尺寸右边，用分式的形式来表示，分子为孔的公差带代号，分母为轴的公差带代号，一般形式如下：

$$\text{孔和轴的基本尺寸}\frac{\text{孔的公差带代号}}{\text{轴的公差带代号}}$$

具体标注如图 8-21 所示。

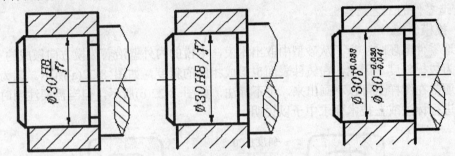

图 8-21　装配图中配合代号的标注

（3）查表举例

【例 1】查表写出 $\phi30\dfrac{H8}{f7}$ 中孔和轴的极限偏差数值。

查表 8-7 可知，$\phi30\dfrac{H8}{f7}$ 是基孔制的间隙配合。

由附录中附表 20 "优先配合中孔的极限偏差"，可查得 $\phi30H8$ 基准孔的上、下偏差为：$^{+33}_{0}$ μm，与基本尺寸的单位统一后，$\phi30H8$ 可以写成 $\phi30^{+0.033}_{0}$。

由附录中附表 19 "优先配合中轴的极限偏差"，可查得 $\phi30f7$ 配合轴的上、下偏差为：$^{-20}_{-41}$ μm，与基本尺寸的单位统一后，$\phi30f7$ 可以写成 $\phi30^{-0.020}_{-0.041}$。在零件图上的标注形式，可以参考图 8-21。

【例 2】查表写出 $\phi30\dfrac{K7}{h6}$ 中孔和轴的极限偏差数值。

查表 8-8 可知，$\phi30\dfrac{K7}{h6}$ 是基轴制的过渡配合。

由附录中附表 19 "优先配合中轴的极限偏差"，可查得 $\phi30h6$ 基准轴的上、下偏差为：$^{0}_{-13}$

μm，与基本尺寸的单位统一后，$\phi30h6$ 可以写成 $\phi30^{0}_{-0.013}$。

由附录中附表 20 "优先配合中孔的极限偏差"，可查得 $\phi30K7$ 配合孔的上、下偏差为：$^{+6}_{-15}$ μm，与基本尺寸的单位统一后，$\phi30K7$ 可以写成 $\phi30^{+0.006}_{-0.015}$。在零件图上的标注形式，可以参考图 8-21。

# 8.4　零件结构的工艺性及零件测绘

### 8.4.1　零件结构的工艺性

零件的结构形状，主要是根据零件在机器（或部件）中的作用来决定的，但是制造工艺对零件结构也有些要求，这就是零件的工艺结构。零件工艺结构不合理，常常会使加工工艺复杂化，加工困难，甚至造成废品。下面介绍零件的一些常见工艺结构。

1. 铸造零件的工艺结构

（1）拔模斜度

在铸造零件毛坯时，为了从砂型中取出木模，木模的内外壁沿着拔模方向做成约 1:20 的斜度，称为拔模斜度。因此，在铸件表面也形成相应的斜度，如图 8-22(a)所示。因为拔模斜度很小，通常在图样上可以不画出来，也不标注，如图 8-22(b)所示，但当需要注明时，则必须画出并进行标注或在技术要求中予以说明。

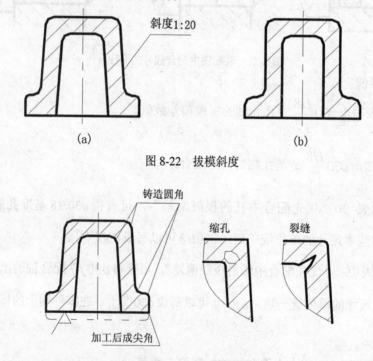

图 8-22　拔模斜度

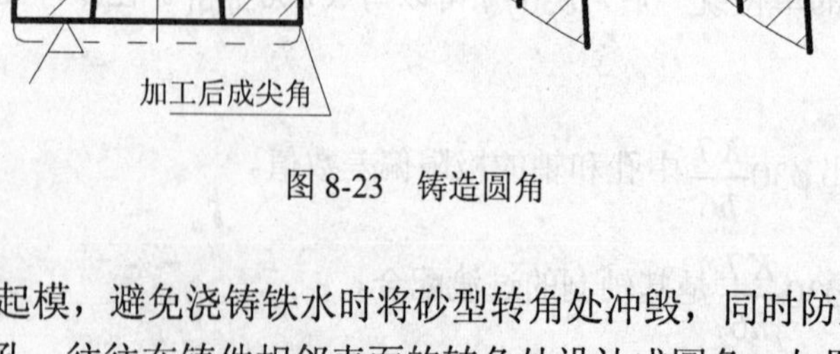

图 8-23　铸造圆角

（2）铸造圆角

为了方便造型时起模，避免浇铸铁水时将砂型转角处冲毁，同时防止铸件转角处在铁水冷却时产生裂纹或缩孔，往往在铸件相邻表面的转角处设计成圆角，如图 8-23 所示。铸造圆角半径一般是壁厚的 0.3 倍左右，大约 $R3 \sim R5$mm，在图上通常画出，但可以不标注，而是在技术要求中统一说明，如"未注圆角半径 $R3 \sim R5$"。

铸件表面经过机械加工之后，铸造圆角即被切除，这时应该画成尖角或倒角，如图 8-23。

（3）铸件壁厚

为了避免铸件由于壁厚不均匀而使各部分冷却速度不相同，造成缩孔或裂缝，应尽可能使铸件的壁厚保持大致相等或逐渐变化，如图 8-24 所示。

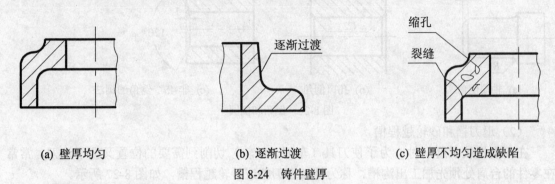

（a）壁厚均匀　　　　　　（b）逐渐过渡　　　　　（c）壁厚不均匀造成缺陷

图 8-24　铸件壁厚

由于拔模斜度、铸造圆角的存在，零件表面相交处的交线就不明显了，这种交线称为过渡线，画过渡线时，是按没有圆角的情况画，但在交线的起讫处与圆角的轮廓线断开（画至理论尖角处），如图 8-25 所示。

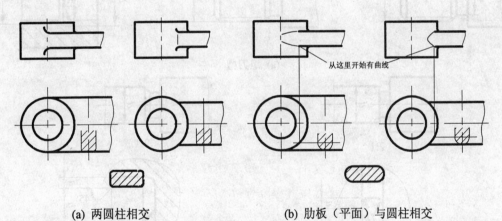

（a）两圆柱相交　　　　　　（b）肋板（平面）与圆柱相交

图 8-25　过渡线

## 2. 机械加工工艺结构

（1）倒角和倒圆

为了去除零件上的毛刺、锐边，以免划伤操作人员，以及便于装配，通常在轴端和孔口，一般都加工出 45° 或 30°、60° 的一小段锥台面，称为倒角。

为了避免阶梯形状的轴和孔因应力集中产生裂纹，通常在轴肩处加工出过渡小圆弧面，称为倒圆。

倒角和倒圆的画法与标注形式如图 8-26 所示。

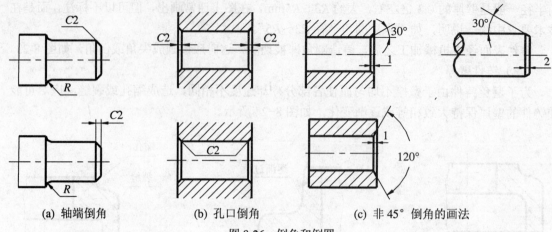

(a) 轴端倒角　　　　(b) 孔口倒角　　　　(c) 非45°倒角的画法

图 8-26　倒角和倒圆

（2）退刀槽和砂轮越程槽

在车削螺纹或磨削时，为了使刀具（车刀、砂轮）切削到需要的位置又便于退刀，常常在零件的台肩处预先加工出沟槽，称为螺纹退刀槽或砂轮越程槽，如图 8-27 所示。

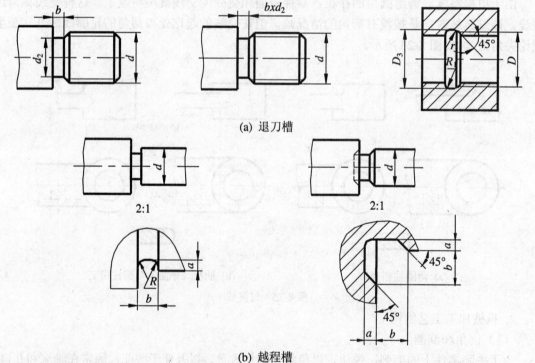

(a) 退刀槽

(b) 越程槽

图 8-27　退刀槽和越程槽

（3）钻孔结构

用钻头加工的盲孔或阶梯孔，其末端会因钻头头部的锥面结构而产生锥坑，锥坑应画成 120°，但图上不必标注角度，且孔深尺寸不包括锥坑，如图 8-28 所示。

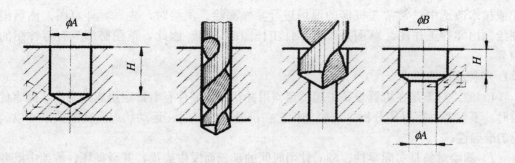

(a) 盲孔                    (b) 阶梯孔

图 8-28　钻孔末端

钻孔时，为保证钻孔位置正确和避免折断钻头，应尽量使钻头的轴线垂直于被钻零件表面，当钻头轴线与钻孔表面倾斜时，常设计出凸台或凹坑结构，如图 8-29 所示。

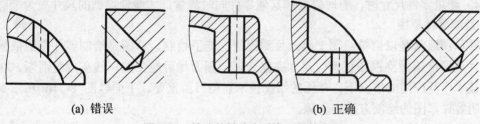

(a) 错误                    (b) 正确

图 8-29　钻孔的轴线应垂直于零件表面

（4）凸台和凹坑

为了保证零件间的良好接触，同时减少加工面积、降低加工成本，常在铸件上设计出凸台或凹坑结构，例如在螺纹紧固件连接的支承面通常做成的形式，如图 8-30(a)、(b)所示。而图 8-30(c)、(d)所示的凹槽、凹腔，为零件接触或配合表面常见的结构形式。

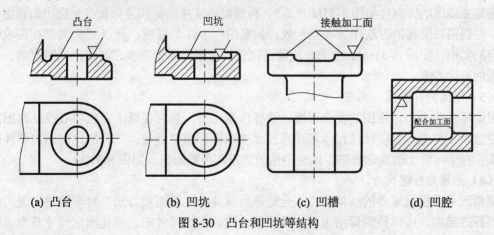

(a) 凸台          (b) 凹坑          (c) 凹槽          (d) 凹腔

图 8-30　凸台和凹坑等结构

### 8.4.2　零件测绘

在生产中使用的零件图，一是根据设计而绘制，二是按实际零件测绘而画出图样。零件测绘是指根据零件画出图形、测量出尺寸和制定出技术要求的过程。在机器设备的仿造、修配或技术改造中，常常在机器的现场进行零件测绘。测绘时，先画零件草图，然后根据草图绘制出零件工作图。草图是绘制零件工作图的依据，因此，草图必须具有零件图的全部内容。

1. 零件测绘的特点

（1）测绘对象是在机器设备中起特定作用并和其他零件有着特定组成关系的实际零件。测绘时，不仅要进行形体分析，还要分析它在机器中的作用、运动状态及装配关系，以确保测绘的准确性。

（2）测绘对象是实际零件，随着使用时间的延长而发生磨损，甚至损坏。测绘中既要按实际形状大小进行测绘工作，又要充分领会原设计思想，对现有零件尺寸作必要的修正，保证测绘出原有的图形特征。

（3）测绘的工作地点、条件及测绘时间受到一定的制约，测绘中要绘出零件草图，这就要求测绘人员必须熟练掌握草图的绘制方法。

（4）测量零件尺寸时，有时需要和其他零件同时测量，才能使得到的尺寸更为准确。

2. 绘制零件草图

零件草图通常是以简单绘图工具，目测比例，徒手绘制。草图是绘制零件图的依据，因此，零件草图应该做到视图正确，尺寸完整合理，图面尽可能工整，线条规范清晰。在计算机绘图技术广泛应用的情况下，草图的绘制技术显得日益重要。下面以图 8-31(a)所示支座为例，说明零件草图的绘制方法和步骤。

（1）结构分析

首先了解零件的名称、材料，然后分析零件的结构形状特征，如图 8-31(a)，分清加工面与非加工面。

（2）确定表达方案

该零件为铸件，加工工序较多，加工位置不确定，因此，主要根据形体特征及工作位置原则选定主视图的方向（如图 8-31(a)所示）。再根据该支座的结构复杂程度，选用俯视图、左视图。左视图以阶梯剖方法作 *A-A* 全剖视，俯视图作 *B-B* 全剖视，并以 *C* 向局部视图表明顶部凸台的实形，如图 8-31(b)。总之，应通过比较，选用视图数量少、表达得完整清晰、有利于看图的表达方案。

（3）定比例、布图、画图

根据零件的大小、视图的复杂程度，选择作图比例，然后在纸上定出中心线及作图基准线，注意留出位置，以便标注尺寸和注写技术要求、标题栏等等。以目测比例画出零件的各个视图，对于零件上的制造缺陷，或使用后的磨损均不能画出，如图 8-31(b)。

（4）测量并标注尺寸

测量尺寸要根据零件的结构特点，合理选用量具，注意测量方法，对于键槽、退刀槽、螺纹等标准结构，应调整测量结果与标准数值一致。标注尺寸时，应先确定尺寸基准，画好尺寸界线、尺寸线和尺寸箭头，然后集中测量尺寸，逐一标注，如图 8-31(c)所示，图中长度方向的尺寸基准为对称面（点画线表示），高度方向的尺寸基准是底平面，宽度方向的尺寸基准是 $\Phi72H8$ 孔的后端面。

测量尺寸中应注意：

1) 对已经磨损的零件尺寸, 要作适当分析, 最好能测量与其配合的零件尺寸, 得出合适的尺寸。

2) 对零件上的配合尺寸, 一般只需测出基本尺寸, 根据使用要求选择合理的配合性质。

3) 对螺纹、齿轮、键槽、沉孔等标准化的结构, 应根据测得的主要尺寸, 查阅有关国家标准, 采用标准结构尺寸。

（5）注写表面粗糙度和其他技术要求, 填写标题栏, 并认真审查复核。

绘制零件草图的注意事项:

1) 零件上的工艺结构, 如倒角、圆角、退刀槽、越程槽、中心孔等均应全部画出或在标注尺寸和技术要求中加以说明。

2) 零件上的各种缺陷, 如铸造砂眼、毛刺、气孔、加工刀痕等不要绘出。

3) 对零件上的重要尺寸, 必须精心测量和核对; 通过计算得到的尺寸, 如齿轮啮合的中心距等, 不得随意进行圆整; 零件的尺寸公差, 要根据零件的配合要求来选定, 并与相关零件的尺寸协调; 零件上的工艺结构尺寸应查阅有关标准来确定。

4) 对已损坏的零件要按原形绘出, 当零件的结构不合理或不必要时, 可作必要的修改。

5) 对于被测零件和测量工具均应妥善保管, 避免丢失和损坏。

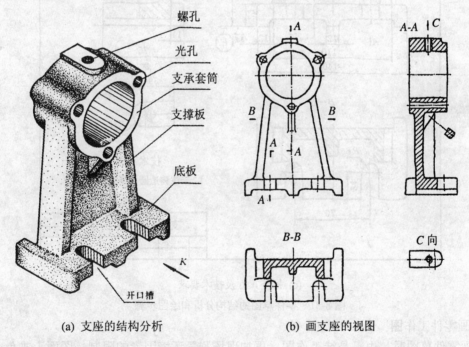

(a) 支座的结构分析　　　　　　(b) 画支座的视图

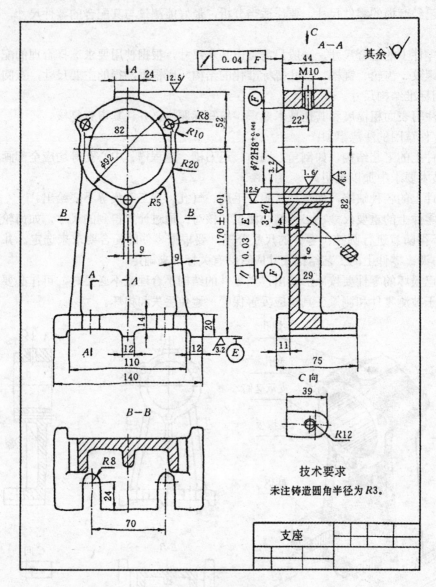

(c) 标注尺寸及技术要求

图 8-31　零件草图的结构分析和绘图步骤

### 3. 画零件工作图

　　在画零件草图时，由于是徒手作图，再加现场测量环境因素的限制，图面上难免会有疏漏和不足，因此，在画零件工作图之前，必须对草图进行认真整理、仔细校核，如表达方法是否正确、尺寸标注是否合理等内容进行逐个复查、修订，并加以补充；对表面粗糙度、尺寸公差和其他技术要求应进一步核查，必要时应重新计算选用，最后根据核查后的草图，画出零件工作图。

# 8.5　读零件图

在零件设计、制造，机器安装、使用和维修及技术革新、技术交流等工作中，常常要读零件图。

读零件图的基本要求是：

（1）了解零件的名称、材料、用途。

（2）分析零件各组成部分结构形状，从而弄清零件各组成部分的结构特点及其作用，做到对零件有一个完整、具体的认识，理解设计意图。

（3）分析零件各组成部分的定形尺寸和各部分之间的定位尺寸。

（4）熟悉零件各部位的加工方法及其各项技术要求，掌握制造该零件的工艺方案。

## 8.5.1　读零件图的方法与步骤

### 1.　概括了解

首先从标题栏了解零件的名称、材料、比例等，并浏览全图，对零件的作用和结构特点有个初步的概念。还可参考相关技术资料（如装配图），进一步了解零件的用途以及与其他零件的相邻关系。

### 2.　分析视图，想象形状

先找出主视图，从主视图入手，分析其他视图和主视图的对应关系、各个视图所采用的表达方法。再以形体分析法为主，结合线面分析法，进行零件结构分析，逐一看懂零件各部分的形状、结构特点，然后综合想象出零件的完整形状。

### 3.　分析尺寸

结合零件的结构特点以及用途，先找出尺寸的主要基准，明确重要尺寸，然后了解其他尺寸。注意运用形体分析法看懂各组成部分的定形尺寸和定位尺寸，以及总体尺寸，验证尺寸标注的完整性、合理性。

### 4.　了解技术要求

了解零件的表面粗糙度，分清哪些表面要切削加工，哪些不要加工，以及表面粗糙度要求的高低；分析零件的尺寸公差，了解一些重要尺寸的公差要求，以便考虑相应的加工方法；再分析其他技术要求，这些都是制定零件加工工艺的依据。

### 5.　综合分析

综合以上四个方面的分析，对零件有较全面、完整的了解。应该指出的是，上述步骤不应简单地割裂开来，实际读图时，往往是交叉反复地进行。

## 8.5.2　读零件图举例

下面以图 8-32 所示的轴承架零件图为例，介绍读零件图的具体方法和步骤。

### 1. 概括了解

由标题栏可知，该轴承架零件图作图比例 1:1、材料是 HT200，毛坯为铸件，经机械加工完成，是一个结构属中等复杂程度的叉架类零件。

## 2. 分析视图、想象形状

该零件图采用主、左两视图，另外增加一个 *B* 向（后视）局部视图，共 3 个视图表达。主视图反映了轴承架外形的主要特征，零件上端的左右两侧采用局部剖视，表达轴承孔和近处的两个 *M*12 螺纹孔；左视图采用了两个相交剖切平面的 *A-A* 全剖视的方法，还在上端螺孔处作了局部剖视；*B* 向局部视图用于表达零件后面凸台的实形。对照视图间投影关系，可以想象出该零件的形状，如图 8-33 所示。

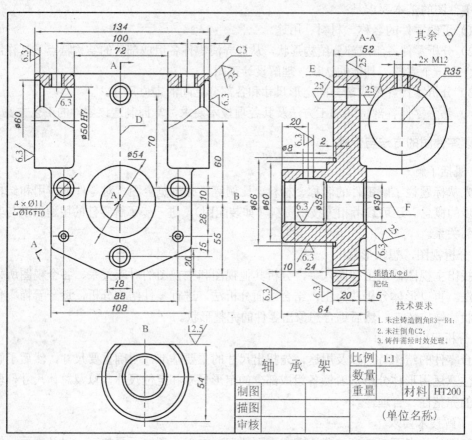

图 8-32　轴承架零件图

## 3. 分析尺寸

### （1）主要尺寸基准

该零件左右对称，长度方向选对称平面为基准，即主视图中符号"*D*"所指点画线，宽度方向以后方的安装面 *E* 为基准，高度方向以轴线 *F* 为基准，如图 8-32 所示。

### （2）定形尺寸

根据形体分析法，对确定零件各组成部分形状大小的尺寸进行分析，如零件左右两耳板上的轴承孔的孔径尺寸 $\phi50H7$，就确定了轴承孔直径的大小以及尺寸公差。其他定形尺寸请读者自行分析。

### （3）定位尺寸

以"*D*"为基准，在主视图上标注出 100、88 等长度方向的定位尺寸；高度方向的定位尺寸较多，在主视图中由基准"*F*"注出的有 60、55、10、26 等；宽度方向，在左视图中由基准"*E*"注出的有 52、20 等。

4. 了解技术要求

该零件毛坯是铸件，要经过时效处理，才能进行机械加工。从图 8-33 可知，该零件很多表面需经切削加工，几处接触面及圆柱孔配合面的表面粗糙度为 6.3，较次要的加工表面为 12.5 及 25，其余仍为铸件原来的表面状态，这从图纸右上角统一标注的粗糙度符号可知。这样，我们便了解到，该零件对表面粗糙度要求并不高。

综合上述四个方面的分析，就可以得出该零件的完整概念，真正看懂这张零件图。

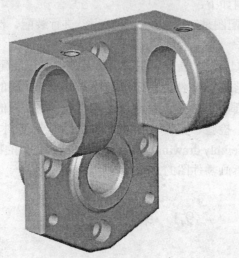

图 8-33　轴承架

# 思 考 题

1. 零件图包括哪几部分内容？为什么要有零件图？

2. 零件图的视图（包括主视图和其他视图）选择分别要遵循哪些原则？视图选择还应注意哪些问题？

3. 零件上的哪些结构常作为尺寸基准？试述标注零件图尺寸的要求和注意事项。

4. 表面粗糙度是什么？它的代（符）号表示什么含义？

5. 零件的互换性和尺寸公差的含义是什么？

6. 公差、标准公差，偏差、基本偏差含义是什么？其中的两个标准参数是如何分级的？

7. 配合含义是什么？如何分类？在零件图和装配图上如何标注公差和配合？

8. 读零件图的方法和步骤是什么？

# 第 9 章　装　配　图

　　由若干零件按照一定的装配关系装配成机器或部件，表示机器或部件的图样称为装配图(assembly drawing)。其作用如下：

　　**1.** 在生产过程中，装配图是制订装配工艺规程，进行装配、检验、安装、使用和维修的重要技术文件。

　　**2.** 机器或部件在设计过程中，首先要通过分析计算并画出装配图，然后以装配图为依据，进行零件设计，画出零件图，按零件图制造出零件，再按装配图的要求装配出机器或部件。装配图要表达出机器（或部件）的工作原理、性能要求、零件间的装配关系和主要零件的主要结构形状，以及在装配、检验、安装时所需要的尺寸数据和技术要求。

　　本章将讨论装配图(assembly drawing)内容、机器（或部件）的特殊表达方法，装配图的画法、看装配图和由装配图拆画零件图的方法等内容。

## 9.1　装配图的内容

　　图 9-1 所示齿轮油泵装配图，其具体内容如下：

　　1. 一组视图

　　用一般表达方法和特殊表达方法，正确、完整、清晰和简便地表达机器（或部件）的工作原理、零件之间的装配关系和零件的主要结构形状。

　　2. 必要的尺寸

　　根据由装配图拆画零件图(detial drawing)以及装配、检验、安装、使用机器的需要，在装配图中必须标注出机器或部件必要的尺寸，主要包括性能规格尺寸、装配尺寸、安装尺寸、总体尺寸及其他重要尺寸。

　　3. 技术要求

　　用文字或符号注写出机器（或部件）的质量、装配、检验、使用等方面的要求。

　　4. 标题栏、编号和明细栏

　　根据生产组织和管理工作的需要，装配图上必须对每个零件进行编号，并在明细栏中依次列出零件的序号、名称、数量、材料等。在标题栏中，应写明装配体的名称、图号、比例以及有关人员的签名等。

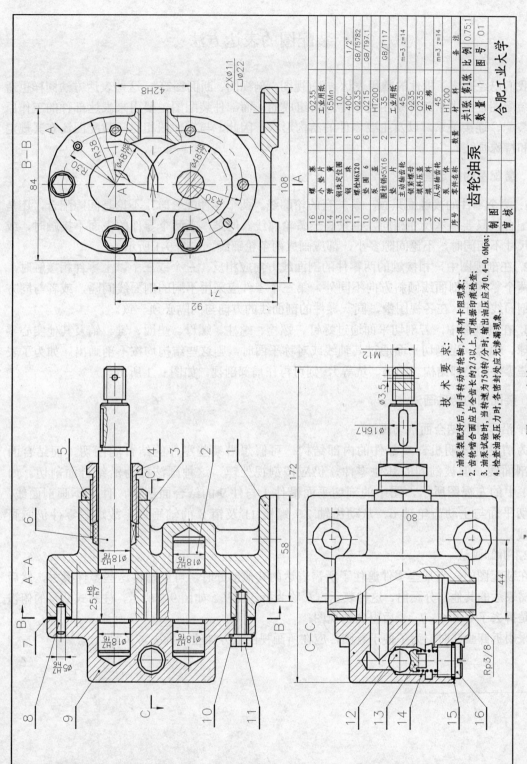

图 9-1 齿轮油泵装配图

技 术 要 求：

1. 油泵装配好后，用手转动齿轮轴，不得有卡阻现象；
2. 齿轮啮合面应占全齿长的2/3以上，可根据印痕检查；
3. 油泵试验时，当转速为750转/分时，输出油压应为0.4~0.6Mpa；
4. 检查油泵压力时，各密封处应无渗漏现象。

| 16 | 螺 塞 | 1 | Q235 | |
| 15 | 垫 片 | 1 | 工业用纸 | |
| 14 | 弹 簧 | 1 | 65Mn | |
| 13 | 钢球定位圈 | 1 | 10 | |
| 12 | 钢 球 | 1 | 40Cr | 1/2" |
| 11 | 螺栓M6X20 | 6 | Q235 | GB/T5782 |
| 10 | 垫圈 6 | 6 | Q215 | GB/T97.1 |
| 9 | 盖 | 2 | HT200 | |
| 8 | 圆柱销5X16 | 2 | 35 | GB/T117 |
| 7 | 垫 片 | 1 | 工业用纸 | |
| 6 | 主动轴齿轮 | 1 | 45 | m=3 z=14 |
| 5 | 锁紧螺母 | 1 | Q235 | |
| 4 | 填料压盖 | 1 | Q235 | |
| 3 | 填 料 | 1 | 石棉 | |
| 2 | 从动轴齿轮 | 1 | 45 | m=3 z=14 |
| 1 | 泵 体 | 1 | HT200 | |
| 序号 | 零件名称 | 数量 | 材 料 | 备 注 |

| 齿轮油泵 | | 共1张 | 第1张 | 比 例 | 0.75:1 |
| | | 数 量 | 1 | 图 号 | 01 |
| 制 图 | | | 合肥工业大学 | | |
| 审 核 | | | | | |

# 9.2　装配图的表达方法

我们已经介绍了机件的常用表达方法(视图、剖视图、断面图等)，这些表达方法同样也适用于装配图，但由于部件是由若干零件所组成的，而部件装配图主要用来表达部件的工作原理和装配、连接关系，以及主要零件的结构形状，因此，与零件图相比，装配图还有其规定画法和特殊画法。

## 9.2.1　装配图的规定画法

1. 两个零件的接触面只画一条共有的轮廓线。两个零件配合时，不论是间隙配合，还是过渡配合，只要基本尺寸相同，也只画一条轮廓线。但是，当两个零件的表面不接触时，或基本尺寸不相同时，不论间隙多小，都应画成两条轮廓线。如图 9-1 所示。

2. 在剖视图中，相接触的两零件的剖面线方向应相反。三个或三个以上零件相接触时，其中两个零件的剖面线倾斜方向不同外，第三个零件应采用不同的剖面线间隔，或者与同方向的剖面线错开。在各视图中，同一零件的剖面线的方向与间隔必须一致。

3. 在剖视图中，若剖切平面通过螺钉、螺栓、螺柱、螺母、垫圈、键、销及其他实心零件如球、轴等，当剖切平面通过其轴线或对称平面时，则这些结构均按不剖画出。如为了表示这些零件的局部结构（凹槽、坑等），则可再作局部剖视。如图 9-1 所示。

## 9.2.2　装配图的特殊画法

### 1. 沿零件的结合面剖切画法

为清楚地表明机器或部件的内部结构，可假想沿某些零件的结合面剖切，而结合面不画剖面线，但被剖到的其他零件，仍应按剖视处理，这种画法称为沿结合面剖切。如图 9-1 中的左视图所示，图中的剖切平面沿件 1 与件 9 的结合面剖切，件 1 不画剖面线，而剖切平面与主动齿轮轴 6、从动齿轴 2、螺栓 11 及销 8 的轴垂直，故这些零件仍应画剖面线。

### 2. 拆卸画法

在装配图中，当某些零件遮住了所需表达的其他部分时，可假想将这些零件拆去，然后将所需表达的其他部分画出，这种表示方法称为拆卸画法。如图 9-2 所示，柱塞式油泵的俯视图就是拆去了零件 6、7、8 后得到的视图。

采用拆卸画法时，为了便于看图，应在所画视图上方加注"拆去××等"。

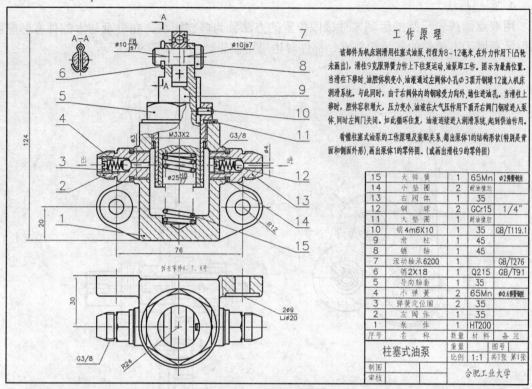

工作原理

该部件为机床润滑用柱塞式油泵，行程为8～12毫米，在外力作用下（凸轮未画出），滑柱9克服弹簧力作上下往复运动，油泵即工作。图示为最高位置。当柱塞下移时，油腔体积变小，油液通过左阀体内的3顶开钢球12流入机床润滑系统。与此同时，由于右阀体内的钢球受力向外，堵住进油孔。当滑柱上移时，腔体容积增大，压力变小，油液在大气压作用下顶开右阀门钢球进入泵体，同时左阀门关闭。如此循环往复，油液连续进入润滑系统，起到供油作用。

看懂柱塞式油泵的工作原理及装配关系，想出泵体1的结构形状（特别是背面和侧面外形），画出泵体1的零件图。（或画出滑柱9的零件图）

| 15 | 大弹簧 | 1 | 65Mn | φ2弹簧钢丝 |
|---|---|---|---|---|
| 14 | 小垫圈 | 2 | 耐油橡胶 | |
| 13 | 右阀体 | 1 | 35 | |
| 12 | 钢球 | 1 | GCr15 | 1/4" |
| 11 | 大垫圈 | 1 | 耐油橡胶 | |
| 10 | 销4m6X10 | 1 | 35 | GB/T119.1 |
| 9 | 滑柱 | 1 | 45 | |
| 8 | 销轴 | 1 | 45 | |
| 7 | 滚动轴承6200 | 1 | | GB/T276 |
| 6 | 销2X18 | 1 | Q215 | GB/T91 |
| 5 | 导向轴套 | 1 | 35 | |
| 4 | 小弹簧 | 2 | 65Mn | φ0.6弹簧钢丝 |
| 3 | 弹簧定位圈 | 2 | 35 | |
| 2 | 左阀体 | 1 | 35 | |
| 1 | 泵体 | 1 | HT200 | |
| 序号 | 名称 | 数量 | 材料 | 备注 |

柱塞式油泵

| 重量 | | 图号 | |
|---|---|---|---|
| 比例 1:1 | | 共1张 第1张 | |
| 制图 | | | |
| 审校 | | 合肥工业大学 | |

图9-2 柱塞式油泵装配图

## 3. 夸大画法

在装配图中，当图形上的薄片零件厚度和微小间隙等结构（≤2mm），或锥度较小时，无法按其实际尺寸画出或不能明显表达其结构时，均允许不按原比例而将其适当夸大画出。如图9-3所示。

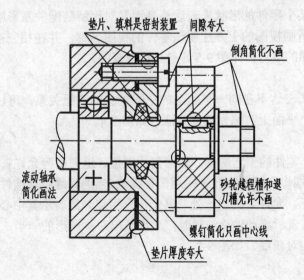

图 9-3 夸大画法和简化画法

**4. 假想画法**

用双点画线表示某些运动零件极限位置的方法称为假想画法。在表示与本部件有装配关系但又不属于本部件的其他相邻零、部件时也采用假想画法，如图 9-4 所示。

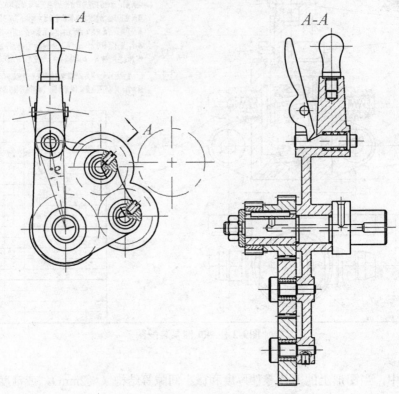

图 9-4　挂轮架

**5. 单独表达某个零件**

在装配图中，当某个零件的形状未表达清楚而又对理解装配关系影响时，可另外单独表达该零件，但必须在所画视图的上方注明该零件的视图名称，并在相应视图的附近用箭头指明投影方向，注上同样的字母，如图 9-5 零件 7 $C$ 向视图。

**6. 展开画法**

在装配图中，为了表达不在同一平面上的空间重叠的装配关系，可以假想按其运动顺序剖切，然后展开在一个平面上，称为展开画法。如图 9-4。

**7. 简化画法**

(1) 在装配图中，零件的工艺结构，如圆角、倒角、退刀槽等允许省略不画。

(2) 在装配图中，螺母和螺栓头允许采用简化画法。当遇到螺纹连接件等相同的零件组时，在不影响理解的前提下，允许只画出一处，其余可只用点划线表示其中心位置。

(3) 在剖视图中，表示滚动轴承油封时，允许画出对称图形的一半，另一半画出其轮廓，并用细实线画出轮廓的对角线，如图 9-3。

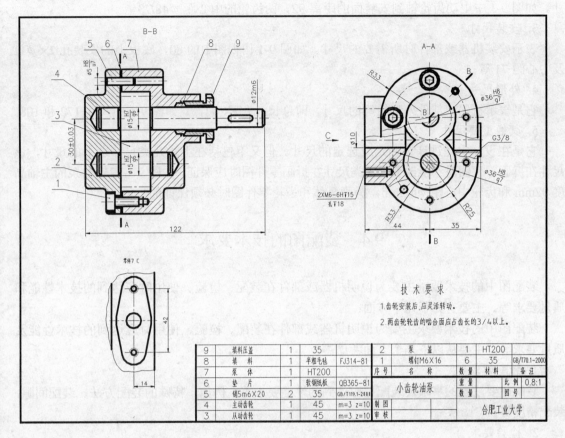

图 9-5  小齿轮油泵装配图

## 9.3  装配图中的尺寸标注

装配图不是制造零件的直接依据。因此，装配图中不需注出零件的全部尺寸，而只需要标注一些必要的尺寸，进一步说明装配体的性能、工作原理、装配关系和安装等方面的要求就可以了。装配图上应标注下列五类尺寸：

1. 性能尺寸（特征尺寸）

它是表示机器或部件性能、规格及特征的尺寸，在设计时就已经确定，它是设计、了解和选用该机器或部件的依据，如图 9-1 中的齿轮泵的进、出油口尺寸 $R_P3/8$。

2. 装配尺寸

表示机器或部件中有关零件间装配关系的尺寸

(1) 配合尺寸　表示零件间配合关系和配合性质的尺寸。如图 9-1 中的 $\phi48\dfrac{H8}{f7}$，$\phi18\dfrac{H7}{f6}$ 等。

(2) 相对位置尺寸　它是表示装配机器和拆画零件图时，需要保证的零件间相对位置的尺寸。如图 9-1 中主动齿轮轴到安装面的距离 92，两齿轮的中心距 $\phi48H8$。

3. 安装尺寸

表示安装机器或部件时所需要的尺寸。如图 9-1 俯视图中的 80，底板上的安装孔 $2\times\phi11$ 及中心距 71 等。

4. 外形尺寸

它是表示机器或部件外形轮廓的尺寸，即总长、总宽、总高。如图 9-1 中尺寸 172 和 108。

5. 其他重要尺寸

它是在设计中经过计算确定或选定的尺寸。但又不包括在上述几类尺寸之中的尺寸，该尺寸在拆画零件图时不能改变。这类尺寸在拆画零件图时应保证。如图 9-1 齿轮油泵的主轴高度 92mm 和齿轮中心距 $\phi42$mm，拆画泵体和齿轮零件图时必须保证的。

# 9.4 装配图的技术要求

装配图中的技术要求主要为说明机器或部件在装配、检验、使用时应达到的技术性能和质量要求等。主要有如下几个方面：

装配图中的技术要求主要为说明机器或部件在装配、检验、使用时应达到的技术性能及质量要求等。主要从以下几个方面考虑：

1. 装配要求

装配时要注意的事项及装配后应达到的性能要求等。例如，特殊的装配方法、装配间隙、装配精度等。

2. 检验要求

装配后对机器或部件进行验收时所要求的检验方法和条件。如图 9-1 装配图中技术要求的 3、4。

3. 使用要求

对机器在使用、保养、维修时提出的要求。例如限速要求、限温要求、绝缘要求等。

技术要求通常写在明细栏左侧或其他空白处，内容太多时可以另编技术文件。

# 9.5 装配图的零件序号、标题栏和明细栏

机器或部件是由若干个零件组成的，因此，在装配图上对每个零件或部件都必须编注序号，并且根据编号填写明细栏，以便进行生产的准备工作。这样，在看装配图时，可以根据序号查阅明细栏，了解零件的名称、材料和数量，便于读装配图、拆画零件图及图样文件管理。

1. 零件序号

零件序号的编写应遵循以下规则：

（1）序号应标注在图形轮廓线的外边，并填写在指引线的横线上方或圆圈内，横线或圆圈用细实线画出。也可将序号数字写在指引线附近。这三种形式在同一装配图中只能取其一

种，一般用横线形式较多。序号数字要比装配图中的标注尺寸数字大一号或两号，横线的长短、圆圈直径的大小和数字的高度在同一装配图中应一致,如图 9-6(a)。

（2）指引线尽可能均匀分布且彼此不相交，也不要过长。指引线通过有剖面线的区域是，要尽量不与剖面线平行，也不要和尺寸线、中心线和主要轮廓线平行，必要时可画成折线，但只允许弯折一次。指引线应从所指零件的可见轮廓线范围内的空白处引出，并在末端画一小黑圆点，若零件很薄或已经涂黑，可在指引线末端画出指向该部分轮廓的箭头。另一端用细实线画一根水平短线或一小圆，以便填写序号。如图 9-6(b)。

（3）装配图上每种零件（或部件）都要编序号，规格相同的零件在各视图上只编一个序号。

（4）一般从主视图开始编号，序号应按顺时针或逆时针方向，整齐、均匀地排列在同一水平线或垂直线上，如图 9-1 所示。

（5）一组紧固件以及装配关系清楚的零件组，可以采用公共指引线，如图 9-7 所示。标准部件在装配图中只注写一个序号。

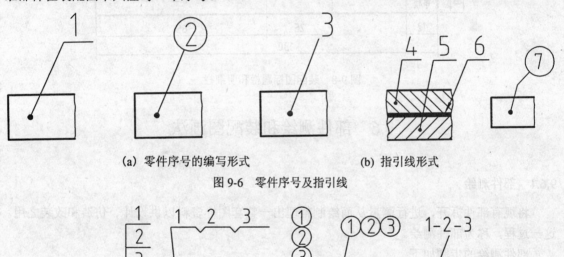

(a) 零件序号的编写形式　　　　(b) 指引线形式

图 9-6　零件序号及指引线

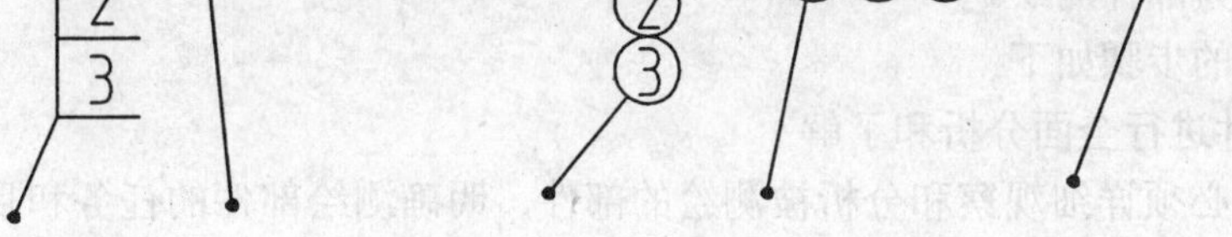

图 9-7　公共指引线

**2. 明细栏**

（1）明细栏是装配图中所有零件的基本情况一览表。一般画在标题栏上方，如地方不够，也可在标题栏的左方再画一排，如图 9-5；如图中剩余面积较小或零件太多时，明细表还可另列单页。明细栏的左右边框线及与标题栏的分界线为粗实线，其余均为细实线(包括上边框线)。明细栏中"序号"一栏的排列应由下往上逐渐增大填写。"名称"栏中填写零件的名称，对于标准件还要填写其规格。

（2）备注栏内可注写某些常用件的主要参数及相关说明，如齿轮的模数、齿数等。

（3）明细栏中的序号应与装配图中的零（部）件序号一致。

**3. 标题栏**

标题栏用于填写机器或部件的名称、图号、比例、设计单位和人员等内容，一般画在图框的右下方。如图 9-8。

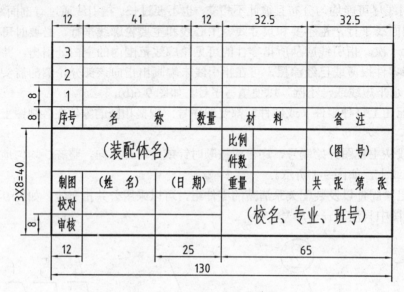

图 9-8　装配图标题栏和明细栏

# 9.6　部件测绘和装配图画法

### 9.6.1　部件测绘

将现有部件拆开，进行测量从而绘制整理出一整套图样资料以供设计、仿造和改装之用。这一过程，称为部件测绘。

部件测绘的步骤如下：

1. 对部件进行全面分析和了解

测绘前，必须详细观察和分析被测绘的部件，明确测绘部件的任务和目的，决定测绘工作的内容和要求，并且通过阅读有关技术文件、参考资料等分析部件的构造、用途、性能、工作原理以及零件间的装配关系等。

2. 拆卸部件

拆卸装配体是为了进一步了解装配体的内部结构及工作原理。为便于测绘和保证拆后重新装配的精度，拆卸时应注意以下几点：

（1）拆卸前，做好准备工作。如拆卸工具、场所、研究和制定拆卸顺序和方法、用文字或图形记录一些拆前的资料等。

（2）拆卸时，要认真细致。要按照预定的顺序和方法进行拆卸；要记录拆卸顺序以及零件之间的装配关系和相对位置关系，必要时要对零件进行标记；对拆卸下来的零部件,按顺序或分类分区等方式妥善保管，防止丢失、损坏、生锈等事故,为重新装配作准备；对不可拆或不必拆的组件、精密配合件及过盈配合件等，尽量不拆。

### 3．画装配示意图

装配示意图一般用简单的图线及国标规定的机构及其组件的简图符号表示装配件各零件间相对位置和装配关系的图样。画装配示意图时，一般是一边拆卸，一边绘制补充、更正，画出示意图。通常从主要零件入手，然后按装配顺序再把其他零件逐个画出。为了区分零件，往往把零件看作透明，画成开口的，零件间画出间隙。在对各零件表达时，尽可能把所有零件集中画在一个视图上。要用简单形象的线条画出内外轮廓。图 9-9 是铣刀架的立体图，图 9-10 为铣刀架的装配示意图。

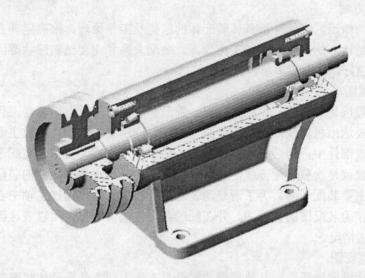

图 9-9　铣刀架的立体图

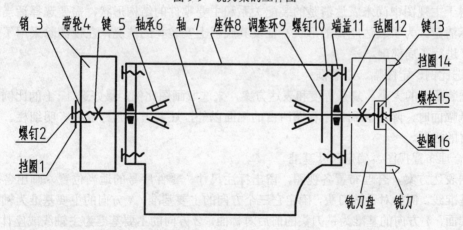

图 9-10　铣刀架的装配示意图

### 4．测绘零件草图

（1）对零件进行分类：分为标准件、常用件、一般件。

（2）标准件需要通过测量，确定其名称、规格、标准号，并以与装配示意图中相同的序号进行记录，但不需要画图（特殊情况也可以画）。

（3）一般件和常用件要测量并绘图，各零件图样的序号要与装配示意图中序号相同。

（4）注意相互配合的零件的尺寸等要符合相配原则。

零件草图绝不是简单的潦草之图，具体要求见零件图一章。

5．画装配图。

6．由装配图拆画零件图。

7．整理有关资料。

### 9.6.2　画装配图的方法和步骤

#### 1．确定表达方案

根据装配图的作用，详细分析具体装配体的结构及工作原理，来确定其表达方案。其原则是：在能够清楚地表达出装配体的工作原理、装配关系和主要结构形状等因素的前提下，视图的数量越少越好，画图越简单越好。

（1）选择主视图

选择原则一般按装配体的工作位置放置，铣刀头座体水平放置，符合工作位置。为使主视图能够较多地表达出机器或部件的工作原理、零件间主要的装配关系及主要零件的结构形状。一般在机器或部件中，将装配关系密切的一些零件轴心线，常称为装配干线。它们中的各螺纹连接件轴线就是次要装配干线，机器或部件是由一些主要和次要的装配干线组成。铣刀头中的主轴为主要装配干线。为了清楚地表达这些装配关系，通过主轴中心线将装配体剖开，画出剖视图作为装配图的主视图。并在轴的两端作局部剖视，用以表达键、螺钉、销和螺栓等与轴的连接情况。

（2）确定其他视图

根据确定表达方案的原则，其他视图的数量及表达方法要结合具体装配体而定。例如铣刀头，对于主视图中尚未表达清楚的装配关系和主要零件的结构形状，需要选择适当的表达方法表示清楚。为了表达座体的形状特征及其底板上安装孔的情况，左视图除采用了拆卸画法外，又进行了局部剖。

#### 2．选比例、定图幅、画图框

根据装配体的大小、复杂程度和表达方案，来选取画图比例，最好选 1∶1 的比例画图。选择图纸幅面时，除考虑到各个视图所占的幅面以外，还要考虑到标题栏、明细栏、技术要求等所占的幅面。

#### 3．合理布置视图，确定尺寸基准

根据表达方案，合理布置各视图，留出标注尺寸、零件序号的适当位置，画出各个视图的主要基准线。例如对于铣刀头，确定它三个方向的主要基准：$X$ 方向的主要基准为轴的最大直径左端面，$Y$ 方向的基准为铣刀头的前后对称面，$Z$ 方向的主要基准为主轴线或座体底面，如图 9-11 所示。图中画出了各主要基准线，规划了标题栏、明细栏和技术要求的位置，这样可以作图方便、准确，少画多余图线。

#### 4．逐个画出各个视图

按照选定的表达方案，从主视图画起，几个视图相互配合一起画。根据画图的基本原则，先画起定位作用的基准件，再画其他零件，先画出部件的主要结构形状，再画出细节结构部分，随时检查零件间的配合关系及装配关系，最后完成各视图上的剖面线。同时要注意：同

一零件的剖面线在各个视图中的方向间隔必须完全一致，相邻两零件的剖面线必须不同。在画每个视图时，为了画图方便快捷，一般是"由内向外"画。就是从最里层的主要装配干线画起，逐次向外扩展。如图 9-12 中，就是先画铣刀头主要装配干线（即主视图）上的主轴→轴承→调整环→端盖→座体等结构，下一步再画其他结构，如图 9-13 所示，画出全部零件轮廓结构。

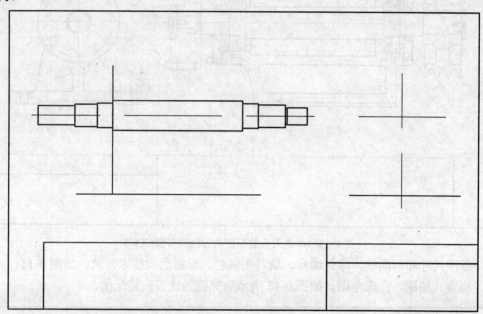

图 9-11　画铣刀头装配图的方法和步骤(一)

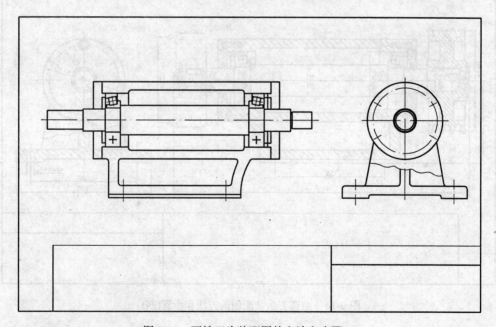

图 9-12　画铣刀头装配图的方法和步骤(二)

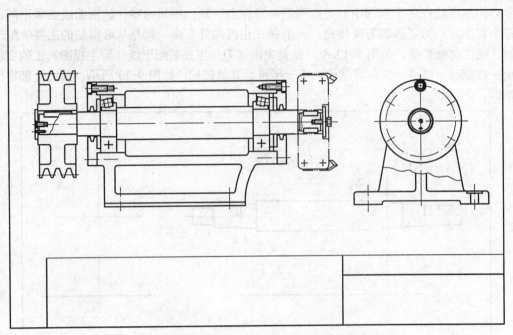

图 9-13　画铣刀头装配图的方法和步骤(三)

5．标注尺寸和剖面线，零件编号、填写明细栏、标题栏和技术要求。如图 9-14。

6．检查、加深，完成全图。如图 9-15 所示为完整的铣刀头装配图。

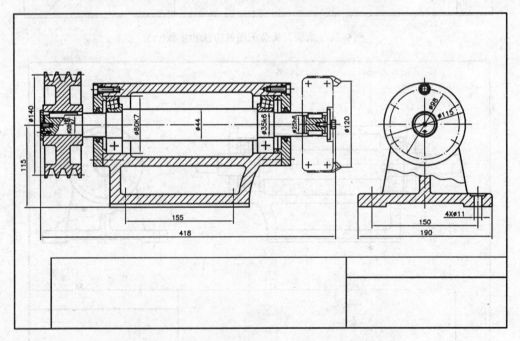

图 9-14　画铣刀头装配图的方法和步骤(四)

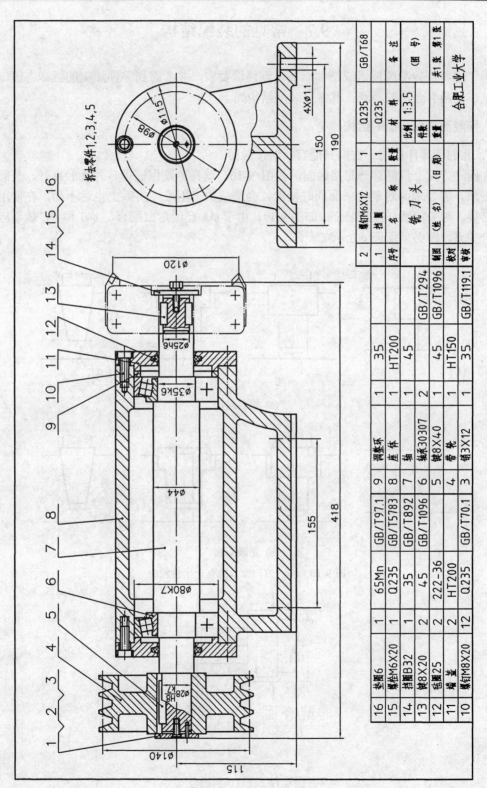

图 9-15 铣刀头装配图

| 16 | 垫圈6 | 1 | 65Mn | GB/T97.1 | | | | |
|---|---|---|---|---|---|---|---|---|
| 15 | 螺栓M6X20 | 1 | Q235 | GB/T5783 | 9 | 调整环 | 1 | 35 |
| 14 | 挡圈B32 | 1 | 35 | GB/T892 | 8 | 座体 | 1 | HT200 |
| 13 | 键8X20 | 2 | 45 | GB/T1096 | 7 | 轴 | 1 | 45 |
| 12 | 毡圈25 | 2 | 222-36 | | 6 | 轴承30307 | 2 | | GB/T294 |
| 11 | 端盖 | 2 | HT200 | | 5 | 键8X40 | 1 | 45 | GB/T1096 |
| 10 | 螺钉M8X20 | 12 | Q235 | GB/T70.1 | 4 | 带轮 | 1 | HT150 | |
| | | | | | 3 | 销3X12 | 1 | 35 | GB/T119.1 |
| | | | | | 2 | 螺钉M6X12 | 1 | Q235 | GB/T68 |
| | | | | | 1 | 挡圈 | 1 | Q235 | |
| | | | | | 序号 | 名 称 | 数量 | 材 料 | 备 注 |

铣刀头

| 制图 | (姓 名) | (日 期) | 比例 | 1:3.5 | (图号) |
|---|---|---|---|---|---|
| 校对 | | | 件数 | | 共1张 第1张 |
| 审核 | | | 重量 | | 合肥工业大学 |

# 9.7 常见的装配结构

为了使零件装配成机器或部件后能达到性能要求，并考虑到零件加工的拆卸方便，对装配工艺结构应有合理的要求。其常见装配结构如下。

## 9.7.1 接触面与配合面的结构

1. 相邻两零件在同一方向只能有一对接触面

在同一方向上只能有一对接触面，如图 9-16。这样，既保证了零件接触良好，又降低了加工要求。若要求两对平行平面同时接触，会造成加工困难，实际上也达不到，在使用上也没有必要。对于轴颈与孔的配合，如图 9-17，由于 $\phi A$ 已经形成配合，$\phi B$ 和 $\phi C$ 就不应再形成配合关系，即必须保证 $\phi B > \phi C$。

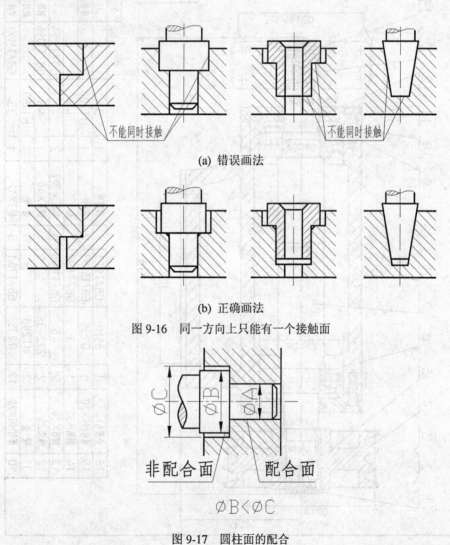

(a) 错误画法

(b) 正确画法

图 9-16　同一方向上只能有一个接触面

图 9-17　圆柱面的配合

**2．相邻两零件常有转角结构**

为使具有不同方向接触面的两个零件配合良好，在接触面的转角处加工出退刀槽、倒角和圆角，如图 9-18。

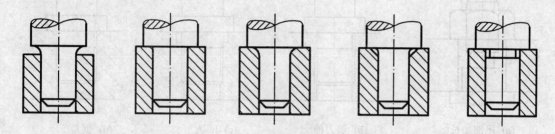

(a) 圆角、直角不合理　(b) 两直角不合理　(c) 两圆角相等不合理　(d) 圆角<倒角合理　(e) 加工退刀槽合理

图 9-18　接触面转角结构画法

### 9.7.2　螺纹连接的合理结构

**1．为保证两零件接触良好**

为了保证螺纹紧固件与被连接工件表面接触良好，接触面需经机械加工，因此，为尽量减少加工面积，改善接触性能，降低成本，常在被加工件上做出沉孔和凸台，如图 9-19。

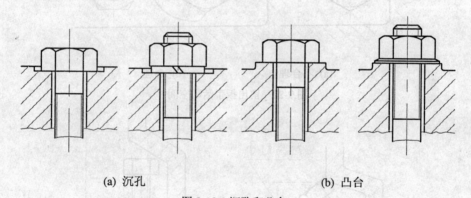

(a) 沉孔　　　　　　　　　　(b) 凸台

图 9-19　沉孔和凸台

**2．**为了安装和拆卸方便，通孔直径要大于螺纹大径。如图 9-20。

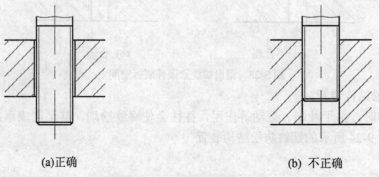

(a)正确　　　　　　　　　　(b) 不正确

图 9-20　通孔应大于螺杆大径

3. 为保证拧紧，可适当加长螺纹尾部，在螺杆上加工出退刀槽，在螺孔上作出凹坑或倒角，如图 9-21。

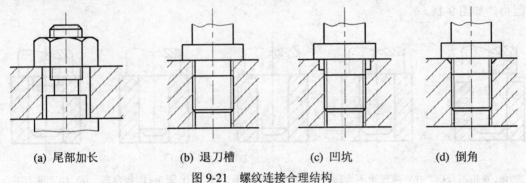

(a) 尾部加长　　　　　(b) 退刀槽　　　　　(c) 凹坑　　　　　(d) 倒角

图 9-21　螺纹连接合理结构

4. 为了便于装拆，要留出扳手活动空间及螺纹紧固件装拆空间。如图 9-22、9-23 所示。

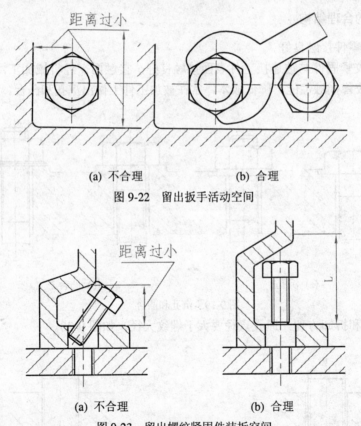

(a) 不合理　　　　　(b) 合理

图 9-22　留出扳手活动空间

(a) 不合理　　　　　(b) 合理

图 9-23　留出螺纹紧固件装拆空间

5. 螺纹防松结构装置

机器在工作时，由于冲击、振动等作用，往往会使螺纹松动，甚至造成事故；为了防止松动，常采用图 9-24 所示的螺纹防松结构装置。

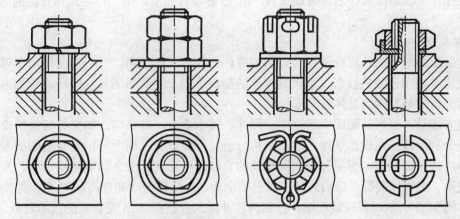

(a) 用弹簧垫圈防松　(b) 用两个螺母防松　(c) 用开口销防松　(d) 用止退垫圈防松

图 9-24　螺纹防松结构装置

## 9.8　读装配图和由装配图拆画零件图

在工业生产中，从机器的设计到制造，或技术交流，或使用维修机器及设备，都要用到装配图。因此，从事工程技术的工作人员都必须能读懂装配图。

读装配图的主要目的是搞清机器或部件的名称、功用、性能、结构、装配关系、拆装顺序和工作原理等，并且搞清各零件的名称、数量、材料、作用、装配位置和结构形状等，在设计时，要参考同类产品的装配图，还需要根据装配图拆画出这个部件的零件图。

一套完整的图样资料主要包括装配图和零件图，故有了装配图后，必须再由装配图拆画出一套正规的零件工作图，以便指导生产。

### 9.8.1　读装配图的基本要求

1. 了解机器或部件的性能、用途和工作原理。

2. 了解各零件间的装配关系、连接方式及各零件的拆装顺序。

3. 搞清楚各零件的名称、数量、材料及其主要结构形状和在机器或部件中的作用。

4. 对复杂的机器或部件还要搞清楚各系统的原理和构造。如润滑系统、密封装置和安全装置等。

5. 了解技术要求中的各项内容。

### 9.8.2　读装配图的方法和步骤

现结合图 9-25 所示的装配图，介绍读装配图的方法与步骤。

1. 概括了解

首先通过阅读有关说明书，装配图中的技术要求以及标题栏、明细栏等了解装配图的名称、功能、零件数量及其标准件、非标准件种类及其数量，按序号找出各零件的名称、位置和标准件的规格，并在视图中找出相应的零件位置，对装配体形成初步的认识。例如，图 9-25

所示的装配图所表达的部件名称为蝴蝶阀，由 13 种零件组成，用于控制流体管路的导通与截止。

2. 深入分析

阅读装配图时，应认真分析该装配图中零件之间的装配关系，分析全图采用了哪些表达方法，找出各视图之间的投影关系，剖视图的剖切位置，从而明确各视图所表达的内容和意图，最后分析出装配体的总体结构形状。

一般方法是：根据装配图中的视图、尺寸、技术要求、表格等，如果有其他的说明书等资料也充分利用，按照投影规律，运用结构分析、形体分析、线面分析及装配图的表达方法等，一步步地仔细推敲，想象分析出装配体的总体结构形状、部分功能结构形状、及零件间的装配关系、工作原理等，最后总结出整机的全貌，及装拆顺序和使用保养维修要求等。

例如图 9-25 所示蝴蝶阀装配图，仔细阅读并深入分析图 9-25 及有关的技术资料。

蝴蝶阀用了三个基本视图：选择了将阀体导通孔轴线置为正垂线、阀杆轴线置为铅垂线、齿杆轴线置为侧垂线的可能的安装工作位置画主视图，它主要表达了蝴蝶阀的外形结构，且用了两处局部剖视图；俯视图画成通过齿杆轴线的水平面剖切的全剖视图；左视图画成通过阀杆轴线的侧平面剖切的全剖视图。

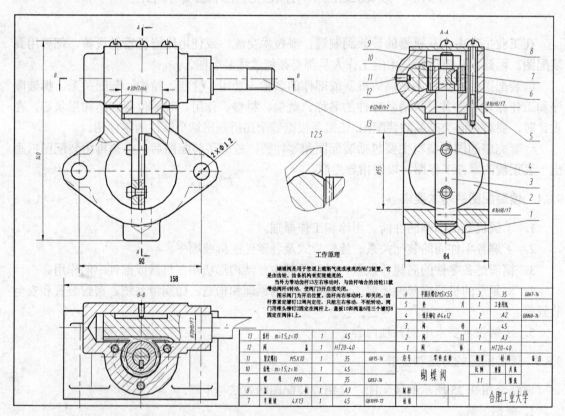

图 9-25　蝴蝶阀装配图

3. 仔细了解装配体的工作原理和装配关系

在对装配体的形状和结构概括了解之后，还要进一步分析装配图，从而对装配图有一个全面细致的认识。基本方法是：

（1）由主视图开始，根据各装配干线，弄清零件在各视图中的投影关系。

（2）由各零件剖面线的不同方向和间隔，分清各零件的轮廓范围。

（3）根据装配图上标注的配合代号，了解零件间的配合关系。

（4）根据常见结构的表达方法和规定画法，来识别零件。

（5）根据零件序号对照明细栏，找出零件的数量、材料和规格。

（6）最后归纳、总结，构成对整个机器或部件的完整认识。

如图 9-25 所示的蝴蝶阀，一般阀类部件的功用是控制流体管路的导通与截止。该蝴蝶阀的工作原理是：蝴蝶阀安装在流体管路中，阀体 1 中的 $\Phi 55$ 通道与管路连通；当通道中的圆盘形阀门 2 处于图示位置时，通道将导通；当阀门由图示位置绕阀杆轴线转 90° 时，将关闭通道。

为实现此控制目的，蝴蝶阀的工作过程是：蝴蝶阀中有一个阀杆 3，其下部用铆接方法连接了阀门 2，其上部用半圆键 7 连接了齿轮 10，齿轮与齿杆 13 啮合；当控制齿杆作左右移动时，将带动齿轮转动，并进一步通过键连接带动阀杆转动，即可以控制阀门的开启或关闭。由于该蝶阀工作的主要目标是控制阀门的转动，故其结构都是围绕这一目标而设计的：蝶阀的下部是一个重要的零件阀体 1，阀体的结构形状主体是一个带通道 $\Phi 55$ 的圆筒体，其内可容纳阀门及阀杆的下段。为包容阀杆的上段及齿轮、齿杆等，设计了阀盖 12，阀盖与阀体的定位及连接由阀盖下部凸出的圆柱体与阀体上部的圆柱孔的配合 $\Phi 30 H7/h6$，以及三个螺钉 6 的连接来实现。为使齿杆 13 只能轴向移动而不可转动，在齿杆的后部开了一个长槽，在阀盖 12 的后部装了一个紧定螺钉 11，螺钉的前端伸进齿杆的长槽中，从而限制了齿杆不能转动。蝴蝶阀装配后应是密封的，为此，结构上采取了加垫片 5，顶部加盖板 8，采用了多处基孔制的间隙配合等措施。

蝴蝶阀的 $X$ 方向的主要基准可以取为通过阀杆轴线的左右近似对称面；$Y$ 方向的主要基准可以取为通过阀杆轴线的正平面；$Z$ 方向的主要基准可以取为通过阀体导通管路轴线的水平面。

性能规格尺寸：例如导通管路直径 $\Phi 55$ 等。

装配尺寸：例如，阀杆与阀盖的配合尺寸 $\Phi 16 H8/f7$、两轴线前后的相对位置尺寸 $20 \pm 0.04$ 等。

安装尺寸：例如，阀体上两个用于连接及安装的孔的直径 $2 \times \Phi 12$ 以及确定它们位置的尺寸 92 等。

总体尺寸：蝴蝶阀的总长约为 158；总宽约为 64；总高约为 140。

其他重要尺寸。

注意，详细分析的各项要根据具体的装配体而定，不能千篇一律。例如，在分析阀类部件的装配图时，要重点分析其开闭结构原理；在分析泵类部件的装配图时，要重点分析其输入输出流体的物理原理及结构原理；等等。

在以上分析的基础上，进一步综合分析，归纳总结出整个装配体的结构形状及工作原理，并分解出各个零部件的位置、装配关系、作用及形状等。例如，通过分析蝴蝶阀的装配图后，归纳总结出蝴蝶阀的结构形状如图 9-26 所示，其工作原理等上面已经叙述过，完成读图的任务。

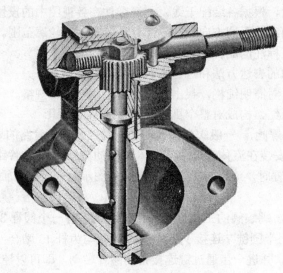

图 9-26　蝶阀轴测图

### 9.8.3　由装配图拆画零件图

**1．拆画零件图的基本要求**

（1）拆画前，要认真阅读装配图，深入了解设计意图、工作原理、装配关系、技术要求及各零件的结构形状。

（2）拆画时，从零件的设计要求和工艺要求出发，考虑零件的制造和装配，使拆画出来的零件图符合设计和工艺要求。

2．拆画零件图的步骤

（1）零件分类

根据零件编号和明细栏，了解整台机器或部件所含零件的种数，然后将它们进行如下分类：

1）标准件：标准件大部分属于外购件，不需要画出零件图，只要将它们的序号及规定的标记代号列表即可（尽量符合新标准）。

2）常用零件：常用件要画零件图，其尺寸按装配图提供的或设计计算的结果来绘图（例如齿轮等）。

3）非标准件：非标准件是拆画零件图的主要对象。其中有一些借用件或特殊件等，往往有现成的零件图可以借用，则不必再画零件图。

（2）分离出零件

分离零件是拆画零件图关键的一步，它是在读懂装配图的基础上，按照零件各自真实结构和形状将其从装配图中分离出来，既不能丢失部分结构，也不能额外增加部分结构。具体拆画时参考前面分析零件的方法。零件是组成机器或部件的宏观最小单位，要由装配图拆画零件图，必须首先从概念上将零件从装配图中分离出来，并想象出它的空间结构形状。

分离零件的常用方法有：

1）根据零件编号和明细表，查出零件的名称、数量、材料、规格等，并找出零件在装配图中的位置，进而分析其作用。

2）根据装配图中各零件间剖面符号"同同异异"的特点，再借助直尺和圆规等工具，按投影关系，找出零件在各视图中的投影轮廓；此时，再利用互相连接的零件接触面的形状大致相同的特点，及利用多数零件结构对称的特点；即可综合想象出零件的形状。

3）根据装配图中所标注的配合代号，可以分析零件间的配合关系。

4）根据标准件、常用件和常见结构的规定画法，可以帮助分离出零件。例如轴承、齿轮、通气塞、密封结构等。

（3）确定表达方案

拆画零件图时，零件的表达方案是根据零件的结构形状特点考虑的，表达方案可以参考装配图，不强求与装配图一致。在多数情况下，支架、壳体类零件主视图所选的位置可以与装配图一致。这样，绘图方便，装配机器时也便于对照。对于轴套类和轮盘类零件，一般按加工位置选取主视图。如主轴和端盖的中心线是水平放置。

（4）零件结构形状处理

1）补画在装配图中被遮去的结构和线条，可以利用零件对称性、常见结构的特点加以想象。

2）在装配图上允许不画的某些标准结构（如倒角、圆角、退刀槽等），在零件图中要补画出来。

3）有些在装配图中没有表达清楚的结构，对于端部形状没有表达清楚，在拆画零件图时，就必须从设计和工艺的要求，加向视图、断面图或其他表方法来将这些结构形状全部表示清楚。

（5）零件图中的尺寸来源

1）**抄**：装配图上已注出的尺寸，在有关零件图上对应直接标注。

2）**查**：两个相配合零件的配合尺寸，应查出相应极限偏差数值，分别拆注在对应的零件图上。重要的相对位置尺寸也要注出极限偏差数值；与标准件相关联的尺寸，如螺孔尺寸、销孔直径等，也应查表并标注在对应的零件图上；明细栏中给定的尺寸参数，查取注在对应的零件图上；标准结构如倒角、沉孔、螺纹退刀槽等的尺寸，也应从有关表格中查取。

3）**算**：根据装配图中给出的尺寸参数，计算出零件的有关尺寸。如齿轮的分度圆直径和齿顶圆直径等。

4）**量**：除了前面可得的尺寸外，零件图中的其他尺寸，都可由装配图中直接量取，把量得数值乘以对应比例的倒数，并尽量圆整符合尺寸标准系列。

以前所述零件图尺寸标注原理仍然适用，尺寸标注仍应综合考虑设计和工艺要求，注得正确、完整、清晰和合理。特别要注意的是：同一装配体中相关联零件间的关联尺寸应标注一致，如泵体和泵盖螺栓连接孔的定位尺寸必须一致。

（6）零件图中技术要求的确定

技术要求在零件图中占重要地位，他直接影响零件的加工质量，但他涉及许多专业知识，要靠以后继续学习和实践积累，这里只简单介绍几种确定方法。

1）**抄**：装配图中给出的技术要求，在零件图中照抄。如零件的材料、配合代号等。

2）**类比**：将拆画的零件和其他类似零件取相似的技术要求。如表面粗糙度、热处理、形状和位置公差等。

3）**设计确定**：根据理论分析、计算和经验确定。

（7）检查完成全图

3．拆画零件图举例

参考图 9-25 所示的蝴蝶阀装配图，我们以拆画阀体 1 的零件图为例,介绍由装配图拆画零件图(detial drawing)的方法和步骤。

（1）读懂装配图

（2）零件分类

例如，蝴蝶阀由 1 3 种零件组成，其中 5 种标准件，1 种常用件,7 种一般零件；我们准备拆画的阀体 1 和阀盖 12 都是一般零件。

（3）分析零件并确定表达方案

例如阀体 1（参见图 9-26），它属于箱体类零件。其主体结构形状是一个大圆筒体，内径为 $\phi55$；圆筒体的左右两侧有两个轴线与大圆筒体轴线平行的小圆柱体与它相贯，沿小圆柱体轴线自前向后有两个 $\phi12$ 的光孔供安装连接用，并在小圆柱的前后部设计了加强肋板；大圆筒下部有一个小圆柱体凸台与它相贯；大圆筒上部有一个水平端面为三边是直线，一边是半圆弧的柱体与它相贯，在这个柱体上，从上向下有一台阶孔，供装配阀杆用，并且有三个螺纹孔供连接阀盖用。其表达方案可以参考装配图取三个基本视图：其中主视图主要反映端面外形；俯视图主要反映上部柱体的端面形状，用了一处局部剖剖开了 $\phi12$ 的通孔；左视图采用全剖，把主通道及装螺杆的竖孔表达的清清楚楚。如图 9-27、28、29 所示。

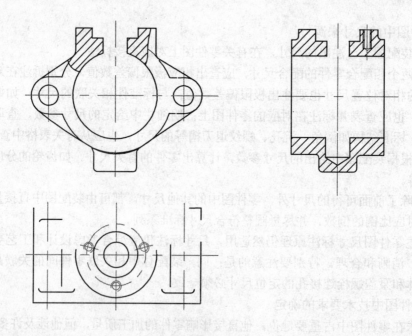

图 9-27　蝴蝶阀体拆画（一）

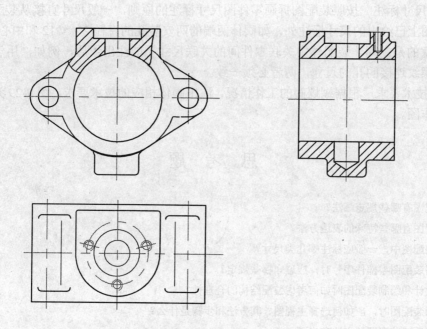

图 9-28　蝴蝶阀体拆画（二）

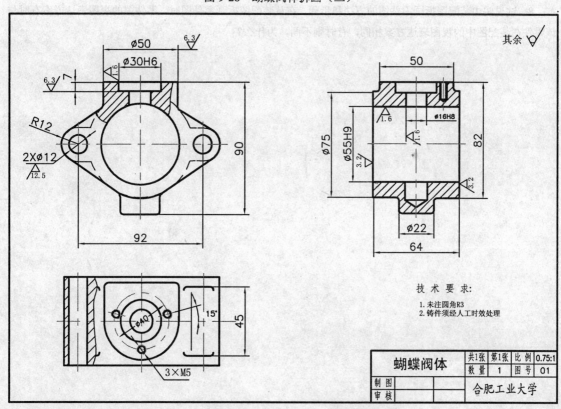

技 术 要 求:

1. 未注圆角R3
2. 铸件须经人工时效处理

| 蝴蝶阀体 | 共1张 | 第1张 | 比 例 | 0.75:1 |
|---|---|---|---|---|
| | 数 量 | 1 | 图 号 | 01 |
| 制 图 | | 合肥工业大学 | | |
| 审 核 | | | | |

图 9-29　蝴蝶阀体零件图

（4）尺寸标注　按照装配图拆画零件图尺寸标注的原则，一般尺寸直接从装配图上量取和按装配图上已给出的尺寸标注外，如阀体两端的两安装孔的直径 $2 \times \Phi 12$ 和中心距 92 等。要特别注意的是：同一装配体中关联零件间的关联尺寸不能注出矛盾，例如，用于将阀体和阀盖进行螺纹连接的孔的尺寸，两者必须一致。

（5）技术要求　根据蝴蝶阀的工作情况，注出阀体相应的技术要求，图 9-29 为蝴蝶阀体的零件工作图。

# 思 考 题

1. 装配图有哪些规定画法？
2. 装配图有哪些特殊的表达方法？
3. 在装配图中，一般应标注哪几类尺寸？
4. 编写装配图零部件序号时，应遵守哪些规定？
5. 在设计和绘制装配图时如何考虑装配结构的合理性？
6. 在画装配图时，应如何选择主视图？其方法和步骤是什么？
7. 试说明读装配图的方法和步骤。
8. 试说明由装配图拆画零件图的方法和步骤。在从装配图拆画零件图时，零件图的视图表达方案有时与该零件在装配图中的视图表达方案相同，有时则不同，为什么？

# 第 10 章　计算机绘图

作为工程界共同技术语言的工程图样，在技术实践中得到广泛应用，但是长期以来，大量的工程图样主要是手工绘制。生产实践的急需和科学技术的发展，促进了绘图技术的发展，特别是计算机诞生以后，它的应用领域很快扩展到图学界，产生了计算机绘图。所谓计算机绘图，即由计算机将图形信息输入及运算处理，进而控制图形输出设备输出图形的过程。专门研究计算机图形技术的一门学科，叫做计算机图形学（computer graphics）。它的研究内容非常广泛，如图形硬件、图形标准、图形交互技术、光栅图形生成算法、曲线曲面造型、实体造型、真实感图形计算与显示算法，以及科学计算可视化、计算机动画、自然景物仿真、虚拟现实等。

计算机图形学是一门发展成熟并仍有很大发展空间的边缘学科，AutoCAD 是 AutoDesk 公司开发的计算机绘图软件，CAD 是计算机辅助设计的简称。随着 CAD 技术的飞速发展和普及，越来越多的工程技术人员开始利用计算机绘图设计，从而解决了传统手工绘图中存在的效率低、绘图准确度差、劳动强度大等缺点，广泛应用于科研、电子、机械、建筑、航天等领域。

本章只介绍当前最为流行的计算机绘图软件 AutoCAD，熟悉软件的界面，了解软件的基本功能，并学会如何设置绘图环境。

## 10.1　AutoCAD 2006 的工作界面

启动 AutoCAD2006 之后，将出现 AutoCAD2006 的绘图界面。 AutoCAD2006 的工作界面主要由绘图窗口、标题栏、菜单栏、工具栏、状态栏、命令窗口、坐标系图标及滚动条组成，如图 10-1 所示。

### 10.1.1　标题栏

位于工作界面顶端的标题栏显示了软件名称，跟着显示的是当前打开的文件名。标题栏左边是该绘图窗口的控制按钮，它的右侧有三个按钮，分别为：窗口最小化按钮、还原或最大化按钮和关闭应用程序按钮。

### 10.1.2　菜单栏和右键菜单

位于工作界面第二行是 AutoCAD2006 的菜单栏提供了所有菜单命令，这些菜单包括了 AutoCAD2006 几乎全部的功能。在使用 AutoCAD2006 菜单中的命令时，应注意以下几点：

1. 命令后跟有"▸"符号，表示该命令下还有子命令。

2．命令后跟有快捷键，表示按下快捷键就可执行该命令。

3．命令后跟有组合键，表示直接按组合键即可执行该命令。

4．命令呈现灰色，表示该命令在当前状态下不可使用。

AutoCAD2006 还提供了右键菜单，可以更加有效地提高工作效率。选择一个图形对象后，点击右键，会显示针对该图形对象可能进行的操作。如果没有选择图形对象，则显示 AutoCAD 的一些基本命令。

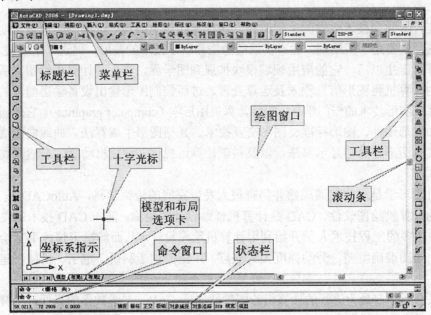

图 10-1　Auto CAD2006 的工作界面

### 10.1.3　工具栏

工具栏包含一组启动命令的按钮的组合。单击这些图标按钮就可以调用相应的 AutoCAD 命令。AutoCAD2006 初始界面上的 5 条工具栏，依次是"标准"工具栏、"图层"工具栏、"对象属性"工具栏、"绘图"工具栏、"修改"工具栏。用户可以根据自己的需要通过"视图"菜单中的"工具栏"进行子菜单定制，增加或删减工具栏条目，控制该项是否在屏幕上显示。

### 10.1.4　绘图区

AutoCAD2006 界面上最大的空白窗口便是绘图区，它是用户用来绘图的窗口，亦称视图窗口。在 AutoCAD2006 绘图区视窗的绘图区下面是 3 个选项卡：[模型]、[布局 1]、[布局 2]，利用它们可方便地在图纸空间与模型空间之间切换。

### 10.1.5　命令窗口

在绘图区的下面是命令窗口，它由命令历史窗口和命令行组成。命令行现实的是用户从键盘上输入的命令信息，在绘图时，用户要注意命令行的各种提示，以便准确、快捷地绘图；命令历史窗口中记录了 AutoCAD 启动后的所有信息中的最新信息。命令历史窗口与绘图窗口之间的切换可以通过 [F2] 功能键进行。

### 10.1.6　状态栏

状态栏位于绘图窗口的底部，用来反映当前的绘图状态，如当前光标的坐标，绘图时是否起用了正交模式、栅格捕捉、栅格显示等功能，以及当前的绘图空间等。

### 10.1.7　设置绘图环境

设置绘图环境主要通过[工具]菜单中的[选项]进行。包括：设置参数选项，自定义工具栏，设置图形单位（长度、角度、拖放比例、方向），设置绘图图限。

## 10.2　绘制二维图形对象

面向工程的图形是以后加工制造或工程实施的一个严格依据，所以图形形状的准确和尺寸的准确是所有工程设计图纸的生命所在。不管多么复杂的二维图形，都可以看成是点、直线、圆、圆弧和其他各种类型曲线的复合体，而外表简单的直线和圆又是二维工程设计图形中应用频率最高的对象类型，用户需要熟悉掌握这些基本二维对象的创建方法和参数设置。

### 10.2.1　绘制单点或多点

**1. 绘制单点**

启动"绘制点"命令的方法有如下几种：

（1）命令行输入：Point

（2）菜单操作：[ 绘图 ] → [ 点 ] → [ 单点 ] 或 [ 多点 ]

（3）工具栏操作：在"绘图"工具栏上单击图标 ·

点的类型和尺寸可以通过 DDPType 命令设置。

**2. 等分点**

启动"等分点"命令的方法有如下几种：

（1）命令行输入：Divide

（2）菜单操作：[ 绘图 ] → [ 点 ] → [ 定数等分 ]

利用 Divide 命令绘制等分点后，用户可能会发现所操作的对象并没有发生变化。这是因为当前点的样式为一个普通点，其与所操作的对象正好重合。用户可以先用前面介绍的方法设置点的样式，然后在执行此操作。

**3. 定距等分**

启动"定距等分"命令的方法有如下几种：

（1）命令行输入：Measure

（2）菜单操作：[ 绘图 ] → [ 点 ] → [ 定距等分 ]

### 10.2.2　直线、射线、构造线

**1. 直线**

启动"绘制直线"命令的方法有如下几种：

（1）命令行输入：Line 或 L

（2）菜单操作：[ 绘图 ] → [ 直线 ]

（3）工具栏操作：在"绘图"工具栏上单击图标 ／

当 AutoCAD 提供多个选项时，用户可通过键盘确定要执行的选择项，也可以单击鼠标右键，从弹出的快捷菜单中确定选择项。此外，用 Line 命令所绘出的折线中的每一条直线段都是一个独立的对象，即可以对任何一条线段进行编辑操作。

2. 射线

启动"绘制射线"命令的方法如下：

(1) 命令行输入：Ray 或 R

(2) 菜单操作：[ 绘图 ] → [ 射线 ]

3. 构造线

启动"绘制构造线"命令的方法有如下几种：

(1) 命令行输入：Xline。

(2) 菜单操作：[ 绘图 ] → [Construction Line( 构造线 )]。

(3) 工具栏操作：在"绘图"工具栏上单击图标 ／

执行上述方法中的任意一种，AutoCAD 将显示提示：

指定点或 [ 水平 (H)/ 垂直 (V)/ 角度 (A)/ 二等分 (B)/ 偏移 (O)]:

### 10.2.3　绘制矩形

启动绘制矩形命令的方法有如下几种：

(1) 命令行输入：Rectang 或 Rectangle

(2) 菜单操作：[ 绘图 ] → [ 矩形 ]

(3) 工具栏操作：在"绘图"工具栏上单击图标 □

执行上述方法中任意一种，AutoCAD 会提示：

指定一个角点或 [ 倒角 (C)/ 标高 (E)/ 圆角 (F)/ 厚度 (T)/ 宽度 (W)]

### 10.2.4　绘制圆弧

用户可以通过如下几种方法输入绘制圆弧命令：

(1) 命令行输入：Arc 或 A

(2) 菜单操作：[绘图] → [圆弧]

[圆弧] 子菜单列出了绘制圆弧的 11 种方式。

(3) 工具栏操作：在"绘图"工具栏上单击图标 ⌒

执行上述方法中任意一种，AutoCAD 会提示：

指定圆弧的起点或 [圆心(C)]:

### 10.2.5 椭圆及椭圆弧

**1. 椭圆**

启动绘制椭圆命令的方法有如下几种：

(1) 命令行输入：Ellipse

(2) 菜单操作：[ 绘图 ] → [ 椭圆 ] → [ 中心点 ] 或 [ 轴、端点 ]

(3) 工具栏操作：在"绘图"工具栏上单击图标

运行绘制椭圆命令后， AutoCAD 会提示：

指定椭圆的轴端点或 [ 圆弧 (A)/ 中心点 (C)]:

**2. 绘椭圆弧**

启动绘制椭圆弧命令的方法有如下几种：

(1) 命令行输入：Ellipse

(2) 菜单操作：[ 绘图 ] → [ 椭圆 ] → [ 圆弧 ]

(3) 工具栏操作：在"绘图"工具栏上单击图标

运行绘制椭圆命令后， AutoCAD 会提示：

指定椭圆的轴端点或 [圆弧(A)/中心点(C)]: _a（执行绘制圆弧命令）

指定椭圆弧的轴端点或 [中心点(C)]:

### 10.2.6 圆

在 AutoCAD 中，用户可以用如下几种方法输入绘制圆命令：

(1) 命令行输入：Circle 或 C

(2) 菜单操作：[ 绘图 ] → [ 圆 ]

(3) 工具栏操作：在"绘图"工具栏上单击图标

执行以上方法中任意一种， AutoCAD 会提示：

指定圆的圆心或 [ 三点 (3P)/ 两点 (2P)/ 相切、相切、半径 (T)] :

### 10.2.7 绘制与编辑多线

多线也称复合线，是一种特殊类型的直线，它由多条平行直线组成。

启动绘制多线命令方法如下：

(1) 命令行输入：Mline

(2) 菜单操作：[ 绘图 ] → [ 多线 ]

执行上述方法中的任意一种， AutoCAD 将显示提示：

当前设置：对正 = 上，比例 =20.00 ，样式 =STANDARD

指定起点或 [ 对正 (J)/ 比例 (S)/ 样式 (ST)]:

选择"修改"—"对象"—"多线"命令，系统将打开"多线编辑工具"对话框，利用该对话框，我们可以编辑多线

### 10.2.8　绘制与编辑多段线

启动绘制多段线命令的方法有如下几种：

(1) 命令行输入：Pline 或 PL

(2) 菜单操作：[ 绘图 ] → [ 多段线 ]

(3) 工具栏操作，在"绘图"工具栏上单击图标↩

执行上述方法中任意一种，　AutoCAD 会提示：指定起点：

当前线宽为 0.0000

指定下一个点或 [ 圆弧 (A)/ 半宽 (H)/ 长度 (L)/ 放弃 (U)/ 宽度 (W)] ：

指定下一点或 [ 圆弧 (A)/ 闭合 (C)/ 半宽 (H)/ 长度 (L)/ 放弃 (U)/ 宽度 (W)] ：

选择"修改"—"对象"—"多段线"命令、在"修改 Ⅱ "工具栏中单击"编辑多段线"按钮或在命令行中输入 PEDIT 命令，即可编辑多段线。

### 10.2.9　绘制与编辑样条曲线

启动"样条曲线"命令的方法有如下几种：

(1) 命令行输入：Spline 或 SPL

(2) 菜单操作：[ 绘图 ] → [ 样条曲线 ]

(3) 工具栏操作：在"绘图"工具栏上单击图标～

执行上述方法中任意一种，　AutoCAD 会提示：

指定第一个点或 [ 对象 (0)] ：

选择"修改"—"对象"—"样条曲线"命令、在命令行输入 SPLINEDIT 命令或在"修改 Ⅱ "工具栏中单击"编辑样条曲线"按钮，可以编辑样条曲线。

### 10.2.10　创建擦除对象

启动擦除命令的方法有如下几种：

(1) 命令行输入：Wipeout

(2) 菜单操作：[ 绘图 ] → [ 擦除 ]

(3) 工具栏操作：在"绘图"工具栏上单击图标

执行上述方法中任意一种，　AutoCAD 会提示：

指定第一点或 [ 边框 (F)/ 多段线 (P)]< 多段线 > ：

## 10.3　编辑图形对象

在绘图时，单纯的使用绘图命令或绘图工具，只能绘制一些基本的图形对象。为了绘制复杂图形，很多情况下都必须借助于图形编辑命令。 AutoCAD 2006 提供了众多图形编辑命令，如复制、移动、旋转、镜像、偏移、阵列、拉伸及修剪等。利用这些命令，用户可以修改已有图形或通过已有图形构造新的复杂图形。

### 10.3.1　选择对象

1. 直接拾取　只需将拾取框移动到希望选择的对象上，并单击鼠标即可。对象被选择后，会以虚线形式显示。

2. 选择全部对象　在"选择对象"提示下输入"All"后按"Enter"键，AutoCAD 将自动选中屏幕上的所有对象默认矩形窗口拾取方式　将拾取框移动到图中空白地方并单击鼠标，会提示：指定对角点：在该提示下将光标移到另一个位置后单击，AutoCAD 自动以这两个拾取点为对角点确定一个矩形拾取窗口。如果矩形窗口是从左向右定义的，那么窗口内部的对象均被选中，而窗口外部以及与窗口边界相交的对象不被选中；如果窗口是从右向左定义的，那么不仅窗口内部的对象被选中，与窗口边界相交的那些对象也被选中。

3. 矩形窗口拾取方式　在"选择对象："提示下输入"W"并按 Enter 键，AutoCAD 会依次提示用户确定矩形拾取窗口内所有对象。在使用矩形窗口拾取方式时，无论是从左向右还是从右向左定义窗口，被选中的对象均为位于窗口内的对象。

4. 交叉矩形窗口拾取方式　在"选择对象："提示下输入"C"并按 Enter 键，AutoCAD 会依次提示确定矩形拾取窗口的两个角点：拾取第一个角点：指定对角点：确定矩形拾取窗口的两个角点后，所选对象不仅包括位于矩形窗口内的对象，而且也包括与窗口边界相交的所有对象。

5. 不规则窗口的拾取方式在"选择对象："提示下输入"WP"后按 Enter 键，AutoCAD 提示：第一圈围点：（确定不规则拾取窗口的第一个顶点位置）指定直线的端点或 [ 放弃（U）]：在指定第一圈围点和直线的端点后，AutoCAD 会连续给出"指定直线的端点或 [ 放弃（U）]："提示，根据提示确定出不规则拾取窗口的其他个顶点位置后按 Enter 键，AutoCAD 将选中由这些点确定的不规则窗口内的对象。

6. 不规则交叉窗口拾取方式　在"选择对象："提示下输入"CP"后按 Enter 键后，接下来的操作与上面介绍的不规则窗口拾取方式相同。该方式的选择结果是：不规则拾取窗口内以及与该窗口边界相交的对象均被选中。

7. 栏选方式　在"选择对象："提示下输入"F"后按 Enter 键，AutoCAD 提示：第一栏选点：（确定第一点）指定直线的端点或 [ 放弃（U）]：在该提示下确定其他各点后按 Enter 键，则与这些点确定的围线相交的对象被选中·交替选择方式　当在"选择对象："提示下选择某一对象时，如果该对象与其他对象相距很近，那么就很难准确的选择该对象。

在"选择对象："提示下，按 Ctrl 键，然后将拾取框压住要拾取的对象并单击鼠标，这时被拾取框压住的对象之一就会被选中。如果该对象不是所需要的对象，松开 Ctrl 键后继续单击鼠标，随着每一次单击，AutoCAD 会依次选中拾取框所压住的其他对象，这样，就可以方便的选择所需要的对象了。

8. 快速选择对象　AutoCAD 还提供了快速选择对象的工具——"快速对象"对话框。选择"工具" → "快速选择"命令后，即可打开"快速选择"对话框。

9. 对象编组和过滤选择　为了便于选择对象，AutoCAD2006 还提供了对象编组和过滤选择的方法。使用对象编组，可以为多个选择集命名，这样在编辑对象时就可以直接使用编组名来选择对象选择集。而使用过滤选择，可以以对象的类型（如直线、圆、圆弧等）、图层、颜色、线型或线宽等特性作为条件，来过滤选择符合设定条件的对象。执行对象编组和过滤选择的命令分别 GROUP 和 FILTERE 命令，在命令行输入这两个命令后，AutoCAD 将打开相应的"对象编组"和"对象选择过滤器"对话框，用户可利用这两个对话框对对象进行编组及设置过滤选择条件。

### 10.3.2 删除对象

启用删除命令的方法有如下几种：

(1) 命令行输入：Erase

(2) 菜单操作：[ 修改 ] —— [ 删除 ]

(3) 工具栏操作：在"修改"工具栏单击图标

执行命令后，AutoCAD 会提示：

选择对象：（选择要删除的对象）

选择对象：✓ （也可继续选择对象）

按提示选择要删除的对象后，按 Enter 键，即可将这些对象删除。

### 10.3.3 复制对象

执行复制命令的方法有如下几种：

(1) 命令行输入：Copy 命令

(2) 菜单操作：[ 修改 ] —— [ 复制 ]

(3) 工具栏操作：在"修改"工具栏上单击图标，执行命令后，AutoCAD 提示：选择对象：（选择要复制的对象）选择对象：✓ （也可以继续选择）指定基点和位移，或者 [ 重复（M）]

### 10.3.4 镜像复制对象

执行镜像命令的方法有以下几种：

(1) 命令行输入：Mirror

(2) 选择对象：[ 修改 ] —— [ 镜像 ]

(3) 工具栏操作：在"修改"工具栏上单击图标，执行命令后，AutoCAD 提示：选择对象：（选择欲镜像的对象）选择对象：✓(也可以继续选择)

指定镜像的第一点：（确定镜像上的一点）指定镜像的第二点：（确定镜像上的另一点）是否删除源对象？ [是（Y）/否（Y）]<N>:

### 10.3.5 阵列复制对象

执行阵列命令的方法有如下几种：

(1) 命令行输入：Array

(2) 菜单操作：[ 修改 ] —— [ 阵列 ]

(3) 工具栏操作：在"修改"工具栏上单击图标

执行命令后，　AutoCAD 将弹出"阵列"对话框。利用此对话框，用户可以形象、直观地进行矩形或环形阵列设置。

### 10.3.6　偏移复制对象

执行偏移命令的方法有以下几种：

(1) 命令行输入：Offset

(2) 菜单操作：在修改菜单上单击 Offset 子菜单。

(3) 工具栏操作：在"修改"工具栏上单击图标

执行命令后，　AutoCAD 提示：

指定偏移距离或 [通过（T）]:选择要偏移的对象或 [退出]: 制定点以确定偏移所在一侧。

### 10.3.7　改变对象位置·移动对象

执行移动命令的方法有以下几种：

(1) 命令行输入：Move

(2) 菜单操作：[修改]——[移动]

(3) 工具栏操作：在"修改"工具栏上单击图标

执行命令后，AutoCAD 提示：选择对象：（选择要移动的对象）选择对象：　✓(也可以继续选择)指定基点和位移：

### 10.3.8　旋转对象

执行旋转命令的方法有以下几种：

(1) 命令行输入：Rotate

(2) 菜单操作：[ 修改 ] —— [ 旋转 ]

(3) 工具栏操作：在"修改"工具栏上单击图标　，执行命令后，　AutoCAD 提示：UCS 当前前的正确方向：　ANGDIR= 逆时针　ANGBASE=0

### 10.3.9　比例缩放对象

将选定的对象按比例进行放大或缩小，执行方法：

（1）菜　单：修改(M)→缩放(L)

（2）命令行：SCALE

（3）单击"修改"工具栏中的缩放图标　，执行命令后，AutoCAD 提示：选择对象：（选择要缩放的对象）选择对象：（可以继续选择对象或按〈 Enter〉键结束选择）指定基点：（指定缩放基点）指定比例因子或 [参照(R)]:（指定比例因子或参照）

#### 10.3.10 拉伸对象

使对象被拉伸或压缩，执行方法：

（1）菜　单：修改(M)→拉伸(H)

（2）命令行：STRETCH

（3）单击"修改"工具栏中的拉伸图标 ⬚，执行命令后，　AutoCAD 提示：选择对象：（用交叉窗口或交叉多边形方式选择要拉伸的对象）选择对象：（可以继续选择对象或按〈 Enter〉键结束选择）指定基点或位移：（指定位移基点或位移量）指定位移的第二点或 <用第一个点的位移>：（指定第 2 点或按〈Enter〉键）

#### 10.3.11 修改对象

1. 拉长对象　改变圆弧或直线的长度，执行方法：

（1）菜　单：修改(M)→拉长(G)

（2）命令行：LENGTHEN

（3）单击"修改"工具栏中的拉长图标 ↗，执行命令后，AutoCAD 提示：选择对象或 [增量(DE)/百分数(P)/全部(T)/动态(DY)]：（选择对象）

2. 修剪对象　用剪切边修剪对象（被剪边），执行方法：

菜　单：修改（M）→拉长（G）

命令行：　LENGTHEN

单击"修改"工具栏中的修剪图标 ⊬，执行命令后，　AutoCAD 提示：当前设置：投影=UCS ，边 = 无知选择剪切边选择对象：（选取剪切边界）选择要修剪的对象，或按住 Shift 键选择要延伸的对象，或 [ 投影（P）/边（E）/ 放弃（U）]:

3.延伸对象　延长指定对象到指定的边界。执行方法：

(1) 菜　单：修改（M）→延伸（D）

(2) 命令行：　EXTEND

（3）单击"修改"工具栏中的延伸图标 ⌐⃗，执行命令后，　AutoCAD 提示：当前设置：投影 =UCS ，边 = 无选择边界的边选择对象：（选取作为边界的对象）选择要延伸的对象，或按住 Shift 键选择要修剪的对象，或 [ 投影（P）/边（E）/放弃（U）]:

4. 打断对象　删除对象上的某一部分或把对象分成两部分，执行方法：

（1）菜　单：修改（M）→打断（K）

（2）命令行：　BREAK

（3）单击"修改"工具栏中的打断图标 ⬚，执行命令后，AutoCAD 提示选择对象：（选取断开对象，默认时在对象上选择的点为第 1 个断开点，此时只能用直接拾取方式选择一次对象）指定第二个打断点或 [第一点(F)]：（指定第 2 个断开点或第 1 点）

5. 给对象倒角，执行方法：

（1）菜　单：修改(M)→倒角(C)

（2）命令行：CHAMFER

（3）单击"修改"工具栏中的倒角图标 ，执行命令后，AutoCAD 提示：（"修剪"模式）当前倒角距离 1=10.00，距离 2=10.00

选择第一条直线或 [多段线(P)/距离(D)/角度(A)/修剪(T)/方法(M)]：（选第 1 条倒角线，为默认项或选项）

选择第二条直线：（在默认的情况下，选择了第一条倒角线之后，再选择第二条倒角线）

6. 给对象倒圆角

执行方法：

（1）菜　单：修改(M)→圆角（F）

（2）命令行：FILLET

（3）单击"修改"工具栏中的圆角图标 ，执行命令后，AutoCAD 提示：当前模式：模式 =修剪，半径=10.00 选择第一个对象或 [多段线(P)/半径(R)/修剪(T)]：（选第 1 个对象，为默认项或选项 ）

7. 分解对象 执行方法：

（1）菜　单：修改(M)→分解(X)

（2）命令行：EXPLODE

（3）单击"修改"工栏中的分解图标

执行命令后，AutoCAD 提示：选择对象：（选择要分解的对象）选择对象：（可以继续选择要分解的对象或按〈Enter〉键结束选择）

## 10.3.12　利用夹点编辑对象

1. 夹点编辑对象

执行方法利用夹点功能来编辑对象，首先要选取一个特征点作为操作基点，即将光标移到希望成为基点的夹点上，然后按鼠标左键，则该点将成为操作基点，并以高亮度显示，选取基点后，就可以利用夹点功能进行编辑操作了。下面具体介绍利用夹点功能进行的各种编辑编辑操作。

2. 拉伸对象

选择操作点后，AutoCAD 提示：**拉伸**指定拉伸点 [基点（B）/复制（C）/放弃（U）/退出（X）]：

3. 移动对象

在对象上确定操作点后，在"指定拉伸点或 [基点（B）/复制（C）/放弃（U）/退出（X）]："提示下直接按 Enter 键或输入"MO"后按 Enter 键，可以把对象从当前位置移到新位置。此时 AutoCAD 提示：

**移动** 指定移动点或 [基点（B）/复制（C）/放弃（U）/退出（X）]：

4. 旋转对象　在对象上确定操作点后，在"确定拉伸点或 [基点（B）/复制（C）/放弃（U）/退出（X）]："提示下连续按两次 Enter 键或直接输入"RO"后按 Enter 键，可以把对象绕操作点或基点旋转。此时 AutoCAD 提示：

**旋转** 指定旋转角度或 [基点（B）/复制（C）/放弃（U）/参照（R）/退出（X）]:

5. 缩放对象　在对象上确定操作点后，在"指定拉伸点或 [基点（B）/复制（C）/放弃（U）/退出（X）]："提示下连续按三次 Enter 键或输入"SC"后按 Enter 键，可以把对象相对于操作点或基点进行缩放。此时 AutoCAD 提示：

**比例缩放** 指定比例因子或 [基点（B）/复制（C）/放弃（U）/参照（R）/退出（X）]:

6.镜像对象　在对象上确定操作点后，在"指定拉伸点或 [基点（B）/复制（C）/放弃（U）/退出（X）]："提示下连续按 4 次 Enter 键或输入"MI"后按 Enter 键，可以镜像对象。此时 AutoCAD 提示：

**镜像** 指定第二点或 [基点（B）/复制（C）/放弃（U）/退出（X）]:

# 10.4　使用绘图辅助工具

在绘图时，灵活运用 AutoCAD 所提供的绘图辅助工具进行准确定位，可以有效的提高绘图的精确性和效率。在 AutoCAD 2006 中，用户不仅可以通过常用的制定坐标发挥制图形，而且还可以使用系统提供的对象捕捉、对象捕捉追踪等功能，在不输入坐标的情况下快速、精确地绘制图形。

## 10.4.1　使用坐标系

坐标系可分为世界坐标系（WCS）和用户坐标系（UCS）系统默认为世界坐标系。为了方便的绘图，用户经常需要改变坐标系的原点和方向，这是世界坐标系就变成了用户坐标系。要设置用户坐标系，可以选择"工具"菜单中的"命名 UCS"、"正交 UCS"、"移动 UCS""新建 UCS"命令或其中的子命令，或在命令行中输入 UCS 命令。

坐标的表示方法：

1. 绝对直角坐标：是从（0，0）点或（0，0，0）点出发的位移，可以使用分数、小数或科学记数等形式表示点 X、Y、Z 坐标值，坐标间用逗号隔开，如（5.2，6.3）。

2. 绝对极坐标：也是从（0，0）点或（0，0，0）点出发的位移，但它给定的是距离和角度，其中距离和角度用"<"分开，且规定 X 轴正向为 0°，Y 轴正向为 90°，如：6.3<60。

3. 相对直角坐标和相对极坐标：相对坐标是指相对于某一点的 X 轴和 Y 轴位移，或距离和角度。它的表示方法为（@ -23，15）和（@ 32<30）其中，相对极坐标中的角度是新点和上一点的连线与 X 轴的夹角。

## 10.4.2　使用捕捉、栅格和正交

"捕捉"用于设定鼠标指针移动的间距。"栅格"是一些标定位置的小点所起的作用就是坐标纸，使用它可以提供直观的距离和位置参照。单击状态栏上按钮 ，或按下 F9 键可控制捕捉的开启或关闭；单击状态栏上按钮，或按下 F7 键可控制栅格的开启或关闭。还可以选择

"工具"—"草图设置"命令，打开"草图设置"对话框在"捕捉和栅格"选项卡中选择。单击状态栏上按钮或按下 F8 键可控制正交模式的开启或关闭，正交模式打开时，使用定标设备只能画水平线和垂直线。

### 10.4.3　使用对象捕捉

单击状态栏上捕捉按钮，执行对象捕捉设置，可以在对象上的精确位置指定捕捉点。对象捕捉的设置可以在"草图设置"对话框中。

### 10.4.4　使用自动追踪

利用"草图设置"对话框中的"极轴追踪"选项卡对极轴追踪的参数进行设置。

## 10.5　线型、颜色及图层

在 AutoCAD 2006 中，所有图形对象都具有线型、线宽、颜色和图层等基本属性。用户可以用不同的线型和颜色绘图，也可以将所绘对象放在不同的图层上。充分利用系统提供的这些功能，可以提高绘制复杂图形的效率，节省图形存储空间。

### 10.5.1　线型

选择"格式"—"线型"命令，系统将打开"线型管理器"对话框，利用该对话框可对线型进行设置。

选择"格式"—"线宽"命令，或在命令行输入 LWEIGHT 命令，系统将打开"线宽设置"对话框，利用该对话框用户可以对线宽进行设置。

### 10.5.2　颜色

选择"格式"—"颜色"命令，系统将打开"选择颜色"对话框，利用该对话框用户可设置所绘图形的颜色。

### 10.5.3　图层

**1. 创建新图层**

默认情况下，AutoCAD 只能自动创建一个图层，即图层 0。如果用户要使用图层来组织自己的图形，就要先创建新图层。选择"格式"—"图层"命令，打开"图层特型管理器"对话框，单击"新建"按钮，在图层列表框中将出现一个名称为"图层 1"的新图层，默认情况下，新建图层与当前图层的状态、颜色、线性及线宽等设置相同

**2. 图层的特性**

名称：图层的名字，默认情况下，图层的名称按图层 0、图层 1、图层 2 等编号一次递增。

开关状态：单击"开"列中对应的小灯泡图标 💡，可以打开或关闭图层。打开状态下，该图层上的图形可以在显示器上显示，也可以在输出设备上打印，关闭状态下，则相反。

**3. 冻结／解冻**：如果图层被冻结，则该图层上的图形对象不能被显示出来，也不能打印输出，而且也不能编辑或修改该图层上的图层对象；解冻则相反。用户不能冻结当前层，也

不能将冻结层设为当前层。

4. 锁定 / 解锁：锁定状态并不影响该图层上图形对象的显示，不过用户不能编辑锁定图层上的对象，但可以在锁定的图层中绘制新图层对象。

5. 当前层的切换：在"图层特性管理器"中，选中要切换为当前层的层，单击图层按钮，即可将该层设置为当前层。在实际绘图中，主要通过"图层"工具栏中的图层控制下拉列表框来实现图层的切换。

# 10.6　绘制面域与图案填充

在 AutoCAD 中，面域指的是具有边界的平面区域，它是一个面对像，内部可以包含空。从外观来看，面域和一般的封闭线框没有区别，但实际上面域就是一张没有厚度得纸，除了包括边界外，还包括边界内容的平面。

## 10.6.1　将图形转换为面域

1. 创建面域

（1）可选择"绘图"—"面域" 命令

（2）在 "绘图"工具栏中单击"面域"按钮

选择一个或多个用于转换为面域的图形，按 Enter 键即可将他们转换为面域。

2. 面域的布尔运算

布尔运算的对象只包括实体和共面的面域，因此为对普通的图形对象无法使用布尔运算。面域可以执行"并集"、"差集"、"交集" 3 种布尔运算。

(1)"并集" 运算：选择"修改"—"实体编辑"—"并集" 命令，可以创建面域的并集，此时需要连续选择要合并的面域对象，直到按 Enter 键。

(2)"交集" 运算：选择"修改"—"实体编辑"—"交集" 命令，可以创建多个面域的交集，即各个面域的公共部分，此时需要同时选择两个或两个以上面域对象，然后按 Enter 键。

(3)"差集" 运算：选择"修改"—"实体编辑"—"差集"命令，可以创建面域的差集，即用一部分面域减去另一部分面域。

2. 使用图案填充

选择"绘图"—"图案填充"命令

在"绘图"工具栏中单击"图案填充" 按钮

执行命令后，打开"边界图案填充" 对话框，在该对话框中可以设置图案填充时的图案特性、填充边界以及填充方式等。

3. 编辑图案填充

创建图案填充后，如果要修改填充图案或修改图案区域的边界，可选择"修改"—"对象"—"图案填充"对话框。

## 10.6.2　绘制圆环、宽线与二维填充图形

1. 绘制圆环

选择"绘图"—"圆环"命令，或在命令行输入 DONUT 命令，可绘制圆环。

2. 绘制宽线

绘制宽线需要使用 TRACE 命令，该命令的使用方法与"直线"命令的使用方法相似。

3. 绘制二维填充图形

选择"绘图"—"曲面"—"二维填充"命令，或在命令行输入" SOLID "命令，可以绘制三角形和四边形的实体填充区域。

# 10.7　控制图形显示

在 AutoCAD 中绘制和编辑图形时，通过控制图形的显示或快速移动到图形的不同区域，可以灵活地观察图形的整体效果或局部细节。观察图形的方法有很多，例如，使用"视图"菜单中的命令、使用"视图"工具栏中的工具按钮，以及使用视口和鸟瞰视图等。

## 10.7.1　缩放与平移视图

1. 缩放视图

(1) 使用 ZOOM 命令缩放视图

(2) 使用缩放命令和"缩放"工具栏缩放图形对象

2. 平移视图

在命令行输入" PAN "命令、单击"标准工具栏"中的"实时平移"按钮，或选择"视图"—"平移"命令中的子命令，可以实现视图的平移。

## 10.7.2　使用命名视图

选择"视图"—"命名视图"命令，或在"视图"工具栏中单击"命名视图"按钮，系统将打开"视图"对话框，利用该对话框，用户可以新建、设置、更名和删除命名视图。

## 10.7.3　使用平铺视口

1. 创建平铺视口

选择"视图"—"视口"—"新建视口"，或在"视口"工具栏中单击"显示视口对话框"按钮，可打开"视口"对话框，利用该对话框中的"新建视口"选项卡，可以显示标准视口配置列表及创建并设置新的平铺视口。

2. 分割与合并视口

选择"视图"—"视口"命令中的子命令，可以在不改变视口显示的情况下，分割或合并当前视口。

## 10.7.4　使用鸟瞰视图

选择"视图"—"鸟瞰视图"命令，可打开鸟瞰视图。用户可通过其中的矩形框来设置图形观察范围。

# 10.8　标　注　文　字

AutoCAD 中绘图时，有时不仅需要绘出图像，而且还需要标注出文字，如图形说明、技术要求等。这些文字可以使用户直观的理解图形所要表达的信息，增加了图形的易读性。AutoCAD 2006 提供了强大的文字标注和编辑功能，下面我们就对这方面知识进行讲解。

## 10.8.1　定义文字样式

1. 定义文字样式

(1) 选择"格式"—"文字样式"命令

(2) 在命令行单击"STYLE"命令

执行命令后，AutoCAD 弹出"文字样式"对话框。

2. 设置样式名

利用"文字样式"对话框可"样式名"选项区域中个选项，可以显示文字样式的名称、创建新的文字样式，惟一有的文字样式重命名以及删除文字样式。

3. 设置字体：利用"字体"选项区域可以设置文字样式使用的字体和高度。

4. 设置文字效果：在"效果"选项区域，可以设置文字的显示效果。

5. 预览与应用文字样式："预览"选项区域用于预览所选择或设置的文字样式效果。

## 10.8.2　标注文字

1. 动态的标注文字

执行方法：

（1）选择"绘图"—"文字"—"单行文字"命令

（2）在命令行输入"DTEXT"命令

（3）单击"文字"工具栏中的"单行文字"按钮,执行命令后，AutoCAD 提示：

当前文字样式： Standard 当前文字高度： 2.5000

指定文字的起点或 [ 对正（J）/ 样式（S）] ：

2. 标注多行文字

执行方法：

（1）选择"绘图"—"文字"—"多行文字"命令

（2）在命令行中输入"MTEXT"命令

（3）单击"文字"工具栏中的"多行文字"按钮,执行命令后，AutoCAD 提示：

当前文字样式： Standard 当前文字高度： 2.5000

指定第一个角点：

确定第一个角点后，AutoCAD 提示：

指定对角点或 [ 高度（H）/ 对正（J）/ 行距（L）/ 旋转（R）/ 样式（S）/ 宽度（W）] ：

## 10.8.3　编辑文字

1.执行方法

（1）选择"修改"—"对象"—"编辑"命令

（2）在命令行输入" DDEDIT "命令

（3）单击"文字"工具栏上的"编辑文字"按钮

执行命令后， AutoCAD 提示：

选择注释对象或 [ 放弃（U）] :

如果所选择的是单行文字，AutoCAD 会弹出"编辑文字"对话框，并在"文字"文本框内显示对应的文字内容，用户可通过该文本框修改标注文字。

如果为多行文字，将会弹出"文字格式"工具栏和文本输入窗口，用户可以进行修改。

2. 同时修改多个文字串的比例

（1）选择"修改"—"对象"—"文字"—"比例"命令

（2）在命令行中输入" SCALETEXT "命令

执行命令后， AutoCAD 提示：

输入缩放的基点选项 [ 现有（E）/ 左（L）/ 中心（C）/ 中间（M）/ 右（R）/ 左上（TL）/ 中上（TC）/ 右上（TR）/ 左中（ML）/ 正中（MC）/ 右中（MR）/ 左下（BL）/ 中下（BC）/ 右下（BR）]< 现有 > :

此提示要求用户确定各字符串缩放时的基点。执行后，AutoCAD 提示：

指定新高度或 [ 匹配对象（M）/ 缩放比例（S）] :

此提示要求确定缩放时的缩放比例。

# 10.9　标注图形尺寸

尺寸标注是绘图设计中的一项重要内容。因为图形主要用来反映各对象的形状，而对象的真实大小和互相之间的位置关系只有在标注尺寸之后才能确定下来。在 AutoCAD 中，我们可以利用"标注"工具栏和"标注"菜单进行图形尺寸标注。

## 10.9.1　基本概念

一个完整的尺寸标注由尺寸界限、尺寸线、尺寸箭头和尺寸文字组成。

1. 尺寸界限：　为了标注清晰，通常用尺寸界限将标注的尺寸引出被标注对象之外。有时也用对象的轮廓线或中心线代替尺寸界限。

2. 尺寸线：　尺寸线用来表示尺寸标注的范围。他一般是一条带有双箭头的单线段或带单箭头的双线段。对于角度标注，尺寸线为弧线。

3. 尺寸箭头：　尺寸箭头位于尺寸线的两端，用于标记标注的起始、终止位置。"箭头"是一个广义的概念，也可以用短划线、点或其它标记代替尺寸箭头。

4. 尺寸文字：　尺寸文字用来标记尺寸的具体值。尺寸文字可以只反映基本尺寸，可以带尺寸公差，还可以按极限尺寸形式标注。

## 10.9.2　创建与设置标注样式

1. 新建标注样式

选择"格式"|"标注样式"命令，打开"标注样式管理器"对话框。在"标注样式管理器"对话框中，单击"新建"按钮， AutoCAD 将打开"创建新标注样式"对话框，利用对话框即可新建标注样式。设置了新标注样式的名字、基础样式和适用范围后，单击对话框中的"继续"按钮，将打开"新建标注样式"对话框，利用该对话框，用户可已对新建的标注样式进行具体设置。

2. 设置直线、箭头、尺寸线和尺寸界限

在"新建标注样式"对话框中，使用"直线和箭头"选项卡，可以设置尺寸标注的尺寸线、尺寸界线、箭头和圆心标记的格式和位置等。

（1）设置尺寸线： 在"尺寸线"选项区域中，可以设置尺寸线的颜色、线宽、超出标记以及基线间距等属性。

（2）设置尺寸界限： 在"尺寸界线"选项区域中，用户可以设置尺寸界线的颜色、线宽、超出尺寸线的长度和七点偏移量，隐藏控制等属性。

（3）设置箭头： 在"箭头"选项区域中，用户可以设置尺寸线和引线箭头的类型及尺寸大小等。通常情况下，尺寸线的两个箭头应一致。

（4）设置圆心标记：在"圆心标记"选项区域中，用户可以设置圆心标记的类型和大小。

3. 设置文字

在"新建标注样式"对话框中，使用"文字"选项卡，用户可以设置标注文字的外观、位置和对齐方式。

（1）设置文字： 在"文字外观"选项区域中，用户可以设置文字的样式、颜色、高度和分数高度比例以及控制是否绘制文字边框。

（2）文字设置： 在"文字位置"选项区域中，用户可以设置文字的垂直、水平位置以及距尺寸线的偏移量。

（3）文字对齐： 在"文字对齐"选项区域中，用户可以设置标注文字是保持水平还是与尺寸线平行。

4. 设置调整

在"新建标注样式"对话框中，使用"调整"选项卡，用户可以设置标注文字、尺寸线、尺寸箭头的位置。

（1）调整选项： 在"调整选项"选项区域中，用户可以确定当尺寸界线之间没有足够的空间来同时放置标注文字和箭头时，应首先从尺寸界线之间移出对象，各选项的意义：

（2）文字位置： 在"文字位置"选项区域中，用户可以设置当文字不在默认时的位置。

（3）标注特征比例： 在"标注特征比例"选项区域中，用户可以设置标注尺寸的特征比例，以使通过设置全局比例因子来增加或减少个标注的大小。

（4）调整： 在"调整"选项区域中，用户可以对标注尺寸和尺寸线进行细微调整。

5. 设置主单位:在"新标注样式"对话框中，使用"主单位"选项卡，用户可以设置主单位的格式与精度等属性。

## 10.9.3  标注尺寸

1. 线性标注

　　线性标注指标注图形对象在水平方向、垂直方向或指定方向上的尺寸，它又分为水平标注、垂直标注、旋转标注 3 种类型。

　　执行方法：

　　（1）选择"标注"－－"线性"命令

　　（2）在命令行中输入" DIMLINEAR "命令

　　（3）单击"标注"工具栏中的"线性标注"按钮

　　执行命令后，AutoCAD 提示：

　　指定第一条尺寸界线原点或 <选择对象>：

　　2. 对齐标注

　　执行方法：

　　（1）选择"标注"—"对齐"命令

　　（2）在"标注"工具栏里单击"对齐标注"按钮

　　执行该命令后提示：

　　指定第一条尺寸界限原点或 <选择对象>：

　　3. 连续标注

　　执行方法：

　　（1）选择"标注"—"连续"命令

　　（2）在"标注"工具栏里单击"连续标注"按钮

　　可以创建一系列端对端放置的标注，每个连续标注都从前一个标注的第 2 个尺寸界限处开始。在进行连续标注之前，必须先创建一个线性、坐标或角度标注作为基准标注，以确定连续标注所需要的前一尺寸标注的尺寸界限。执行 DIMCONTINUUE 命令后，AutoCAD 提示信息：

　　指定第二条尺寸界限原点或 [ 放弃（U）/ 选择（S）]<选择>：

　　按此提示标注出全部尺寸后，按 Enter 键。

　　4. 基线标注

　　执行方法：

　　（1）选择"标注"—"基线"命令

　　（2）在"标注"工具栏中单击"基线标注"按钮

　　执行命令后与连续标注一样。

　　5. 半径标注

　　执行方法：

　　（1）选择"标注"—"半径"命令

　　（2）在"标注"工具栏中单击"半径标注"按钮

　　执行该命令时，首先要选择要标注半径的圆弧或圆，此时命令行将提示：

　　指定尺寸线位置或 [ 多行文字（M）/ 文字（T）/ 角度（A）]：

　　指定尺寸线的位置后，系统将按实际测量指标注出圆或圆弧的半径，用户还可以利用"多行文字（M）"、"文字（T）"以及"角度（A）"选项确定尺寸文字和尺寸文字的旋转角度。

　　6. 直径标注

执行方法：

（1）选择"标注"—"直径"命令

（2）在"标注"工具栏中单击"直径标注"按钮

直径标注方法与半径标注方法相同。但在通过"多行文字（M）"或"文字（T）"选项重新确定尺寸文字时，需要在尺寸文字前加前缀 %%C ，才能使标出的直径尺寸有直径符号 Φ。

7. 角度标注

执行方法：

（1）选择"标注"—"角度"命令

（2）在"标注"工具栏中单击"角度标注"按钮

执行命令后将提示：

选择圆弧、圆、直线或 < 指定顶点 > ：

注意：当通过"多行文字（M）"或"文字（T）"选项重新确定尺寸文字时，只有给新输入的尺寸文字加后缀 ，才能使标注出的角度值有（°）符号，否则没有该符号。

### 10.9.4　标注形位公差

选择"标注"—"公差"命令，在命令行中输入"TOLERANCE"命令，或在"标注"工具栏中单击"公差"按钮，AutoCAD 将打开"形位公差"对话框。利用该对话框，可以设置公差的符号、值及基准等参数。

### 10.9.5　尺寸标注的编辑

修改"标注"—"对齐"命令中的子命令，在命令行输入"DIMTEDIT"命令，或单击"标注"工具栏中的"编辑标注文字"按钮，可以修改尺寸标注中尺寸文字的位置。

在命令行输入"DIMEDIT"命令，或单击"标注"工具栏中的"编辑标注"按钮，可以编辑尺寸标注。

# 10.10　使用块、外部参照

在绘制图形时，如果图形中有大量相同或者相似的内容，或者所绘制的图形与已有的图形文件相同，则可以把要重复绘制的图形创建成块，在需要时直接插入它们：也可以将已有的图形文件直接插入到当前图形中，从而提高绘图效率。

### 10.10.1　创建与编辑块

1. 创建块

选择"绘图"—"块"—"创建"命令，或在命令行输入"BLOCK"命令，系统将打开"块定义"对话框，利用该对话框，可以将已绘制的对象创建为块。

2. 插入块

选择"插入"—"块"命令，系统将打开"插入"对话框，利用该对话框，用户可以在图形中插入块或其他图形，且在插入的同时还可以改变所插入块或图形的比例与旋转角度。

3. 存储块

使用 WBLOCK 命令，可以将块以文件的形式写入磁盘，以便在其他图形中也能够使用该块。

4. 设置插入基点

选择"绘图"—"块"—"基点"命令，或在命令行输入"BASE"命令，用户可以设置当前图形的插入基点。

5. 块与图层的关系

组成块的对象可以生成在不同的层上，且除 0 层外，块可以保留层的信息，即定义的块不论在哪层插入，各对象仍保留它原来层上的特性，线型及颜色等与定义时相同；而原来在 0 层生成的对象却随当前层的特性，即图形不变，但线型及颜色按当前层生成。

故绘制准备定义块的对象时要注意：如果想要插入时块的线型及颜色与当前层一致，应该在 0 层生成对象并定义块，否则应在其他层生成对象并定义块。

### 10.10.2　编辑与管理块属性

1. 创建并使用带有属性的块

选择"绘图"—"块"—"定义属性"命令，系统将打开"属性定义"对话框，利用该对话框，用户可以创建块属性。

2. 编辑块属性

选择"修改"—"对象"—"属性"—"单个"命令，在命令行输入"EATTEDIT"命令，或在"修改 Ⅱ"工具栏中单击"编辑属性"按钮，可以编辑块对象的属性。

### 10.10.3　使用外部参照

1. 附着外部参照

选择"插入"—"外部参照"命令，在命令行输入"XATTACH"命令，或在"参照"工具栏中单击"附着外部参照"按钮，可以将图形文件以外部参照的形式插入到当前图形中。

2. 外部参照管理器

选择"插入"—"外部参照管理器"命令，或在命令行输入"XPEF"命令，系统将打开"外部参照管理器"对话框，利用该对话框，用户可以对外部参照进行编辑和管理。

3. 剪裁外部参照

选择"修改"—"剪裁"—"外部参照"命令，在命令行输入"XCLIP"命令，或单击"参照"工具栏中的"外部参照剪裁"按钮，可以定义外部参照或块的剪裁边界，并设置前后剪裁面。

## 10.11　绘制基本三维对象

AutoCAD2006 不仅提供了丰富的二维绘图功能，而且还具有很强的三维造型功能。在 AutoCAD 2006 的三维坐标系下，用户可以使用支线、样条曲线和三位多线命令绘制三维直线、三维样条线和三维多线段，也可以使用相应的曲面绘制命令绘制三维曲面、旋转曲面、直纹曲面和边界曲面等。

### 10.11.1　三维坐标系

1. 柱坐标

使用 XY 平面的角和沿 Z 轴的距离来表示。

2. 球坐标

球坐标系具有 3 个参数：点到原点的距离、在 XY 平面上的角度、与 XY 平面的夹角。

### 10.11.2　**设置视点**

1. 用 **VPOINT** 命令设置视点

选择"视图"—"三维视图"—"视点设置"命令，或在命令行输入"DDVPOINT"命令，系统将打开"视点预置"对话框，利用该对话框，用户可以形象直观的设置视点。

2. 使用三维动态观察器

选择"视图"—"三维动态观察器"命令，可通过单击并拖动鼠标的方式在三维空间动态观察对象。

### 10.11.3　**绘制简单三维对象**

1. 绘制三维多段线

在三维坐标系下，选择"绘图"—"三维多段线"命令，或在命令行输入"3DPOLY"命令，可以绘制三维多段线。

2. 绘制三维样条曲线

在三维坐标系下，选择"绘图"—"样条曲线"命令，或在命令行输入"SPLINE"命令，可以绘制三维样条曲线。

### 10.11.4　**根据标高和厚度绘制三维图形**

在 AutoCAD 中，可以为将要绘制的对象设置标高和延伸厚度。一旦设置了标高和延伸厚度，就可以用二维绘图的方法得到三维图形。

### 10.11.5　**绘制三维曲面**

1. 绘制基本三维曲面

选择"绘图"—"曲面"—"三维曲面"命令，即可打开"三维对象"对话框。

2. 绘制长方体表面

在"三维对象"对话框列表中选择"长方体表面"选项，然后单击"确定"按钮，或双击"长方体表面"选项，即可绘制长方体表面。

3. 绘制棱锥面

双击"三维对象"对话框列表中的"棱锥面"，即可绘制棱锥面。

同样的方法可以绘制楔体表面、绘制上半球面、绘制下半球面、绘制球面、绘制圆锥面、绘制圆环面、绘制网格。

4. 绘制三维面

选择"绘图"—"曲面"—"三维面"命令，或在命令行输入"3DFACE"命令，可以通过确定三维面上各顶点的方式绘制三维面。

5．多边形网格

选择"绘图"—"曲面"—"三维网格"命令，或在命令行输入"3DMESH"命令，AutoCAD 可根据指定的 M 行 N 列个顶点和每一个顶点的位置生成三维空间的多边形网格。

6．绘制旋转曲面

选择"绘图"—"曲面"—"旋转曲面"命令，或在命令行输入"REVSURF" 命令，均可绘制旋转曲面绘制平移曲面、绘制直纹曲面、绘制边界曲面

## 10.12　绘制三维实体

三维实体是具有质量、体积、重心、惯性矩、回转半径等特征的三维对象。在 AutoCAD 2006 中，我们除了可以直接使用系统提供的命令创建长方体、球体及圆锥体等实体外，还可以通过旋转和拉伸二维对象，对实体进行并集、交集、差集等布尔运算创建更为复杂的实体。

### 10.12.1　绘制基本实体对象

绘制方法：

（1）使用"绘图"—"实体"菜单中的子命令

（2）使用"实体"工具栏

利用上述方法，可以快速的、准确地绘制出长方体、球体、圆柱体、楔体以及圆环体等基本实体模型。

1．长方体

（1）选择"绘图"—"实体"—"长方体"命令

（2）在"实体"工具栏中单击"长方体"按钮

根据上述命令可以绘制长方体。

执行命令后，命令行提示：

指定长方体的角点或 [ 中心点（ CE ）]<0, 0, 0> ；

在创建长方体时，其底面应与当前坐标系的 XY 平面平行，方法主要有指定长方体角点和中心点两种。

2．绘制楔体

（1）选择"绘图"—"实体"—"楔体"命令

（2）在"实体"工具栏中单击"楔体"按钮

根据上述命令可以绘制楔体。由于楔体是长方形沿对角线切成两半后的结果，因此，可以使用与绘制长方体同样的方法来绘制楔体。

3．绘制球体

（1）选择"绘图"—"实体"—"球体"命令

（2）在"绘图"工具栏中单击"球体"按钮

根据命令可以绘制球体。执行命令后，提示：

指定球体球心 <0,0,0> ：

在提示下指定球体的球心位置，在命令行的"指定球体半径或 [ 直径（D）] ："提示下指定球体的半径或直径即可。

4．绘制圆柱体

（1）选择"绘图"—"实体"—"圆柱体"命令

（2）在"实体"工具栏中单击"圆柱体"按钮

根据命令可以绘制圆柱体或椭圆柱体，执行命令后提示：

指定圆柱体底面的中心点或 [ 椭圆（E）]<0,0,0>:

5．绘制圆锥体

（1）选择"绘图"—"实体"—"圆锥体"命令

（2）在"实体"工具栏中单击"圆锥体"按钮

根据上述命令可以绘制圆锥体或椭圆锥体。执行命令后，命令后提示：

指定圆锥体底面的中心点或 [ 椭圆（E）]<0,0,0>:

6．绘制圆环体

（1）选择"绘图"—"实体"—"圆环体"命令

（2）在"实体"工具栏中单击"圆环体"按钮

此时只需指定圆环的中心位置、圆环的半径或直径，以及圆管的半径或直径。

## 10.12.2　通过二维对象绘制实体

1．通过拉伸绘制实体

利用 AutoCAD2006，用户可以将二维封闭对象按指定的高度或路径进行拉伸，来绘制三维实体。

执行方法：

（1）选择"绘图"|"实体"|"拉伸"命令。

（2）在命令行输入"EXTRUDE"命令。

（3）单击"拉伸"工具栏中的"拉伸"按钮 ，可实现该功能。

2．通过旋转绘制实体

利用 AutoCAD2006，用户还可以通过绕旋转轴旋转二维对象的方法绘制三维实体。当以这种方式绘制实体时，用于旋转的二维对象可以使封闭多线段、多变形、圆、椭圆、封闭样条曲线、圆环以及封闭区域。三维对象、包含在块中的对象、有交叉或自干涉的多线段不能被旋转。

执行方法：

（1）选择"绘图"|"实体"|"旋转"命令

（2）在命令行输入"REVOLVE"命令

（3）单击"实体"工具栏中的"旋转"按钮封闭 ，可以实现上述功能。

## 10.12.3　布尔运算

1．并集运算

并集运算是指将多个实体组合成一个实体。

执行方法：

（1）选择"修改"—"实体编辑"—"并集"

（2）在命令行中输入" UNION "命令

执行命令后，AutoCAD 提示：

选择对象：(选择要进行并集运算的实体对象)

选择对象：（继续选择实体对象）…

选择对象：✓

按提示选择多个实体对象后，AutoCAD 将这些实体组合成一个实体。

2．差集计算

差集计算是指从一些实体中间去另一些实体，从而得到一个新实体。

执行命令后，AutoCAD 提示：

（1）选择"修改"—"实体编辑"—"差集"命令，

（2）在命令行中输入"SUBTRACT"命令。

执行命令后，AutoCAD 提示：

选择要从中间去的实体或面域…

选择对象：（选择对应的实体对象）

选择对象：✓

选择要减去的实体或面域…

选择对象：（选择对应实体对象）

选择对象：✓（也可以继续选择对象）

按提示选择相应的实体对象后， AutoCAD 从指定的实体中间减去另一个实体，得到新实体。

3．交集运算

交集运算是指通过各实体的公共部分绘制新实体。

执行方法：

（1）选择"修改"—"实体编辑"—"交集"。

（2）在命令行中输入"INTERSECT"命令。

执行命令后,AutoCAD 提示：

选择对象：（选择求交集的实体对象）

选择对象：（继续选择对象）

选择对象：✓

按提示选择实体对象后， AutoCAD 根据各实体的公共部分绘制新实体。

4．干涉运算

干涉运算就是把原实体保留下来，并用两个实体的交集生成一个新实体。

（1）选择"实体"工具栏单击"干涉"按钮

（2）在命令行输入" INTERFERE "命令

执行命令后,AutoCAD 提示：

选择实体的第一集合：

选择对象：（选择作为第一集合的对象）

选择对象：✓（也可以继续选择对象）

在选择作为第一集合的对象后，AutoCAD 提示：

选择实体的第二集合：

选择对象：（选择作为第二集合的对象）

选择对象：✓（也可以继续选择对象）

选择作为第二集合的对象后，AutoCAD 会出现干涉实体数和干涉对数的数据，并提示：
是否创建干涉实体？［是（Y）/ 否（N）］＜否＞：

在此提示下输入"Y"，即执行干涉实体运算，AutoCAD 可根据所选择的实体集合创建
干涉实体。

## 10.13　编辑与渲染三维对象

在 AutoCAD 中，我们可以使用三维编辑命令，在三维空间中复制、镜像基对齐三维图形，
还可以剖切实体，获取实体的截面以及编辑他们的棉、边或提等。此外，为了创建更加逼真
的模型图像，我们可以对实体对象进行着色和渲染处理，增加色泽感。

### 10.13.1　编辑三维对象

1. 三维旋转

三维旋转是指将选定对象绕空间轴旋转指定的角度。

（1）选择"修改" I "三维操作" I "三维旋转"命令

（2）在命令行输入"ROTATE3D"命令，可旋转三维对象。

执行 ROTATE3D 命令后，AutoCAD 提示：

选择对象：（选择要旋转的对象）

选择对象：回车（也可以继续选择对象）

指定轴上的第一个点或定义轴依据［对象（O）/ 最近的（L）/ 视图（V）/X 轴（X）/Y
轴（Y）/Z 轴（Z）/ 两点（2）］：

2. 三维镜像

选择"修改" I "三维操作" I "三维镜像"命令，可以在三维空间中指定对象相对于某一
平面镜像。执行该命令，并选择需要进行镜像的对象，命令行将显示如下提示信息，要求用
户指定镜像面。

指定镜像平面（三点）的第一个点或[ 对象（O）/ 最近的（L）/Z 轴（Z）/ 视图（V）/XY
平面（XY）/YZ 平面（YZ）/ZY 平面（ZY）/三点（3）]<三点>：

3. 三维阵列

选择"修改" I "三维操作" I "三维陈列" I命令，可以在三维空间中使用环形阵列或矩形
阵列方式复制对象。执行该命令时，首先选择需要进行阵列复制的对象，这是命令行显示如
下提示信息：

输入阵列类型[矩形（R）/环形（P）]<矩形>：

4. 对齐

选择"修改"｜"三维操作"｜"对齐"命令，可以对齐对象。对齐对象时需要确定 3 对点，每对点都包括一个源点和一个目的点。其中第一对点定义对象的移动，第 2 对点定义 2D 或三维变换和对象的旋转，第 3 对点定义对象的不明确的三维变换。

10.13.2　编辑三维实体

在中文版 AutoCAD2006 中，用户可以对实体进行"分解"、"圆角"、"倒角"、"剖切"及"切割"等编辑操作。

1. 分解实体

选择"修改"｜"分解"命令，可以将实体分解为一系列面域和主体。其中，实体中的平面被转换为面域，曲面被转化为主体。用户还可以继续使用该命令，将面域和主体分解为组成它们的基本元素，如直线、圆及圆弧等。

2. 对实体修倒角和圆角

选择"修改"｜"倒角"命令，可以对实体的棱角修倒角，从而在两相邻曲面间生成一个平坦的过渡面。

选择"修改"｜"圆角"命令，可以对实体的棱角修圆角，从而在两相邻曲面间生成一个圆滑过渡的曲面。在为几条交于同一个点的棱边修圆角时，如果圆角半径相同，则会在该公共点上生成球面的一部分。

3. 剖切实体

选择"绘图"｜"实体"｜"剖切"命令，或在实体工具栏中单击"剖切"按钮，可以使用平面剖切一组实体。

执行该命令时，并选择需要剖切的实体对象（可以是一个或多个）这时命令行将显示如下提示信息：

指定切面上的第一个点，依照[对象（O）/ Z 轴（Z）/视图（V）/ XY 平面（XY）/ YZ 平面（YZ）/ ZX 平面（ZX）/ 三点（3）]<三点>：

由此可见，用户可以以对象、Z 轴、视图、XY/YZ/ZX 平面或 3 点来定义剖切面。

4. 创建截面

选择"绘图"—"实体"—"切割"命令，或在"实体"工具栏中单击"切割"按钮，可使用某一平面切割实体，得到实体的截面面域。

10.13.3　编辑实体的面与边

在 AutoCAD 中，使用"修改"—"实体编辑"菜单中的子命令，可以对实体面进行拉伸、移动、偏移、删除、旋转、倾斜、着色和复制等操作。

1. 拉伸面

选择"修改"—"实体编辑"—"拉伸面"命令，或在"实体编辑"工具栏中单击"拉伸面"按钮，可以按指定的长度或沿指定的路径拉伸实体面。

2. 移动面

选择"修改"—"实体"—"移动面"命令，或在"实体编辑"工具栏中单击"移动面"

按钮，可以按指定的距离移动实体的指定面。

3. 偏移面

选择"修改"—"实体编辑"—"偏移面"命令，或在"实体编辑"工具栏中单击"偏移面"按钮，可以等距离偏移实体的指定面。

4. 删除面

选择"修改"—"实体编辑"—"删除面"命令，或在"实体编辑"工具栏中单击"删除"按钮，可以删除实体上指定的面。

5. 旋转面

选择"修改"|"实体编辑"|"旋转面"命令，或在"实体编辑"工具栏中单击"旋转面"按钮，可以绕指定轴旋转实体的面。

6. 倾斜面

选择"修改"|"实体编辑"|"倾斜面"命令，或在"实体编辑"工具栏中单击"倾斜面"按钮，可以将实体面倾斜一指定角度。

7. 着色面

选择"修改"|"实体编辑"|"着色面"命令，或在"实体编辑"工具栏中单击"着色面"按钮，可以对实体上指定的面进行颜色修改。

8. 复制面

选择"修改"|"实体编辑"|"复制面"命令，或在"实体编辑"工具栏中单击"复制面"按钮，可以复制指定的实体面。

9. 编辑实体边

在中文版 AutoCAD2006 中，选择"修改"|"实体编辑"|"着色边"命令，或在"实体编辑"工具栏中单击"着色边"按钮，可以着色实体边，其方法与着色实体面的方法相同；"修改"|"实体编辑"|"复制边"命令，或在"实体编辑"工具栏中单击"复制边"按钮，可以复制三维实体的边，其方法与复制实体面的方法相同。

### 10.13.4  渲染三维对象

1. 着色对象

可以使用"视图"—"着色"命令中的子命令，或"标准"工具栏来着色对象。

2. 渲染对象

使用"视图"—"着色"菜单中的子命令着色对象时，并不能执行产生亮显、移动光源或添加光源的操作。要使全面的控制光源，必须使用渲染。

如果渲染三维实体对象，可以使用"视图"—"渲染"菜单中的子命令或"渲染"工具栏中的工具按钮。

## 10.14  打印与图形的输入输出

在 AutoCAD 中绘制出图像后，就可以通过绘图仪或打印机将其打印输出，查看和审核图形。

### 10.14.1　图形的输入

中文版 AutoCAD2006 除了可以打开保存 DWG 各式的图形文件外，还可以导入或导出其他格式的图形文件。

**1．输入图形**

中文版 AutoCAD2006 的"插入"工具栏中，单击"输入"按钮，将打开"输入文件"对话框，在其中的"文件类型"下拉列表框中，可以看到，系统允许输入"图元文件"、ACIS 以及 3DStudio 图形格式的文件。

中文版 AutoCAD2006 的菜单命令中，没有"输入"命令。但是，用户可以使用"插入"l3DStudio 命令、"插入"l"ACIS 文件"命令以及"插入"l"Windows 图元文件"命令，分别输入上述 3 种格式的图形文件。

**2．输入与输出 DXF 文件**

在 AutoCAD 中，可以把图形保存为 DXF 格式，也可以打开 DXF 格式的文件。DXF 文件是标准的 ASCⅡ码文本文件。

在 AutoCAD 中，可以使用两种方法打开 DXF 格式的文件：一是选择"文件"l"打开"命令，使用"选择文件"对话框打开；一是执行 DXFIN 命令，使用"选择文件"对话框打开。

如果要以 DXF 格式输出图形，可选择"文件"l"保存"命令或"文件"l"保存为"命令，在打开的"图形另存中"对话框的"文件类型"下拉列表框中选择 DXF 格式，然后在对话框右上角选择"工具"l"选项"命令，打开"另存为选项"对话框，在"DXF 选项"选项中设置保存格式，如 ASCⅡ格式或者"二进制"格式。二进制格式的 DXF 文件包含 ASCⅡ格式 DXF 文件的全部信息，但它更为紧凑，AutoCAD 对它的读写速度也会有很大的提高。此外，用户可通过此对话框确定是否保存微缩预览图像。如果图形以 ASCⅡ格式保存，还能够设置保存精度。

### 10.14.2　输出图形

选择"文件"l"输出"命令，打开"输出数据"对话框。用户可以在"保存于"下拉列表框中设置文件输出的路径；在"文件"文本框中输入文件名称；在"文件类型"下拉列表框中，选择文件的输出类型，如"图元文件"、ACIS、"平版印刷"、"封装 PS "、"DXX 提取"、位图、3DStudio 及块等。当我们设置了文件的输出路径、名称及文件类型后，单击对话框中的"保存"按钮，切换到绘图窗口中，可以选择需要以指定格式保存的对象。

# 思　考　题

1. 述 AutoCAD 软件中的几个基本概念：坐标、实体、选择集、目标捕捉、层。

2. 述 AutoCAD 软件有关绘图、修改和显示控制的基本命令。

3. 简答如何设置零件图的图层、线型、及零件图绘图步骤。

4. 创建新层时，每层应设置哪些选项？

5. AutoCAD 有了世界坐标系(WCS)，为什么又有用户坐标系(UCS)？

6. 绝对坐标和相对坐标的格式有什么不同？在什么类型的坐标系中需要@符号？

7. 用夹点我们能够进行哪些编辑操作？

8. 在用 DText(单行文字)命令输入汉字时,屏幕上出现的不是汉字,而是一系列问号"????……",如何解决？

9. 使用什么方式可以同时修改单行文字的字高、样式、坐标、图层和单词等内容？

10. AutoCAD 标注出的角度数字方向，一般是与尺寸线对齐，如何改为水平方向？

11. 什么叫块以及块的属性？属性有哪几部分组成？

12. 你认为在什么情况下需要定义块，是定义为带属性的块还是定义为普通的块较好？

# 附 录

## 一、螺纹

### 附表1 普通螺纹（GB/T193-2003、GB/T196-2003）

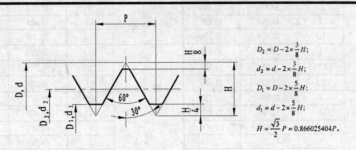

$$D_2 = D - 2 \times \frac{3}{8}H;$$
$$d_2 = d - 2 \times \frac{3}{8}H;$$
$$D_1 = D - 2 \times \frac{5}{8}H;$$
$$d_1 = d - 2 \times \frac{5}{8}H;$$
$$H = \frac{\sqrt{3}}{2}P = 0.866025404P.$$

（mm）

| 公称直径$D$、$d$ | 螺距$P$ | 中径$D_2$或$d_2$ | 小径$D_1$或$d_1$ | 公称直径$D$、$d$ | 螺距$P$ | 中径$D_2$或$d_2$ | 小径$D_1$或$d_1$ |
|---|---|---|---|---|---|---|---|
| 1 | 0.25 | 0.838 | 0.729 | 9 | (1.25) | 8.188 | 7.647 |
|  | 0.2 | 0.870 | 0.783 |  | 1 | 8.350 | 7.917 |
| 1.1 | 0.25 | 0.938 | 0.829 |  | 0.75 | 8.513 | 8.188 |
|  | 0.2 | 0.970 | 0.883 |  | 0.5 | 8.675 | 8.459 |
| 1.2 | 0.25 | 1.038 | 0.929 | 10 | 1.5 | 9.026 | 8.376 |
|  | 0.2 | 1.070 | 0.983 |  | 1.25 | 9.188 | 8.647 |
| 1.4 | 0.3 | 1.205 | 1.075 |  | 1 | 9.350 | 8.917 |
|  | 0.2 | 1.270 | 1.183 |  | 0.75 | 9.513 | 9.188 |
| 1.6 | 0.35 | 1.373 | 1.221 |  | (0.5) | 9.675 | 9.459 |
|  | 0.2 | 1.470 | 1.383 | 11 | (1.5) | 10.026 | 9.376 |
| 1.8 | 0.35 | 1.573 | 1.421 |  | 1 | 10.350 | 9.917 |
|  | 0.2 | 1.670 | 1.583 |  | 0.75 | 10.513 | 10.188 |
| 2 | 0.4 | 1.740 | 1.567 |  | 0.5 | 10.675 | 10.459 |
|  | 0.25 | 1.838 | 1.729 | 12 | 1.75 | 10.863 | 10.106 |
| 2.2 | 0.45 | 1.908 | 1.713 |  | 1.5 | 11.026 | 10.376 |
|  | 0.25 | 2.038 | 1.929 |  | 1.25 | 11.188 | 10.647 |
| 2.5 | 0.45 | 2.208 | 2.013 |  | 1 | 11.350 | 10.917 |
|  | 0.35 | 2.273 | 2.121 |  | (0.75) | 11.513 | 11.188 |
| 3 | 0.5 | 2.675 | 2.459 |  | (0.5) | 11.675 | 11.459 |
|  | 0.35 | 2.773 | 2.621 | 14 | 2 | 12.701 | 11.835 |
| 3.5 | (0.6) | 3.110 | 2.850 |  | 1.5 | 13.026 | 12.376 |
|  | 0.35 | 3.273 | 3.121 |  | (1.25) | 13.188 | 12.647 |
| 4 | 0.7 | 3.545 | 3.242 |  | 1 | 13.350 | 12.917 |
|  | 0.5 | 3.675 | 3.459 |  | (0.75) | 13.513 | 13.188 |
| 4.5 | (0.75) | 4.013 | 3.688 |  | (0.5) | 13.675 | 13.459 |
|  | 0.5 | 4.175 | 3.959 | 15 | 1.5 | 14.026 | 13.376 |
| 5 | 0.8 | 4.480 | 4.134 |  | (1) | 14.350 | 13.917 |
|  | 0.5 | 4.675 | 4.459 | 16 | 2 | 14.701 | 13.835 |
| 5.5 | 0.5 | 5.175 | 4.959 |  | 1.5 | 15.026 | 14.376 |
| 6 | 1 | 5.350 | 4.917 |  | 1 | 15.350 | 14.917 |
|  | 0.75 | 5.513 | 5.188 |  | (0.75) | 15.513 | 15.188 |
|  | (0.5) | 5.675 | 5.459 |  | (0.5) | 15.675 | 15.459 |
| 7 | 1 | 6.350 | 5.917 | 17 | 1.5 | 16.026 | 15.376 |
|  | 0.75 | 6.513 | 6.188 |  | (1) | 16.350 | 15.917 |
|  | 0.5 | 6.675 | 6.459 | 18 | 2.5 | 16.376 | 15.294 |
| 8 | 1.25 | 7.188 | 6.647 |  | 2 | 16.701 | 15.835 |
|  | 1 | 7.350 | 6.917 |  | 1.5 | 17.026 | 16.376 |
|  | 0.75 | 7.513 | 7.188 |  | 1 | 17.350 | 16.917 |
|  | (0.5) | 7.675 | 7.459 |  |  |  |  |

（续）

| 公称直径 $D$、$d$ | 螺距 $P$ | 中径 $D_2$ 或 $d_2$ | 小径 $D_1$ 或 $d_1$ | 公称直径 $D$、$d$ | 螺距 $P$ | 中径 $D_2$ 或 $d_2$ | 小径 $D_1$ 或 $d_1$ |
|---|---|---|---|---|---|---|---|
| 18 | (0.75) | 17.513 | 17.188 | 36 | 4 | 33.402 | 31.670 |
| 18 | (0.5) | 17.675 | 17.459 | 36 | 3 | 34.051 | 32.752 |
| 20 | 2.5 | 18.376 | 17.294 | 36 | 2 | 34.701 | 33.835 |
| 20 | 2 | 18.701 | 17.835 | 36 | 1.5 | 35.026 | 34.376 |
| 20 | 1.5 | 19.026 | 18.376 | 36 | (1) | 35.350 | 34.917 |
| 20 | 1 | 19.350 | 18.917 | 38 | 1.5 | 37.026 | 36.376 |
| 20 | (0.75) | 19.513 | 19.188 | 39 | 4 | 36.402 | 34.670 |
| 20 | (0.5) | 19.675 | 19.459 | 39 | 3 | 37.051 | 35.752 |
| 22 | 2.5 | 20.376 | 19.294 | 39 | 2 | 37.701 | 36.835 |
| 22 | 2 | 20.701 | 19.835 | 39 | 1.5 | 38.026 | 37.376 |
| 22 | 1.5 | 21.026 | 20.376 | 39 | (1) | 38.350 | 37.917 |
| 22 | 1 | 21.350 | 20.917 | 40 | (3) | 38.051 | 36.752 |
| 22 | (0.75) | 21.513 | 21.188 | 40 | (2) | 38.701 | 37.835 |
| 22 | (0.5) | 21.675 | 21.459 | 40 | 1.5 | 39.026 | 38.376 |
| 24 | 3 | 22.051 | 20.752 | 42 | 4.5 | 39.077 | 37.129 |
| 24 | 2 | 22.701 | 21.835 | 42 | (4) | 39.402 | 37.670 |
| 24 | 1.5 | 22.026 | 22.376 | 42 | 3 | 40.051 | 38.752 |
| 24 | 1 | 23.350 | 22.917 | 42 | 2 | 40.701 | 39.835 |
| 24 | (0.75) | 23.513 | 23.188 | 42 | 1.5 | 41.026 | 40.376 |
| 25 | 2 | 23.701 | 22.835 | 42 | (1) | 41.350 | 40.917 |
| 25 | 1.5 | 24.026 | 23.376 | 45 | 4.5 | 42.077 | 40.129 |
| 25 | (1) | 24.350 | 23.917 | 45 | (4) | 42.402 | 40.670 |
| 26 | 1.5 | 24.026 | 24.376 | 45 | 3 | 43.051 | 41.752 |
| 27 | 3 | 25.051 | 23.752 | 45 | 2 | 43.701 | 42.835 |
| 27 | 2 | 25.701 | 24.835 | 45 | 1.5 | 44.026 | 43.376 |
| 27 | 1.5 | 26.026 | 25.376 | 45 | (1) | 44.350 | 43.917 |
| 27 | 1 | 26.350 | 25.917 | 48 | 5 | 44.752 | 42.587 |
| 27 | (0.75) | 26.513 | 26.188 | 48 | (4) | 45.402 | 43.670 |
| 28 | 2 | 26.701 | 25.835 | 48 | 3 | 46.051 | 44.752 |
| 28 | 1.5 | 27.026 | 26.376 | 48 | 2 | 46.701 | 45.835 |
| 28 | 1 | 27.350 | 26.917 | 48 | 1.5 | 47.026 | 46.376 |
| 30 | 3.5 | 27.727 | 26.211 | 48 | (1) | 47.350 | 46.917 |
| 30 | (3) | 28.051 | 26.752 | 50 | (3) | 48.051 | 46.752 |
| 30 | 2 | 28.701 | 27.835 | 50 | (2) | 48.701 | 47.835 |
| 30 | 1.5 | 29.026 | 28.376 | 50 | 1.5 | 49.026 | 48.376 |
| 30 | 1 | 29.350 | 28.917 | 52 | 5 | 48.752 | 46.587 |
| 30 | (0.75) | 29.513 | 29.188 | 52 | (4) | 49.402 | 47.670 |
| 32 | 2 | 30.701 | 29.835 | 52 | 3 | 50.051 | 48.752 |
| 32 | 1.5 | 31.026 | 30.376 | 52 | 2 | 50.701 | 49.835 |
| 33 | 3.5 | 30.727 | 29.211 | 52 | 1.5 | 51.026 | 50.376 |
| 33 | (3) | 31.051 | 29.752 | 52 | (1) | 51.350 | 50.917 |
| 33 | 2 | 31.701 | 30.835 | 55 | (4) | 52.402 | 50.670 |
| 33 | 1.5 | 32.026 | 31.376 | 55 | (3) | 53.051 | 51.752 |
| 33 | (1) | 32.350 | 31.917 | 55 | 2 | 53.701 | 52.835 |
| 33 | (0.75) | 32.513 | 32.188 | 55 | 1.5 | 54.026 | 53.376 |
| 35 | 1.5 | 34.026 | 33.376 | 56 | 5.5 | 52.428 | 50.046 |

## 附表 2　螺纹的收尾、肩距、退刀槽、倒角（GB/T3-1997）

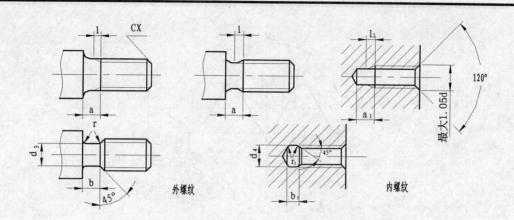

外螺纹　　　　　　　内螺纹

（mm）

| 螺距 P | 粗牙螺纹大径 D,d | 外螺纹 收尾 l(不大于) 一般 | 短的 | 肩距 a(不大于) 一般 | 长的 | 短的 | 退刀槽 b 一般 | r≈ | d3 | 倒角 C | 内螺纹 收尾 l(不大于) 一般 | 短的 | 肩距 a1(不小于) 一般 | 长的 | 退刀槽 b1 一般 | r1≈ | d4 |
|---|---|---|---|---|---|---|---|---|---|---|---|---|---|---|---|---|---|
| 0.5 | 3 | 1.25 | 0.7 | 1.5 | 2 | 1 | 1.5 | 0.5P | d-0.8 | 0.5 | 1 | 1.5 | 3 | 4 | 2 | 0.5P | d+0.3 |
| 0.6 | 3.5 | 1.5 | 0.75 | 1.8 | 2.4 | 1.2 | 1.5 | 0.5P | d-1 | 0.5 | 1.2 | 1.8 | 3.2 | 4.8 | 2 | 0.5P | d+0.3 |
| 0.7 | 4 | 1.75 | 0.9 | 2.1 | 2.8 | 1.4 | 2 | 0.5P | d-1.1 | 0.6 | 1.4 | 2.1 | 3.5 | 5.6 | 3 | 0.5P | d+0.3 |
| 0.75 | 4.5 | 1.9 | 1 | 2.25 | 3 | 1.5 | 2 | 0.5P | d-1.2 | 0.6 | 1.5 | 2.3 | 3.8 |  | 3 | 0.5P | d+0.3 |
| 0.8 | 5 | 2 | 1 | 2.4 | 3.2 | 1.6 | 2 | 0.5P | d-1.3 | 0.8 | 1.6 | 2.4 | 4 | 6.4 | 3 | 0.5P | d+0.3 |
| 1 | 6;7 | 2.5 | 1.25 | 3 | 4 | 2 | 2.5 | 0.5P | d-1.6 | 1 | 2 | 3 | 5 | 8 | 4 | 0.5P | d+0.5 |
| 1.25 | 8 | 3.2 | 1.6 | 4 | 5 | 2.5 | 3 | 0.5P | d-2 | 1.2 | 2.5 | 3.8 | 6 | 10 | 5 | 0.5P | d+0.5 |
| 1.5 | 10 | 3.8 | 1.9 | 4.5 | 6 | 3 | 3.5 | 0.5P | d-2.3 | 1.5 | 3 | 4.5 | 7 | 12 | 6 | 0.5P | d+0.5 |
| 1.75 | 12 | 4.3 | 2.2 | 5.3 | 7 | 3.5 | 4 | 0.5P | d-2.6 | 2 | 3.5 | 5.2 | 9 | 14 | 7 | 0.5P | d+0.5 |
| 2 | 14;16 | 5 | 2.5 | 6 | 8 | 4 | 5 | 0.5P | d-3 | 2 | 4 | 6 | 10 | 16 | 8 | 0.5P | d+0.5 |
| 2.5 | 18;20;22 | 6.3 | 3.2 | 7.5 | 10 | 5 | 6 | 0.5P | d-3.6 | 2.5 | 5 | 7.5 | 12 | 18 | 10 | 0.5P | d+0.5 |
| 3 | 24;27 | 7.5 | 3.8 | 9 | 12 | 6 | 7 | 0.5P | d-4.4 | 2.5 | 6 | 9 | 14 | 22 | 12 | 0.5P | d+0.5 |
| 3.5 | 30;33 | 9 | 4.5 | 10.5 | 14 | 7 | 8 | 0.5P | d-5 | 3 | 7 | 10.5 | 16 | 24 | 14 | 0.5P | d+0.5 |
| 4 | 36;39 | 10 | 5 | 12 | 16 | 8 | 9 | 0.5P | d-5.7 | 3 | 8 | 12 | 18 | 26 | 16 | 0.5P | d+0.5 |
| 4.5 | 42;45 | 11 | 5.5 | 13.5 | 18 | 9 | 10 | 0.5P | d-6.4 | 4 | 9 | 13.5 | 21 | 29 | 18 | 0.5P | d+0.5 |
| 5 | 48;52 | 12.5 | 6.3 | 15 | 20 | 10 | 11 | 0.5P | d-7 | 4 | 10 | 15 | 23 | 32 | 20 | 0.5P | d+0.5 |
| 5.5 | 56;60 | 14 | 7 | 16.5 | 22 | 11 | 12 | 0.5P | d-7.7 | 5 | 11 | 16.5 | 25 | 35 | 22 | 0.5P | d+0.5 |
| 6 | 64;68 | 15 | 7.5 | 18 | 24 | 12 | 13 | 0.5P | d-8.3 | 5 | 12 | 18 | 28 | 38 | 24 | 0.5P | d+0.5 |

附表3　非螺纹密封的管螺纹（GB/T7307-2001）

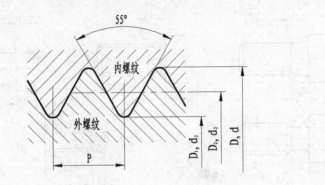

（mm）

| 螺纹名称 | 每25.4mm中的螺纹牙数 n | 螺 距 P | 螺纹直径 | |
|---|---|---|---|---|
| | | | 大径 D，d | 小径 $D_1$，$d_1$ |
| 1/8 | 28 | 0.907 | 9.728 | 8.566 |
| 1/4 | 19 | 1.337 | 13.157 | 11.445 |
| 3/8 | 19 | 1.337 | 16.662 | 14.950 |
| 1/2 | 14 | 1.814 | 20.955 | 18.631 |
| 5/8 | 14 | 1.814 | 22.911 | 20.587 |
| 3/4 | 14 | 1.814 | 26.441 | 24.117 |
| 7/8 | 14 | 1.814 | 30.201 | 27.877 |
| 1 | 11 | 2.309 | 33.249 | 30.291 |
| $1\frac{1}{8}$ | 11 | 2.309 | 37.897 | 34.939 |
| $1\frac{1}{4}$ | 11 | 2.309 | 41.910 | 38.952 |
| $1\frac{1}{2}$ | 11 | 2.309 | 47.803 | 44.845 |
| $1\frac{3}{4}$ | 11 | 2.309 | 53.746 | 50.788 |
| 2 | 11 | 2.309 | 59.614 | 56.656 |
| $2\frac{1}{4}$ | 11 | 2.309 | 65.710 | 62.752 |
| $2\frac{1}{2}$ | 11 | 2.309 | 75.184 | 72.266 |
| $2\frac{3}{4}$ | 11 | 2.309 | 81.534 | 78.576 |
| 3 | 11 | 2.309 | 87.884 | 84.926 |

附表4　梯形螺纹（GB/T5796.2-2005、GB/T57936.3-2005、GB/T5796.4-2005）

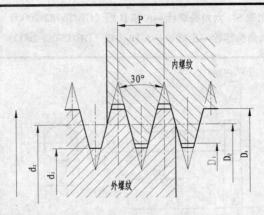

（mm）

| 公称直径 d 第一系列 | 公称直径 d 第二系列 | 螺距 P | 中径 $d_2=D_2$ | 大径 $D_4$ | 小径 $d_3$ | 小径 $D_1$ |
|---|---|---|---|---|---|---|
| 8 | | 1.5 | 7.25 | 8.30 | 6.20 | 6.50 |
| | 9 | 1.5 | 8.25 | 9.30 | 7.20 | 7.50 |
| | 9 | 2 | 8.00 | 9.50 | 6.50 | 7.00 |
| 10 | | 1.5 | 9.25 | 10.30 | 8.20 | 8.50 |
| 10 | | 2 | 9.00 | 10.50 | 7.50 | 8.00 |
| | 11 | 2 | 10.00 | 11.50 | 8.50 | 9.00 |
| | 11 | 3 | 9.50 | 11.50 | 7.50 | 8.00 |
| 12 | | 2 | 11.00 | 12.50 | 9.50 | 10.00 |
| 12 | | 3 | 10.50 | 12.50 | 8.50 | 9.00 |
| | 14 | 2 | 13.00 | 14.50 | 11.50 | 12.00 |
| | 14 | 3 | 12.50 | 14.50 | 10.50 | 11.00 |
| 16 | | 2 | 15.00 | 16.50 | 13.50 | 14.00 |
| 16 | | 4 | 14.00 | 16.50 | 11.50 | 12.00 |
| | 18 | 2 | 17.00 | 18.50 | 15.50 | 16.00 |
| | 18 | 4 | 16.00 | 18.50 | 13.50 | 14.00 |
| 20 | | 2 | 19.00 | 20.50 | 17.50 | 18.00 |
| 20 | | 4 | 18.00 | 20.50 | 15.50 | 16.00 |
| | 22 | 3 | 20.50 | 22.50 | 18.50 | 19.00 |
| | 22 | 5 | 19.50 | 22.50 | 16.50 | 17.00 |
| | 22 | 8 | 18.00 | 23.00 | 13.00 | 14.00 |
| 24 | | 3 | 22.50 | 24.50 | 20.50 | 21.00 |
| 24 | | 5 | 21.50 | 24.50 | 18.50 | 19.00 |
| 24 | | 8 | 20.00 | 25.00 | 15.00 | 16.00 |

| 公称直径 d 第一系列 | 公称直径 d 第二系列 | 螺距 P | 中径 $d_2=D_2$ | 大径 $D_4$ | 小径 $d_3$ | 小径 $D_1$ |
|---|---|---|---|---|---|---|
| | 26 | 3 | 24.50 | 26.50 | 22.50 | 23.00 |
| | 26 | 5 | 23.50 | 26.50 | 20.50 | 21.00 |
| | 26 | 8 | 22.00 | 27.00 | 17.00 | 18.00 |
| 28 | | 3 | 26.50 | 28.50 | 22.50 | 25.00 |
| 28 | | 5 | 25.50 | 28.50 | 22.50 | 23.00 |
| 28 | | 8 | 24.00 | 29.00 | 19.00 | 20.00 |
| | 30 | 3 | 28.50 | 30.50 | 26.50 | 27.00 |
| | 30 | 6 | 27.00 | 31.00 | 23.00 | 24.00 |
| | 30 | 10 | 25.00 | 31.00 | 19.00 | 20.00 |
| 32 | | 3 | 30.50 | 32.50 | 28.50 | 29.00 |
| 32 | | 6 | 29.00 | 33.00 | 25.00 | 26.00 |
| 32 | | 10 | 27.00 | 33.00 | 21.00 | 22.00 |
| | 34 | 3 | 32.50 | 34.50 | 30.50 | 31.00 |
| | 34 | 6 | 31.00 | 35.00 | 27.00 | 28.00 |
| | 34 | 10 | 29.00 | 35.00 | 23.00 | 24.00 |
| 36 | | 3 | 34.50 | 36.50 | 32.50 | 33.00 |
| 36 | | 6 | 33.00 | 37.00 | 29.00 | 30.00 |
| 36 | | 10 | 31.00 | 37.00 | 25.00 | 26.00 |
| | 38 | 3 | 36.50 | 38.50 | 34.50 | 35.00 |
| | 38 | 7 | 34.50 | 39.00 | 30.00 | 31.00 |
| | 38 | 10 | 33.00 | 39.00 | 27.00 | 28.00 |
| 40 | | 3 | 38.50 | 40.50 | 36.50 | 37.00 |
| 40 | | 7 | 36.50 | 41.00 | 32.00 | 33.00 |
| 40 | | 10 | 35.00 | 41.00 | 29.00 | 30.00 |

注：D 为内螺数，d 为外螺纹。

## 二、常用标准件

附表5 六角头螺栓—A 和 B 级（GB/T5782-2000）

六角头螺栓—全螺纹—A 和 B 级（GB/T5783-2000）

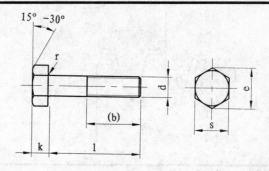

**标 记 示 例**

螺纹规格 $d$＝M12、公称长度 $l$＝80mm、性能等级为8.8级、表面氧化、A级的六角螺栓：

螺栓 GB/T 5782　M12×80

(mm)

| 螺纹规格 $d$ | | | M3 | M4 | M5 | M6 | M8 | M10 | M12 | M14 | M16 | M18 | M20 | M22 | M24 | M27 | M30 | M36 |
|---|---|---|---|---|---|---|---|---|---|---|---|---|---|---|---|---|---|---|
| $s$ | | | 5.5 | 7 | 8 | 10 | 13 | 16 | 18 | 21 | 24 | 27 | 30 | 34 | 36 | 41 | 46 | 55 |
| $k$ | | | 2 | 2.8 | 3.5 | 4 | 5.3 | 6.4 | 7.5 | 8.8 | 10 | 11.5 | 12.5 | 14 | 15 | 17 | 18.7 | 22.5 |
| $r$ | | | 0.1 | 0.2 | 0.2 | 0.25 | 0.4 | 0.4 | 0.6 | 0.6 | 0.6 | 0.6 | 0.8 | 1 | 0.8 | 1 | 1 | 1 |
| $e$ | A | | 6.01 | 7.66 | 8.79 | 11.05 | 14.38 | 17.77 | 20.03 | 23.36 | 26.75 | 30.14 | 33.53 | 37.72 | 39.98 | — | — | — |
| | B | | 5.88 | 7.50 | 8.63 | 10.89 | 14.20 | 17.59 | 19.85 | 22.78 | 26.17 | 29.56 | 32.95 | 37.29 | 39.55 | 45.2 | 50.85 | 51.11 |
| (b) GB/T 5782 | $l$≤125 | | 12 | 14 | 16 | 18 | 22 | 26 | 30 | 34 | 38 | 42 | 46 | 50 | 54 | 60 | 66 | — |
| | 125<$l$≤200 | | 18 | 20 | 22 | 24 | 28 | 32 | 36 | 40 | 44 | 48 | 52 | 56 | 60 | 66 | 72 | 84 |
| | $l$>200 | | 31 | 33 | 35 | 37 | 41 | 45 | 49 | 53 | 57 | 61 | 65 | 69 | 73 | 79 | 85 | 97 |
| $l$范围 (GB/T5782) | | | 20~30 | 25~40 | 25~50 | 30~60 | 40~80 | 45~100 | 50~120 | 60~140 | 65~160 | 70~180 | 80~200 | 90~220 | 90~240 | 100~260 | 110~300 | 140~360 |
| $l$范围 (GB/T 5783) | | | 6~30 | 8~40 | 10~50 | 12~60 | 16~80 | 20~100 | 25~120 | 30~140 | 30~150 | 35~150 | 40~150 | 45~150 | 50~150 | 55~200 | 60~200 | 70~200 |
| $l$系列 | | | 6,8,10,12,16,20,25,30,35,40,45,50,(55),60,(65),70,80,90,100,110,120, 130,140,150,160,180,200,220,240,260,280,300,320,340,360,380,400,420,440, 460,480,500 | | | | | | | | | | | | | | | |

## 附表6　双头螺柱

$$b_m=1d(GB/T\ 897\text{---}1988),\quad b_m=1.25d(GB/T\ 898\text{---}1988)$$
$$b_m=1.5d(GB/T\ 899\text{---}1988),\quad b_m=2d(GB/T\ 900\text{---}1988)$$

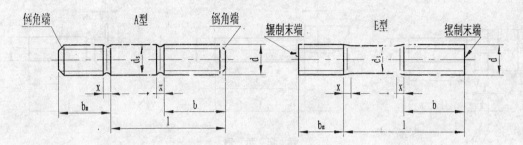

### 标　记　示　例

两端均为粗牙普通螺纹。螺纹规格 $d=M10$、公称长度 $l=50mm$、性能等级为 4.8 级、不经表面处理、$b_m=1d$、B 型的双头螺柱：

螺柱 GB/T 897　M10×50

旋入机体一端为粗牙普通螺纹，旋入螺母一端为螺距 $P=1mm$ 的细牙普通螺纹，$b_m=d$、螺纹规格 $d=M10$、公称长度 $l=50mm$、性能等级为 4.8 级、不经表面处理、A 型、$b_m=1d$ 的双头螺柱：

螺柱　GB/T 897　AM10－M10×1×50

(mm)

| 螺纹规格 $d$ | $b_m$ | | | | $l/b$ |
|---|---|---|---|---|---|
| | GB/T 897---1988 | GB/T 898---1988 | GB/T 899---1988 | GB/T 900---1988 | |
| M5 | 5 | 6 | 8 | 10 | $\dfrac{16\sim20}{10}$、$\dfrac{25\sim50}{16}$ |
| M6 | 6 | 8 | 10 | 12 | $\dfrac{20}{10}$、$\dfrac{25\sim30}{14}$、$\dfrac{35\sim70}{18}$ |
| M8 | 8 | 10 | 12 | 16 | $\dfrac{20}{12}$、$\dfrac{25\sim30}{16}$、$\dfrac{35\sim90}{22}$ |
| M10 | 10 | 12 | 15 | 20 | $\dfrac{25}{14}$、$\dfrac{30\sim35}{16}$、$\dfrac{40\sim120}{26}$、$\dfrac{130}{32}$ |
| M12 | 12 | 15 | 18 | 24 | $\dfrac{25\sim30}{16}$、$\dfrac{35\sim40}{20}$、$\dfrac{45\sim120}{30}$、$\dfrac{130\sim180}{36}$ |
| M16 | 16 | 20 | 24 | 32 | $\dfrac{30\sim35}{20}$、$\dfrac{40\sim55}{30}$、$\dfrac{60\sim120}{38}$、$\dfrac{130\sim200}{44}$ |
| M20 | 20 | 25 | 30 | 40 | $\dfrac{35\sim40}{25}$、$\dfrac{45\sim60}{35}$、$\dfrac{70\sim120}{46}$、$\dfrac{130\sim200}{52}$ |
| M24 | 24 | 30 | 36 | 48 | $\dfrac{45\sim50}{30}$、$\dfrac{60\sim75}{45}$、$\dfrac{80\sim120}{54}$、$\dfrac{130\sim200}{60}$ |
| M30 | 30 | 38 | 45 | 60 | $\dfrac{60\sim65}{40}$、$\dfrac{70\sim90}{50}$、$\dfrac{95\sim120}{66}$、$\dfrac{130\sim200}{72}$、$\dfrac{210\sim250}{85}$ |
| M36 | 36 | 45 | 54 | 72 | $\dfrac{65\sim75}{45}$、$\dfrac{80\sim110}{60}$、$\dfrac{120}{78}$、$\dfrac{130\sim200}{84}$、$\dfrac{210\sim300}{97}$ |
| $l$ 系列 | 16、20、25、30、35、40、45、50、55、60、65、70、75、80、85、90、95、100、110、120、130、140、150、160、170、180、190、200、210、220、230、240、250、260、280、300 | | | | |

### 附表 7　开槽螺钉

开槽圆柱头螺钉（GB/T65-2000）、开槽沉头螺钉（GB/T68-2000）、开槽盘头螺钉（GB/T67-2000）

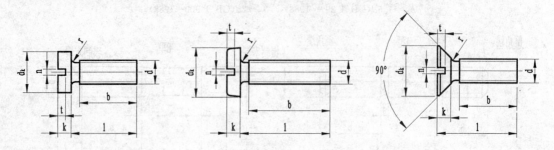

**标 记 示 例**

螺纹规格 $d=$M5，公称长度 $l=$20mm，性能等级为 4.8 级、不经表面处理的开槽圆柱头螺钉：

螺钉　GB/T 65　M5×20

(mm)

| 螺纹规格 $d$ | | M1.6 | M2 | M2.5 | M3 | M4 | M5 | M6 | M8 | M10 |
|---|---|---|---|---|---|---|---|---|---|---|
| GB/T 65—1985 | $d_k$ | | | | | 7 | 8.5 | 10 | 13 | 16 |
| | $k$ | | | | | 2.6 | 3.3 | 3.9 | 5 | 6 |
| | $t$　min | | | | | 1.1 | 1.3 | 1.6 | 2 | 2.4 |
| | $r$　min | | | | | 0.2 | 0.2 | 0.25 | 0.4 | 0.4 |
| | $l$ | | | | | 5~40 | 6~50 | 8~60 | 10~80 | 12~80 |
| | 全螺纹时最大长度 | | | | | 40 | 40 | 40 | 40 | 40 |
| GB/T 67—1985 | $d_k$ | 3.2 | 4 | 5 | 5.6 | 8 | 9.5 | 12 | 16 | 23 |
| | $k$ | 1 | 1.3 | 1.5 | 1.8 | 2.4 | 3 | 3.6 | 4.8 | 6 |
| | $t$　min | 0.35 | 0.5 | 0.6 | 0.7 | 1 | 1.2 | 1.4 | 1.9 | 2.4 |
| | $r$　min | 0.1 | 0.1 | 0.1 | 0.1 | 0.2 | 0.2 | 0.25 | 0.4 | 0.4 |
| | $l$ | 2~16 | 2.5~20 | 3~25 | 4~30 | 5~40 | 6~50 | 8~60 | 10~80 | 12~80 |
| | 全螺纹时最大长度 | 30 | 30 | 30 | 30 | 40 | 40 | 40 | 40 | 40 |
| GB/T 68—1985 | $d_k$ | 3 | 3.8 | 4.7 | 5.5 | 8.4 | 9.3 | 11.3 | 15.8 | 18.3 |
| | $k$ | 1 | 1.2 | 1.5 | 1.65 | 2.7 | 2.7 | 3.3 | 4.65 | 5 |
| | $t$ min | 0.32 | 0.4 | 0.5 | 0.6 | 1 | 1.1 | 1.2 | 1.8 | 2 |
| | $r$ max | 0.4 | 0.5 | 0.6 | 0.8 | 1 | 1.3 | 1.5 | 2 | 2.5 |
| | $l$ | 2.5~16 | 3~20 | 4~25 | 5~30 | 6~40 | 8~50 | 8~60 | 10~80 | 12~80 |
| | 全螺纹时最大长度 | 30 | 30 | 30 | 30 | 45 | 45 | 45 | 45 | 45 |
| $n$ | | 0.4 | 0.5 | 0.6 | 0.8 | 1.2 | 1.2 | 1.6 | 2 | 2.5 |
| $b$ | | 25 | | | | 38 | | | | |
| $l$ 系列 | | 2,2.5,3,4,5,6,8,10,12,(14),16,20,25,30,35,40,45,50,(55),60, (65),70,(75),80 | | | | | | | | |

## 附表 8　内六角圆柱头螺钉（GB/T70.1-2000）

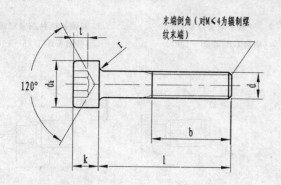

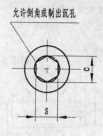

标记示例：
螺纹规格 $d$＝M5，公称长度 $l$＝20mm
螺钉 GB/T 70.1　M5×20

| 螺纹规格 $d$ | M2.5 | M3 | M4 | M5 | M6 | M8 | M10 | M12 | M(14) | M16 |
|---|---|---|---|---|---|---|---|---|---|---|
| $P$（螺距） | 0.45 | 0.5 | 0.7 | 0.8 | 1 | 1.25 | 1.5 | 1.75 | 2 | 2 |
| $b$ 参考 | 17 | 18 | 20 | 22 | 24 | 28 | 32 | 36 | 40 | 44 |
| $d_{kmax}$（对光滑头部） | 4.5 | 5.5 | 7 | 8.5 | 10 | 13 | 16 | 18 | 21 | 24 |
| $k_{max}$ | 2.5 | 3 | 4 | 5 | 6 | 8 | 10 | 12 | 14 | 16 |
| $t_{min}$ | 1.1 | 1.3 | 2 | 2.5 | 3 | 4 | 5 | 6 | 7 | 8 |
| $s_{公称}$ | 2 | 2.5 | 3 | 4 | 5 | 6 | 8 | 10 | 12 | 14 |
| $e_{min}$ | 2.30 | 2.87 | 3.44 | 4.58 | 5.72 | 6.86 | 9.15 | 11.43 | 13.72 | 16.00 |
| $r_{min}$ | 0.1 | 0.1 | 0.2 | 0.2 | 0.25 | 0.4 | 0.4 | 0.6 | 0.6 | 0.6 |
| 公称长度 $l$ | 4～25 | 5～30 | 6～40 | 8～50 | 10～60 | 12～80 | 16～100 | 20～120 | 25～140 | 25～160 |
| $l$（系列） | 2.5、3、4、5、6、8、10、12、16、20、25、30、35、40、45、50、55、60、65、70、80、90、100、110、120、130、140、150、160 | | | | | | | | | |

注：1. 括号内规格尽可能不采用。

2. M2.5～M3 的螺钉，在公称长度 20mm 以内的制出全螺纹；

　　M4～M5 的螺钉，在公称长度 25mm 以内的制出全螺纹；

　　M6 的螺钉，在公称长度 30mm 以内的制出全螺纹；

　　M8 的螺钉，在公称长度 35mm 以内的制出全螺纹；

　　M10 的螺钉，在公称长度 40mm 以内的制出全螺纹；

　　M12 的螺钉，在公称长度 50mm 以内的制出全螺纹；

　　M14 的螺钉，在公称长度 55mm 以内的制出全螺纹；

　　M16 的螺钉，在公称长度 60mm 以内的制出全螺纹。

## 附表 9　开槽紧定螺钉

| 开槽锥端紧定螺钉 | 开槽平端紧定螺钉 | 开槽长圆柱端紧定螺钉 |
|:---:|:---:|:---:|
| (摘自 GB/T 71—1985) | (摘自 GB/T 73—1985) | (摘自 GB/T 75—1985) |

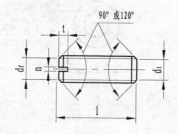 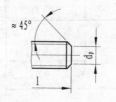 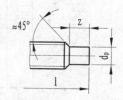

| 标记示例： | 标记示例： | 标记示例： |
|---|---|---|
| 螺纹规格 $d$＝M5 | 螺纹规格 $d$＝M5 | 螺纹规格 $d$＝M5 |
| 公称长度 $l$＝12mm | 公称长度 $l$＝12mm | 公称长度 $l$＝12mm |
| 性能等级为 14H 级 | 性能等级为 14H 级 | 性能等级为 14H 级 |
| 螺钉 GB/T 71　M5×12 | 螺钉 GB/T 73　M5×12 | 螺钉 GB/T 75　M5×12 |

| 螺纹规格 $d$ | M1.6 | M2 | M2.5 | M3 | M4 | M5 | M6 | M8 | M10 | M12 |
|---|---|---|---|---|---|---|---|---|---|---|
| $P$（螺距） | 0.35 | 0.4 | 0.45 | 0.5 | 0.7 | 0.8 | 1 | 1.25 | 1.5 | 1.75 |
| $n$ | 0.25 | 0.25 | 0.4 | 0.4 | 0.6 | 0.8 | 1 | 1.2 | 1.6 | 2 |
| $t$ | 0.74 | 0.84 | 0.95 | 1.05 | 1.42 | 1.63 | 2 | 2.5 | 3 | 3.6 |
| $d_t$ | 0.16 | 0.2 | 0.25 | 0.3 | 0.4 | 0.5 | 1.5 | 2 | 2.5 | 3 |
| $d_p$ | 0.8 | 1 | 1.5 | 2 | 2.5 | 3.5 | 4 | 5.5 | 7 | 8.5 |
| $z$ | 1.05 | 1.25 | 1.25 | 1.75 | 2.25 | 2.75 | 3.25 | 4.3 | 5.3 | 6.3 |
| $l$　GB/T 71—1985 | 2~8 | 3~10 | 3~12 | 4~16 | 6~20 | 8~25 | 8~30 | 10~40 | 12~50 | 14~60 |
| $l$　GB/T 73—1985 | 2~8 | 2~10 | 2.5~12 | 3~16 | 4~20 | 5~25 | 6~30 | 8~40 | 10~50 | 12~60 |
| $l$　GB/T 75—1985 | 2.5~8 | 3~10 | 4~12 | 5~16 | 6~20 | 8~25 | 8~30 | 10~40 | 12~50 | 14~60 |
| $l$（系列） | 2、2.5、3、4、5、6、8、10、12、(14)、16、20、25、30、35、40、45、50、(55)、60 | | | | | | | | | |

### 附表10　Ⅰ型螺母—C级（GB/T41-2000）、Ⅰ型六角螺母（GB/T6170-2000）、

### 六角薄螺母（GB/T6172.1-2000）

六角螺母—C级　　　　　　　Ⅰ型六角螺母—A和B级　　　　　六角薄螺母—A和B级
（GB/T 41—2000）　　　　　　（GB/T 6170—2000）　　　　　　（GB/T 6172—2000）

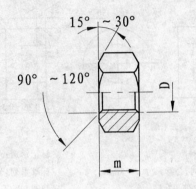
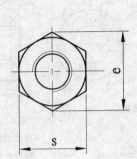

标记示例：　　　　　　　　标记示例：　　　　　　　　标记示例：

螺纹规格 $D=$M12　　　　　螺纹规格 $D=$M12　　　　　螺纹规格 $D=$M12

C级六角螺母　　　　　　　A级Ⅰ型六角螺母　　　　　A级六角薄螺母

螺母 GB/T 41　M12　　　　螺母 GB/T 6170　M12　　　螺母 GB/T 6172　M12

| 螺纹规格 $D$ | | M3 | M4 | M5 | M6 | M8 | M10 | M12 | M16 | M20 | M24 | M30 | M36 |
|---|---|---|---|---|---|---|---|---|---|---|---|---|---|
| $e_{min}$ | GB/T 41 | | | 8.63 | 10.89 | 14.20 | 17.59 | 19.85 | 26.17 | 32.95 | 39.55 | 50.85 | 60.79 |
| | GB/T 6170 | 6.01 | 7.66 | 8.79 | 11.05 | 14.38 | 17.77 | 20.03 | 26.75 | 32.95 | 39.55 | 50.85 | 60.79 |
| | GB/T 6172 | 6.01 | 7.66 | 8.79 | 11.05 | 14.38 | 17.77 | 20.03 | 26.75 | 32.95 | 39.55 | 50.85 | 60.79 |
| $s_{max}$ | GB/T 41 | | | 8 | 10 | 13 | 16 | 18 | 24 | 30 | 36 | 46 | 55 |
| | GB/T 6170 | 5.5 | 7 | 8 | 10 | 13 | 16 | 18 | 24 | 30 | 36 | 46 | 55 |
| | GB/T 6172 | 5.5 | 7 | 8 | 10 | 13 | 16 | 18 | 24 | 30 | 36 | 46 | 55 |
| $m_{max}$ | GB/T 41 | | | 5.6 | 6.4 | 7.9 | 9.5 | 12.2 | 15.9 | 19 | 22.3 | 26.4 | 31.9 |
| | GB/T 6170 | 2.4 | 3.2 | 4.7 | 5.2 | 6.8 | 8.4 | 10.8 | 14.8 | 18 | 21.5 | 25.6 | 31 |
| | GB/T 6172 | 1.8 | 2.2 | 2.7 | 3.2 | 4 | 5 | 6 | 8 | 10 | 12 | 15 | 18 |

注：1）A级用于 $D{\leqslant}16$；B级用于 $D{>}16$。

　　2）对 GB/T 41 允许内倒角。GB/T 6170 $\theta=90°\sim120°$，GB/T 6172 $\theta=110°\sim120°$。

附表 11　平垫圈—A 级（GB/T97.1-2002）、平垫圈倒角型—A 级（GB/T97.2-2002）

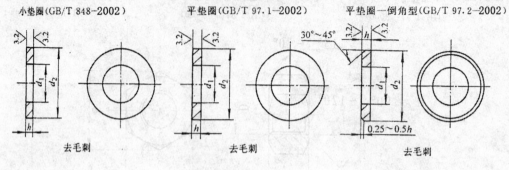

小垫圈（GB/T 848-2002）　　　　平垫圈（GB/T 97.1-2002）　　　　平垫圈—倒角型（GB/T 97.2-2002）

去毛刺　　　　　　　　　　　去毛刺　　　　　　　　　　　去毛刺

标记示例：　　　　　　　　　标记示例：　　　　　　　　　标记示例：

小系列，公称尺寸 $d=8$mm　　标准系列，公称尺寸 $d=8$mm　　标准系列，公称尺寸 $d=8$mm

垫圈 GB/T 848　　　　　　　垫圈 GB/T 97.1　　　　　　　垫圈 GB/T 97.2

性能等级为 A140 级　　　　　性能等级为 A140 级　　　　　性能等级为 A140 级

垫圈 GB/T 848　8—A140　　　垫圈 GB/T 97.1　8—A140　　　垫圈 GB/T 97.2　8—A140

| | 公称尺寸<br>（螺纹规格 $d$） | 1.6 | 2 | 2.5 | 3 | 4 | 5 | 6 | 8 | 10 | 12 | 14 | 16 | 20 | 24 | 30 | 36 |
|---|---|---|---|---|---|---|---|---|---|---|---|---|---|---|---|---|---|
| $d_1$ | GB/T 848— 2002 | 1.7 | 2.2 | 2.7 | 3.2 | 4.3 | 5.3 | 6.4 | 8.4 | 10.5 | 13 | 15 | 17 | 21 | 25 | 31 | 37 |
| | GB/T 97.1—2002 | 1.7 | 2.2 | 2.7 | 3.2 | 4.3 | 5.3 | 6.4 | 8.4 | 10.5 | 13 | 15 | 17 | 21 | 25 | 31 | 37 |
| | GB/T 97.2—2002 | | | | | | 5.3 | 6.4 | 8.4 | 10.5 | 13 | 15 | 17 | 21 | 25 | 31 | 37 |
| $d_2$ | GB/T 848— 2002 | 3.5 | 4.5 | 5 | 6 | 8 | 9 | 11 | 15 | 18 | 20 | 24 | 28 | 34 | 39 | 50 | 60 |
| | GB/T 97.1—2002 | 4 | 5 | 6 | 7 | 9 | 10 | 12 | 16 | 20 | 24 | 28 | 30 | 37 | 44 | 56 | 66 |
| | GB/T 97.2—2002 | | | | | | 10 | 12 | 16 | 20 | 24 | 28 | 30 | 37 | 44 | 56 | 66 |
| $h$ | GB/T 848— 2002 | 0.3 | 0.3 | 0.5 | 0.5 | 0.5 | 1 | 1.6 | 1.6 | 1.6 | 2 | 2.5 | 2.5 | 3 | 4 | 4 | 5 |
| | GB/T 97.1—2002 | 0.3 | 0.3 | 0.5 | 0.5 | 0.8 | 1 | 1.6 | 1.6 | 2 | 2.5 | 2.5 | 3 | 3 | 4 | 4 | 5 |
| | GB/T 97.2—2002 | | | | | | 1 | 1.6 | 1.6 | 2 | 2.5 | 2.5 | 3 | 3 | 4 | 4 | 5 |

附表 12　标准弹簧垫圈（GB/T973-1987）、轻型弹簧垫圈（GB/T859-1987）

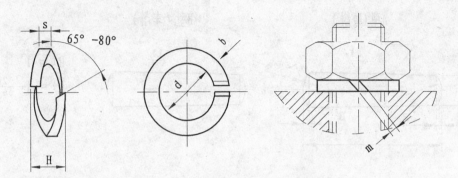

标记示例：规格 16mm、材料 65Mn、表面氧化的的型弹簧垫圈
垫圈：GB/T93　16

（单位：mm）

| 规格（螺纹大径） | | 4 | 5 | 6 | 8 | 10 | 12 | 16 | 20 | 24 | 30 |
|---|---|---|---|---|---|---|---|---|---|---|---|
| d | min | 4.1 | 5.1 | 6.1 | 8.1 | 10.2 | 12.2 | 16.2 | 20.2 | 24.5 | 30.5 |
| | max | 4.4 | 5.4 | 6.68 | 8.68 | 10.9 | 12.9 | 16.9 | 21.04 | 25.5 | 31.5 |
| S（b） | 公称 | 1.1 | 1.3 | 1.6 | 2.1 | 2.6 | 3.1 | 4.1 | 5 | 6 | 7.5 |
| | min | 1 | 1.2 | 1.5 | 2 | 2.45 | 2.95 | 3.9 | 4.8 | 5.8 | 7.2 |
| | max | 1.2 | 1.4 | 1.7 | 2.2 | 2.75 | 3.25 | 4.3 | 5.2 | 6.2 | 7.8 |
| H | min | 2.2 | 2.6 | 3.2 | 4.2 | 5.2 | 6.2 | 8.2 | 10 | 12 | 15 |
| | max | 2.75 | 3.25 | 4 | 5.25 | 6.5 | 7.75 | 10.25 | 12.5 | 15 | 18.75 |
| $m \leqslant$ | | 0.55 | 0.65 | 0.8 | 1.05 | 1.3 | 1.55 | 2.05 | 2.5 | 3 | 3.75 |

附表 13　圆柱销（GB/T119.1-2000）

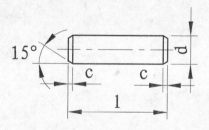

标　记　示　例
公称直径 $d$=8mm、公差为 m6、长度 $l$=30mm、材料 35 钢、不经淬火、不经表面处理的 A 型圆柱销：
销　GB/T119.1　8m6×30

（mm）

| d | 1 | 1.2 | 1.5 | 2 | 2.5 | 3 | 4 | 5 | 6 | 8 | 10 | 12 |
|---|---|---|---|---|---|---|---|---|---|---|---|---|
| $a \approx$ | 0.12 | 0.16 | 0.20 | 0.25 | 0.30 | 0.40 | 0.50 | 0.63 | 0.80 | 1.0 | 1.2 | 1.6 |
| $c \approx$ | 0.20 | 0.25 | 0.30 | 0.35 | 0.40 | 0.50 | 0.63 | 0.80 | 1.2 | 1.6 | 2 | 2.5 |
| $l$ 系列 | 2,3,4,5,6,8,10,12,14,16,18,20,22,24,26,28,30,32,35,40,45,50,55,60,65,70,75,80,85,90 | | | | | | | | | | | |

## 附表14　圆锥销（GB/T117-2000）

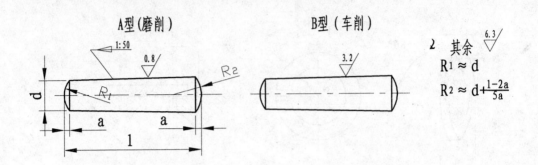

公称直径 $d=10$mm、长度 $l=60$mm、材料 35 钢、热处理硬度 28～38HRC、表面氧化处理的 A 型圆锥销：

销　GB/T 117　10×60

(mm)

| $d$ | 1 | 1.2 | 1.5 | 2 | 2.5 | 3 | 4 | 5 | 6 | 8 | 10 | 12 |
|---|---|---|---|---|---|---|---|---|---|---|---|---|
| $a\approx$ | 0.12 | 0.16 | 0.2 | 0.25 | 0.3 | 0.4 | 0.5 | 0.63 | 0.8 | 1 | 1.2 | 1.6 |
| $l$ 系列 | 2,3,4,5,6,8,10,12,14,16,18,20,22,24,26,28,30,32,35,40,45,50,55,60,65,70,75,80,85,90 | | | | | | | | | | | |

### 附表 15　键和键槽（GB/T1095-2003）、普通平键（GB/T1096-2003）

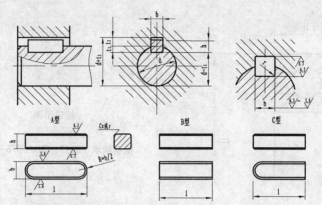

标记示例：

圆头普通平键（A 型），$b$=18mm，$h$=11mm、$L$=100mm：

　　　　GB/T1096-2003 键 18×11×100

方头普通平键（B 型），$b$=18mm，$h$=11mm、$L$=100mm：

　　　　GB/T1096-2003 键 B18×11×100

单圆头普通平键（C 型），$h$=18mm，$h$=11mm、$L$=100mm：

　　　　GB/T1096-2003 键 C18×11×100

（mm）

| 轴 径 d | 键的公称尺寸 | | | 键 槽 深 | | r 小 于 |
|---|---|---|---|---|---|---|
| | | | | 轴 | 轮毂 | |
| | b | h | L | t | $t_1$ | |
| 自 6~8 | 2 | 2 | 6~20 | 1.2 | 1.0 | |
| >6~10 | 3 | 3 | 6~36 | 1.8 | 1.4 | 0.16 |
| >10~12 | 4 | 4 | 8~45 | 2.5 | 1.8 | |
| >12~17 | 5 | 5 | 10~56 | 3.0 | 2.3 | |
| >17~22 | 6 | 6 | 14~70 | 3.5 | 2.8 | 0.25 |
| >22~30 | 8 | 7 | 18~90 | 4.0 | 3.3 | |
| >30~38 | 10 | 8 | 22~110 | 5.0 | 3.3 | |
| >38~44 | 12 | 8 | 28~140 | 5.0 | 3.3 | |
| >44~50 | 14 | 9 | 36~160 | 5.5 | 3.8 | 0.4 |
| >50~58 | 16 | 10 | 45~180 | 6.0 | 4.3 | |
| >58~65 | 18 | 11 | 50~200 | 7.0 | 4.4 | |
| >65~75 | 20 | 12 | 56~220 | 7.5 | 4.9 | |
| >75~85 | 22 | 14 | 63~250 | 9.0 | 5.4 | |
| >85~95 | 25 | 14 | 70~280 | 9.0 | 5.4 | 0.60 |
| >95~110 | 28 | 16 | 80~320 | 10.0 | 6.4 | |
| >110~130 | 32 | 18 | 90~360 | 11.0 | 7.4 | |
| >130~150 | 36 | 20 | 100~400 | 12.0 | 8.4 | |
| >150~170 | 40 | 22 | 100~400 | 13.0 | 9.4 | |
| >170~200 | 45 | 25 | 110~450 | 15.0 | 10.4 | 1.0 |
| >200~230 | 50 | 28 | 125~500 | 17.0 | 11.4 | |
| >230~260 | 56 | 30 | 140~200 | 20.0 | 12.4 | |
| >260~290 | 63 | 32 | 160~500 | 20.0 | 12.4 | 1.6 |
| >290~330 | 70 | 36 | 180~500 | 22.0 | 14.4 | |
| >330~380 | 80 | 40 | 200~500 | 25.0 | 15.4 | |
| >380~440 | 90 | 45 | 220~500 | 28.0 | 17.4 | 2.5 |
| >440~500 | 100 | 50 | 250~500 | 31.0 | 19.5 | |
| L 的系列 | 6、8、10、12、14、16、18、20、22、25、32、36、40、45、50、56、63、70、80、90、100、110、125、140、160、…… | | | | | |

注：1. 在工作图中轴槽深用 $d-t$ 或 $t$ 标注，轮毂槽深用 $d+t_1$ 标注。

　　2. 对于空心轴、阶梯轴、传递较低扭距及定位等特殊情况，允许大直径的轴选用较小剖面尺寸的键。

附表 16　深沟球轴承（GB/T276-1994）

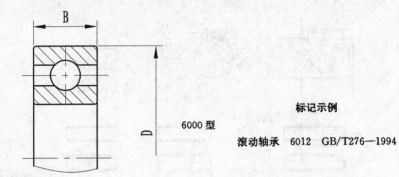

6000 型

**标记示例**

滚动轴承　6012　GB/T276—1994

(mm)

| 轴承代号 | d | D | B | 轴承代号 | d | D | B |
|---|---|---|---|---|---|---|---|
| 01 系列 | | | | 03 系列 | | | |
| 606 | 6 | 17 | 6 | 634 | 4 | 16 | 5 |
| 607 | 7 | 19 | 6 | 635 | 5 | 19 | 6 |
| 608 | 8 | 22 | 7 | 6300 | 11 | 35 | 11 |
| 609 | 9 | 24 | 7 | 6301 | 12 | 37 | 12 |
| 6000 | 10 | 26 | 8 | 6302 | 15 | 42 | 13 |
| 6001 | 12 | 28 | 8 | 6303 | 17 | 47 | 14 |
| 6002 | 15 | 32 | 9 | 6304 | 20 | 52 | 15 |
| 6003 | 17 | 35 | 10 | 6305 | 25 | 62 | 17 |
| 6004 | 20 | 42 | 12 | 6306 | 30 | 72 | 19 |
| 6005 | 25 | 47 | 12 | 6307 | 35 | 80 | 21 |
| 6006 | 30 | 55 | 13 | 6308 | 40 | 90 | 23 |
| 6007 | 35 | 62 | 14 | 6309 | 45 | 100 | 25 |
| 6008 | 40 | 68 | 15 | 6310 | 50 | 110 | 27 |
| 6009 | 45 | 75 | 16 | 6311 | 55 | 120 | 29 |
| 6010 | 50 | 80 | 16 | 6312 | 60 | 130 | 31 |
| 6011 | 55 | 90 | 18 | | | | |
| 6012 | 60 | 95 | 18 | | | | |
| 02 系列 | | | | 04 系列 | | | |
| 623 | 3 | 10 | 4 | 6403 | 17 | 62 | 17 |
| 624 | 4 | 13 | 5 | 6404 | 20 | 72 | 19 |
| 625 | 5 | 16 | 5 | 6405 | 25 | 80 | 21 |
| 626 | 6 | 19 | 6 | 6406 | 30 | 90 | 23 |
| 627 | 7 | 22 | 7 | 6407 | 35 | 100 | 25 |
| 628 | 8 | 24 | 8 | 6408 | 40 | 110 | 27 |
| 629 | 9 | 26 | 8 | 6409 | 45 | 120 | 29 |
| 6200 | 10 | 30 | 9 | 6410 | 50 | 130 | 31 |
| 6201 | 12 | 32 | 10 | 6411 | 55 | 140 | 33 |
| 6202 | 15 | 35 | 11 | 6412 | 60 | 150 | 35 |
| 6203 | 17 | 40 | 12 | 6413 | 65 | 160 | 37 |
| 6204 | 20 | 47 | 14 | 6414 | 70 | 180 | 42 |
| 6205 | 25 | 52 | 15 | 6415 | 75 | 190 | 45 |
| 6206 | 30 | 62 | 16 | 6416 | 80 | 200 | 48 |
| 6207 | 35 | 72 | 17 | 6417 | 85 | 210 | 52 |
| 6208 | 40 | 80 | 18 | 6418 | 90 | 225 | 54 |
| 6209 | 45 | 85 | 19 | 6419 | 95 | 240 | 55 |
| 6210 | 50 | 90 | 20 | | | | |
| 6211 | 55 | 100 | 21 | | | | |
| 6212 | 60 | 110 | 22 | | | | |

## 附表 17　圆锥滚子轴承（GB/T297-1994）

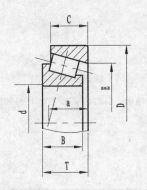

30000 型

**标记示例**

滚动轴承　30204　GB/T 297—1994

（mm）

| 轴承代号 | d | D | T | B | C | E | a | 轴承代号 | d | D | T | B | C | E | a |
|---|---|---|---|---|---|---|---|---|---|---|---|---|---|---|---|
| 02 系列 | | | | | | | | 22 系列 | | | | | | | |
| 30204 | 20 | 47 | 15.25 | 14 | 12 | 37.3 | 11.2 | 32206 | 30 | 62 | 21.25 | 20 | 17 | 48.9 | 15.4 |
| 30205 | 25 | 52 | 16.25 | 15 | 13 | 41.1 | 12.6 | 32207 | 35 | 72 | 24.25 | 23 | 19 | 57 | 17.6 |
| 30206 | 30 | 62 | 17.25 | 16 | 14 | 49.9 | 13.8 | 32208 | 40 | 80 | 24.75 | 23 | 19 | 64.7 | 19 |
| 30207 | 35 | 72 | 18.25 | 17 | 15 | 58.8 | 15.3 | 32209 | 45 | 85 | 24.75 | 23 | 19 | 69.6 | 20 |
| 30208 | 40 | 80 | 19.75 | 18 | 16 | 65.7 | 16.9 | 32210 | 50 | 90 | 24.75 | 23 | 19 | 74.2 | 21 |
| 30209 | 45 | 85 | 20.75 | 19 | 16 | 70.4 | 18.6 | 32211 | 55 | 100 | 26.75 | 25 | 21 | 82.8 | 22.5 |
| 30210 | 50 | 90 | 21.75 | 20 | 17 | 75 | 20 | 32212 | 60 | 110 | 29.75 | 28 | 24 | 90.2 | 24.9 |
| 30211 | 55 | 100 | 22.75 | 21 | 18 | 84.1 | 21 | 32213 | 65 | 120 | 32.75 | 31 | 27 | 99.4 | 27.2 |
| 30212 | 60 | 110 | 23.75 | 22 | 19 | 91.8 | 22.4 | 32214 | 70 | 125 | 33.25 | 31 | 27 | 103.7 | 28.6 |
| 30213 | 65 | 120 | 24.75 | 23 | 20 | 101.9 | 24 | 32215 | 75 | 130 | 33.25 | 31 | 27 | 108.9 | 30.2 |
| 30214 | 70 | 125 | 26.25 | 24 | 21 | 105.7 | 25.9 | 32216 | 80 | 140 | 35.25 | 33 | 28 | 117.4 | 31.3 |
| 30215 | 75 | 130 | 27.25 | 25 | 22 | 110.4 | 27.4 | 32217 | 85 | 150 | 38.5 | 36 | 30 | 124.9 | 34 |
| 30216 | 80 | 140 | 28.25 | 26 | 22 | 119.1 | 28 | 32218 | 90 | 160 | 42.5 | 40 | 34 | 132.6 | 36.7 |
| 30217 | 85 | 150 | 30.5 | 28 | 24 | 126.6 | 29.9 | 32219 | 95 | 170 | 45.5 | 43 | 37 | 140.2 | 39 |
| 30218 | 90 | 160 | 32.5 | 30 | 26 | 134.9 | 32.4 | 32220 | 100 | 180 | 49 | 46 | 39 | 148.1 | 41.8 |
| 30219 | 95 | 170 | 34.5 | 32 | 27 | 143.3 | 35.1 | | | | | | | | |
| 30220 | 100 | 180 | 37 | 34 | 29 | 151.3 | 36.5 | | | | | | | | |
| 03 系列 | | | | | | | | 23 系列 | | | | | | | |
| 30304 | 20 | 52 | 16.25 | 15 | 13 | 41.3 | 11 | 32304 | 20 | 52 | 22.25 | 21 | 18/20 | 39.5 | 13.4 |
| 30305 | 25 | 62 | 18.25 | 17 | 15 | 50.6 | 13 | 32305 | 25 | 62 | 25.25 | 24 | 20/23 | 48.6 | 15.5 |
| 30306 | 30 | 72 | 20.75 | 19 | 16 | 58.2 | 15 | 32306 | 30 | 72 | 28.75 | 27 | 23/25 | 55.7 | 18 |
| 30307 | 35 | 80 | 22.75 | 21 | 18 | 65.7 | 17 | 32307 | 35 | 80 | 32.75 | 31 | 25/27 | 62.8 | 20.5 |
| 30308 | 40 | 90 | 25.25 | 23 | 20 | 72.7 | 19.5 | 32308 | 40 | 90 | 35.25 | 33 | 27/31 | 69.2 | 23.4 |
| 30309 | 45 | 100 | 27.75 | 25 | 22 | 81.7 | 21.5 | 32309 | 45 | 100 | 38.25 | 36 | 31/33 | 78.3 | 25.6 |
| 30310 | 50 | 110 | 29.25 | 27 | 23 | 90.6 | 23 | 32310 | 50 | 110 | 42.25 | 40 | 33/35 | 86.2 | 28 |
| 30311 | 55 | 120 | 31.5 | 29 | 25 | 99.1 | 25 | 32311 | 55 | 120 | 45.5 | 43 | 35/37 | 94.3 | 30.6 |
| 30312 | 60 | 130 | 33.5 | 31 | 26 | 107.7 | 26.5 | 32312 | 60 | 130 | 48.5 | 46 | 37/39 | 102.9 | 32 |
| 30313 | 65 | 140 | 36 | 33 | 28 | 116.8 | 29 | 32313 | 65 | 140 | 51 | 48 | 39/40 | 111.7 | 34 |
| 30314 | 70 | 150 | 38 | 35 | 30 | 125.2 | 30.6 | 32314 | 70 | 150 | 54 | 51 | 40/42 | 119.7 | 36.5 |
| 30315 | 75 | 160 | 40 | 37 | 31 | 134 | 32 | 32315 | 75 | 160 | 58 | 55 | 42/45 | 127.8 | 39 |
| 30316 | 80 | 170 | 42.5 | 39 | 33 | 143.1 | 34 | 32316 | 80 | 170 | 61.5 | 58 | 45/48 | 136.5 | 42 |
| 30317 | 85 | 180 | 44.5 | 41 | 34 | 150.4 | 36 | 32317 | 85 | 180 | 63.5 | 60 | 48/49 | 144.2 | 43.6 |
| 30318 | 90 | 190 | 46.5 | 43 | 36 | 159 | 37.5 | 32318 | 90 | 190 | 67.5 | 64 | 49/53 | 151.7 | 46 |
| 30319 | 95 | 200 | 49.5 | 45 | 38 | 165.8 | 40 | 32319 | 95 | 200 | 71.5 | 67 | 53/55 | 160.3 | 49 |
| 30320 | 100 | 215 | 51.5 | 47 | 39 | 178.5 | 42 | 32320 | 100 | 215 | 77.5 | 73 | 55/60 | 171.6 | 53 |

## 附表 18　推力球轴承（GB/T301-1995）

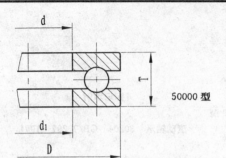

50000 型

**标记示例**

滚动轴承　51214　GB/T 301—1995

(mm)

| 轴承代号 | $d$ | $d_1$ | $D$ | $T$ | 轴承代号 | $d$ | $d_1$ | $D$ | $T$ |
|---|---|---|---|---|---|---|---|---|---|
| 11 系列 | | | | | 12 系列 | | | | |
| 51100 | 10 | 11 | 24 | 9 | 51214 | 70 | 72 | 105 | 27 |
| 51101 | 12 | 13 | 26 | 9 | 51215 | 75 | 77 | 110 | 27 |
| 51102 | 15 | 16 | 28 | 9 | 51216 | 80 | 82 | 115 | 28 |
| 51103 | 17 | 18 | 30 | 9 | 51217 | 85 | 88 | 125 | 31 |
| 51104 | 20 | 21 | 35 | 10 | 51218 | 90 | 93 | 135 | 35 |
| 51105 | 25 | 26 | 42 | 11 | 51219 | 100 | 103 | 150 | 38 |
| 51106 | 30 | 32 | 47 | 11 | 13 系列 | | | | |
| 51107 | 35 | 37 | 52 | 12 | 51304 | 20 | 22 | 47 | 18 |
| 51108 | 40 | 42 | 60 | 13 | 51305 | 25 | 27 | 52 | 18 |
| 51109 | 45 | 47 | 65 | 14 | 51306 | 30 | 32 | 60 | 21 |
| 51110 | 50 | 52 | 70 | 14 | 51307 | 35 | 37 | 68 | 24 |
| 51111 | 55 | 57 | 78 | 16 | 51308 | 40 | 42 | 78 | 26 |
| 51112 | 60 | 82 | 85 | 17 | 51309 | 45 | 47 | 85 | 28 |
| 51113 | 65 | 65 | 90 | 18 | 51310 | 50 | 52 | 95 | 31 |
| 51114 | 70 | 72 | 95 | 18 | 51311 | 55 | 57 | 105 | 35 |
| 51115 | 75 | 77 | 100 | 19 | 51312 | 60 | 62 | 110 | 35 |
| 51116 | 80 | 82 | 105 | 19 | 51313 | 65 | 67 | 115 | 36 |
| 51117 | 85 | 87 | 110 | 19 | 51314 | 70 | 72 | 125 | 40 |
| 51118 | 90 | 92 | 120 | 22 | 51315 | 75 | 77 | 135 | 44 |
| 51120 | 100 | 102 | 135 | 25 | 51316 | 80 | 82 | 140 | 44 |
| 12 系列 | | | | | 51317 | 85 | 88 | 150 | 49 |
| 51200 | 10 | 12 | 26 | 11 | 14 系列 | | | | |
| 51201 | 12 | 14 | 28 | 11 | 51405 | 25 | 27 | 60 | 24 |
| 51202 | 15 | 17 | 32 | 12 | 51406 | 30 | 32 | 70 | 28 |
| 51203 | 17 | 19 | 35 | 12 | 51407 | 35 | 37 | 80 | 32 |
| 51204 | 20 | 22 | 40 | 14 | 51408 | 40 | 42 | 90 | 36 |
| 51205 | 25 | 27 | 47 | 15 | 51409 | 45 | 47 | 100 | 39 |
| 51206 | 30 | 32 | 52 | 16 | 51410 | 50 | 52 | 110 | 43 |
| 51207 | 35 | 37 | 62 | 18 | 51411 | 55 | 57 | 120 | 48 |
| 51208 | 40 | 42 | 68 | 19 | 51412 | 60 | 62 | 130 | 51 |
| 51209 | 45 | 47 | 73 | 20 | 51413 | 65 | 68 | 140 | 56 |
| 51210 | 50 | 52 | 78 | 22 | 51414 | 70 | 73 | 150 | 60 |
| 51211 | 55 | 57 | 90 | 25 | 51415 | 75 | 78 | 160 | 65 |
| 51212 | 60 | 62 | 95 | 26 | 51416 | 80 | 83 | 170 | 68 |
| 51213 | 65 | 67 | 100 | 27 | 51417 | 85 | 88 | 180 | 72 |

## 三、公差与配合

### 附表 19　优先配合轴的极限偏差带　　　　　　（μm）

| 基本尺寸/mm | | 公　差　带 | | | | | | | | | | | | |
|---|---|---|---|---|---|---|---|---|---|---|---|---|---|---|
| | | c | d | f | g | h | | | | k | n | p | s | u |
| 大于 | 至 | 11 | 9 | 7 | 6 | 6 | 7 | 9 | 11 | 6 | 6 | 6 | 6 | 6 |
| — | 3 | −60<br>−120 | −20<br>−45 | −6<br>−16 | −2<br>−8 | 0<br>−6 | 0<br>−10 | 0<br>−25 | 0<br>−60 | +6<br>0 | +10<br>+4 | +12<br>+6 | +20<br>+14 | +24<br>+18 |
| 3 | 6 | −70<br>−145 | −30<br>−60 | −10<br>−22 | −4<br>−12 | 0<br>−8 | 0<br>−12 | 0<br>−30 | 0<br>−75 | +9<br>+1 | +16<br>+8 | +20<br>+12 | +27<br>+19 | +31<br>+23 |
| 6 | 10 | −80<br>−170 | −40<br>−76 | −13<br>−28 | −5<br>−14 | 0<br>−9 | 0<br>−15 | 0<br>−36 | 0<br>−90 | +10<br>+1 | +19<br>+10 | +24<br>+15 | +32<br>+23 | +37<br>+28 |
| 10 | 14 | −95<br>−205 | −50<br>−93 | −16<br>−34 | −6<br>−17 | 0<br>−11 | 0<br>−18 | 0<br>−43 | 0<br>−110 | +12<br>+1 | +23<br>+12 | +29<br>+18 | +39<br>+28 | +44<br>+33 |
| 14 | 18 | | | | | | | | | | | | | |
| 18 | 24 | −110<br>−240 | −65<br>−117 | −20<br>−41 | −7<br>−20 | 0<br>−13 | 0<br>−21 | 0<br>−52 | 0<br>−130 | +15<br>+2 | +28<br>+15 | +35<br>+22 | +48<br>+35 | +54<br>+41 |
| 24 | 30 | | | | | | | | | | | | | +61<br>+48 |
| 30 | 40 | −120<br>−280 | −80<br>−142 | −25<br>−50 | −9<br>−25 | 0<br>−16 | 0<br>−25 | 0<br>−62 | 0<br>−160 | +18<br>+2 | +33<br>+17 | +42<br>+26 | +59<br>43 | +76<br>+60 |
| 40 | 50 | −130<br>−290 | | | | | | | | | | | | +86<br>+70 |
| 50 | 65 | −140<br>−330 | −100<br>−174 | −30<br>−60 | −10<br>−29 | 0<br>−19 | 0<br>−30 | 0<br>−74 | 0<br>−190 | +21<br>+2 | +39<br>+20 | +51<br>+32 | +72<br>+53 | +106<br>+87 |
| 65 | 80 | −150<br>−340 | | | | | | | | | | | +78<br>+59 | +121<br>+102 |
| 80 | 100 | −170<br>−390 | −120<br>−207 | −36<br>−71 | −12<br>−34 | 0<br>−22 | 0<br>−35 | 0<br>−87 | 0<br>−220 | +25<br>+3 | +45<br>+23 | +59<br>+37 | +93<br>+71 | +146<br>+124 |
| 100 | 120 | −180<br>−400 | | | | | | | | | | | +101<br>+79 | +146<br>+144 |
| 120 | 140 | −200<br>−450 | −145<br>−245 | −43<br>−83 | −14<br>−39 | 0<br>−25 | 0<br>−40 | 0<br>−100 | 0<br>−250 | +28<br>+3 | +52<br>+27 | +68<br>+43 | +117<br>+92 | +195<br>+170 |
| 140 | 160 | −210<br>−460 | | | | | | | | | | | +125<br>+100 | +215<br>+210 |
| 160 | 180 | −230<br>−480 | | | | | | | | | | | +133<br>+108 | +235<br>+210 |
| 180 | 200 | −240<br>−530 | −170<br>−285 | −50<br>−96 | −15<br>−44 | 0<br>−29 | 0<br>−46 | 0<br>−115 | 0<br>−290 | +33<br>+4 | +60<br>+31 | +79<br>+50 | +151<br>+122 | +265<br>+236 |
| 200 | 225 | −260<br>−550 | | | | | | | | | | | +159<br>+130 | +287<br>+257 |
| 225 | 250 | −280<br>−570 | | | | | | | | | | | +169<br>+140 | +313<br>+284 |
| 250 | 280 | −300<br>−620 | −190<br>−320 | −56<br>−108 | −17<br>−49 | 0<br>−32 | 0<br>−52 | 0<br>−130 | 0<br>−320 | +36<br>+4 | +66<br>+34 | +88<br>+56 | +190<br>+158 | +347<br>+315 |
| 280 | 315 | −330<br>−650 | | | | | | | | | | | +202<br>+170 | +382<br>+350 |
| 315 | 355 | −360<br>−720 | −210<br>−350 | −62<br>−119 | −18<br>−54 | 0<br>−36 | 0<br>−57 | 0<br>−140 | 0<br>−360 | +40<br>+4 | +73<br>+37 | +98<br>+62 | +226<br>+190 | +426<br>+390 |
| 355 | 400 | −400<br>−760 | | | | | | | | | | | +244<br>+208 | +471<br>+435 |
| 400 | 450 | −440<br>−840 | −230<br>−385 | −68<br>−131 | −20<br>−60 | 0<br>−40 | 0<br>−63 | 0<br>−155 | 0<br>−400 | +45<br>+5 | +80<br>+40 | +108<br>+68 | +272<br>+232 | +530<br>+490 |
| 450 | 500 | −480<br>−880 | | | | | | | | | | | +292<br>+252 | +580<br>+540 |

附表20　优先配合孔的极限偏差带　（μm）

| 基本尺寸/mm 大于 | 至 | C11 | D9 | F8 | G7 | H7 | H8 | H9 | H11 | K7 | N7 | P7 | S7 | U7 |
|---|---|---|---|---|---|---|---|---|---|---|---|---|---|---|
| — | 3 | +120/+60 | +45/+20 | +20/+6 | +12/+2 | +10/0 | +14/0 | +25/0 | +60/0 | 0/-10 | -4/-14 | -6/-16 | -14/-24 | -18/-28 |
| 3 | 6 | +145/+70 | +60/+30 | +28/+10 | +16/+4 | +12/0 | +18/0 | +30/0 | +75/0 | +9/-9 | -4/-16 | -8/-20 | -15/-27 | -19/-31 |
| 6 | 10 | +170/+80 | +76/+40 | +35/+13 | +20/+5 | +15/0 | +22/0 | +36/0 | +90/0 | +5/-10 | -4/-19 | -9/-24 | -17/-32 | -22/-37 |
| 10 | 14 | +205/+95 | +93/+50 | +43/+16 | +27/+6 | +18/0 | +27/0 | +43/0 | +110/0 | +6/-12 | -5/-23 | -11/-29 | -21/-39 | -26/-44 |
| 14 | 18 | +205/+95 | +93/+50 | +43/+16 | +27/+6 | +18/0 | +27/0 | +43/0 | +110/0 | +6/-12 | -5/-23 | -11/-29 | -21/-39 | -26/-44 |
| 18 | 24 | +240/+110 | +117/+65 | +53/+20 | +28/+7 | +21/0 | +33/0 | +52/0 | +130/0 | +6/-15 | -7/-28 | -14/-35 | -27/-48 | -33/-54 |
| 24 | 30 | +240/+110 | +117/+65 | +53/+20 | +28/+7 | +21/0 | +33/0 | +52/0 | +130/0 | +6/-15 | -7/-28 | -14/-35 | -27/-48 | -40/-61 |
| 30 | 40 | +280/+120 | +142/+80 | +64/+25 | +34/+9 | +25/0 | +39/0 | +62/0 | +160/0 | +7/-18 | -8/-33 | -17/-42 | -34/-59 | -51/-76 |
| 40 | 50 | +290/+130 | +142/+80 | +64/+25 | +34/+9 | +25/0 | +39/0 | +62/0 | +160/0 | +7/-18 | -8/-33 | -17/-42 | -34/-59 | -61/-86 |
| 50 | 65 | +330/+140 | +174/+100 | +76/+30 | +40/+10 | +30/0 | +46/0 | +74/0 | +190/0 | +9/-21 | -9/-39 | -21/-51 | -42/-72 | -76/-106 |
| 65 | 80 | +340/+150 | +174/+100 | +76/+30 | +40/+10 | +30/0 | +46/0 | +74/0 | +190/0 | +9/-21 | -9/-39 | -21/-51 | -48/-78 | -91/-121 |
| 80 | 100 | +390/+170 | +207/+120 | +90/+36 | +47/+12 | +35/0 | +54/0 | +87/0 | +220/0 | +10/-25 | -10/-45 | -24/-59 | -58/-93 | -111/-146 |
| 100 | 120 | +400/+180 | +207/+120 | +90/+36 | +47/+12 | +35/0 | +54/0 | +87/0 | +220/0 | +10/-25 | -10/-45 | -24/-59 | -66/-101 | -131/-166 |
| 120 | 140 | +450/+200 | +245/+145 | +106/+43 | +54/+14 | +40/0 | +63/0 | +100/0 | +250/0 | +12/-28 | -12/-52 | -28/-68 | -77/-117 | -155/-195 |
| 140 | 160 | +460/+210 | +245/+145 | +106/+43 | +54/+14 | +40/0 | +63/0 | +100/0 | +250/0 | +12/-28 | -12/-52 | -28/-68 | -85/-125 | -175/-215 |
| 160 | 180 | +480/+230 | +245/+145 | +106/+43 | +54/+14 | +40/0 | +63/0 | +100/0 | +250/0 | +12/-28 | -12/-52 | -28/-68 | -93/-133 | -195/-235 |
| 180 | 200 | +530/+240 | +285/+170 | +122/+50 | +61/+15 | +46/0 | +72/0 | +115/0 | +290/0 | +13/-33 | -14/-60 | -33/-79 | -105/-151 | -219/-265 |
| 200 | 225 | +550/+260 | +285/+170 | +122/+50 | +61/+15 | +46/0 | +72/0 | +115/0 | +290/0 | +13/-33 | -14/-60 | -33/-79 | -113/-159 | -241/-287 |
| 225 | 250 | +570/+280 | +285/+170 | +122/+50 | +61/+15 | +46/0 | +72/0 | +115/0 | +290/0 | +13/-33 | -14/-60 | -33/-79 | -123/-169 | -267/-313 |
| 250 | 280 | +620/+300 | +320/+190 | +137/+56 | +69/+17 | +52/0 | +81/0 | +130/0 | +320/0 | +16/-36 | -14/-66 | -36/-88 | -138/-190 | -295/-347 |
| 280 | 315 | +650/+330 | +320/+190 | +137/+56 | +69/+17 | +52/0 | +81/0 | +130/0 | +320/0 | +16/-36 | -14/-66 | -36/-88 | -150/-202 | -330/-382 |
| 315 | 355 | +720/+360 | +350/+210 | +151/+62 | +75/+18 | +57/0 | +89/0 | +140/0 | +360/0 | +17/-40 | -16/-73 | -41/-98 | -169/-226 | -369/-426 |
| 355 | 400 | +760/+360 | +350/+210 | +151/+62 | +75/+18 | +57/0 | +89/0 | +140/0 | +360/0 | +17/-40 | -16/-73 | -41/-98 | -187/-244 | -414/-471 |
| 400 | 450 | +840/+440 | +385/+230 | +165/+68 | +83/+20 | +63/0 | +97/0 | +155/0 | +400/0 | +18/-45 | -17/-80 | -45/-108 | -209/-279 | -467/-530 |
| 450 | 500 | +880/+480 | +385/+230 | +165/+68 | +83/+20 | +63/0 | +97/0 | +155/0 | +400/0 | +18/-45 | -17/-80 | -45/-108 | -229/-292 | -517/-580 |

# 参 考 文 献

1. 同济大学，上海交通大学等院校，《机械制图》编写组编. 机械制图，第四版[M].北京：高等教育出版社，1997

2. 王永智、林启迪编. 画法几何及工程制图，第一版[M].北京：机械工业出版社，2003

3. 杨晓东、潘陆桃编. 简明工程图学，第一版[M].北京：机械工业出版社，2003

4. 陈忠建、杨永跃主编. 画法几何学[M].北京：机械工业出版社. 2003

5. 大连理工大学工程画教研室编. 机械制图，第四版[M].北京：高等教育出版社，1993

6. 裘文言、张祖继、瞿元赏主编. 机械制图[M].北京：高等教育出版社，2003

7. 清华大学工程图学及计算机辅助设计教研室编. 机械制图，第三版[M].北京：高等教育出版社，1990

8. 梁德本、叶玉驹编. 机械制图手册，第三版[M].北京：机械工业出版社，2002

9. 王槐德编. 机械制图新旧标准代换教程，第一版[M].北京：中国标准出版社，2003

10. 邢邦圣主编. 机械工程制图[M].南京：东南大学出版社，2003.04

11. 姚涵珍、陆文秀、周苓芝、周桂英主编. 机械制图（非机类）[M].天津：天津大学出版社，2003

责任编辑：于文良

封面设计：锐　达

Gong Cheng Tu Xue Xi Lie

工程图学系列

◎ 现代工程图学（上）
◎ 现代工程图学（下）
◎ 工程制图基础
◎ 工程图学应用教程
◎ 工程制图解题分析

定价：28.00元

ISBN 978-7-312-02372-9

9 787312 023729 >